myBook+

Ein neues Leseerlebnis

Lesen Sie Ihr Buch online im Browser – geräteunabhängig und ohne Download!

Und so einfach geht's:

- Gehen Sie auf **https://mybookplus.de**, registrieren Sie sich und geben Sie
  Ihren Buchcode ein, um auf die Online-Version Ihres Buches zugreifen zu können
- **Ihren individuellen Buchcode finden Sie am Buchende**

Wir wünschen Ihnen viel Spaß mit myBook+!

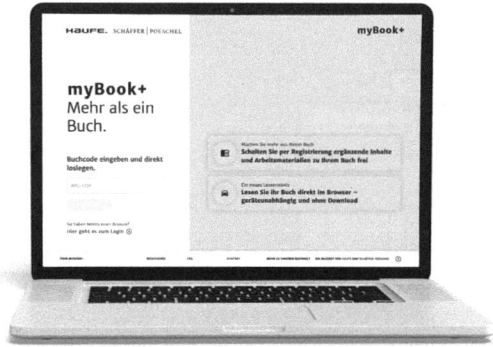

Next Generation Leadership

Simon Beck

Next Generation Leadership

Mit dem Be6! Leadership Framework Führung
von morgen gestalten

1. Auflage

Haufe Group
Freiburg · München · Stuttgart

Bibliografische Information der Deutschen Nationalbibliothek

Die Deutsche Nationalbibliothek verzeichnet diese Publikation in der Deutschen Nationalbibliografie; detaillierte bibliografische Daten sind im Internet über http://dnb.dnb.de/ abrufbar.

Print: ISBN 978-3-648-17406-7   Bestell-Nr. 10976-0001
ePub: ISBN 978-3-648-17407-4   Bestell-Nr. 10976-0100
ePDF: ISBN 978-3-648-17408-1   Bestell-Nr. 10976-0150

Simon Beck
Next Generation Leadership
1. Auflage, Februar 2024

© 2024 Haufe-Lexware GmbH & Co. KG, Freiburg
www.haufe.de
info@haufe.de

Bildnachweis (Cover): © gettyimages, Tom Werner

Produktmanagement: Bettina Noé

Inhaltsverzeichnis

Vorwort

In einer Zeit von tiefgreifenden Veränderungen in Wirtschaft, Technologie und Gesellschaft ist es essentiell, dass Führungskräfte ihre Rolle zukunftsfähig interpretieren und umsetzen, dass sie Next Generation Leader werden, die in der Lage sind, vom reaktiven Survivalmodus in eine proaktive Gestalterrolle umzuschalten. Das Be6! Leadership Framework der Haufe Akademie zeigt, wie dies gelingen kann. Es ist ein Kompass, der Unternehmen auf ihrem Weg zur nächsten Führungsgeneration begleiten kann, und bietet praxisnahe und leicht verständliche Ansätze und Lösungen für die aktuellen Herausforderungen von Führungskräften.

Dieses Buch richtet sich somit in erster Linie an Professionelle aus den Bereichen der Personal- und Organisationsentwicklung und des HR-Bereichs allgemein, welche für die Führungskräfte in ihren Unternehmen einen neuen Zugang zu einer modernen Führungskräfteentwicklung suchen. Aber auch Führungskräfte selbst können von den weiterführenden Gedanken zum Be6! Framework profitieren und anhand der vielen Reflexionsfragen in einem Selbstcoaching neue Einsichten entwickeln. In erster Linie aber wollen wir allen Professionellen und Interessierten zeigen, welche Haltungen und Kompetenzen Führungskräfte heute benötigen, um ihr Team erfolgreich in die Zukunft zu führen und wie sie das Be6! Leadership Framework in ihrer täglichen Führungspraxis einsetzen können.

Auch wenn hier nur ein Autor genannt wird, ist das Be6! Framework und schlussendlich auch dieses Buch als Ergebnis der intensiven Diskussion und Weiterentwicklung von Ideen innerhalb von agilen Teams der Haufe Akademie entstanden. Besonders danken möchte ich daher den Mitgliedern des Product Councils Führung und Leadership und des Be6! Councils sowie allen Kolleginnen und Kollegen aus dem Bereich Inhouse Consulting in Neu-Isenburg und in Freiburg. Ihr habt mich in vielen Gesprächsrunden, Kundenprojekten und Workshops immer wieder inspiriert, mir weitergeholfen, neue Ideen eingebracht und geschärft und so das Framework laufend weiterentwickelt.

Ebenfalls vielen herzlichen Dank an alle Interviewpartner und -partnerinnen, welche das vierte Kapitel mit Erfahrungswerten aus der täglichen Führungspraxis bereichert haben. Großen Dank auch an alle weiteren externen Expertinnen und Experten, die uns im Be6! Trainer Lab der Haufe Akademie unterstützen. Besonders danken möchte ich unserem Geschäftsführer Holger Schmenger, der als Auftraggeber und Sponsor zur Erarbeitung des Be6! Leadership Frameworks wesentlichen Anteil am Gelingen dieses Projekts hatte. Ein großer Dank geht auch an meine ehemaligen und heutigen Kolleginnen und Kollegen im Be6! Kernteam: Nicole d'Ascenzo, Sophie Both, Dr. Johannes von Mikulicz-Radecki, Antonia Mehrhoff, Gina Rumsauer, Lea Helmboldt, Lara Adam und Jeniffer Malsam.

Nun sind Sie dran! Setzen Sie das Be6! Leadership Framework in Ihrem Team und im Unternehmen ein und berichten Sie uns von Ihren Erfahrungen. Unter be6@haufe-akademie.de freuen wir uns über Ihre Rückmeldungen, Eindrücke, Fragen, Anregungen, Ergänzungen, Kommentare und jegliche Form von konstruktivem Feedback. And don't forget: Be brave! – Be6!

Dr. Simon Beck
Ravensburg, 09.10.2023

1 Einleitung

»May leadership be for you
A true adventure of growth.«
(John O'Donohue)

Es ist der 29. April 2023, ein sonniger Samstagabend in Zürich, als Barack H. Obama, der 44. Präsident der Vereinigten Staaten, um 20 Uhr die Bühne betritt. 10.000 Menschen jubeln dem globalen politischen Rockstar zu, ich in ihrer Mitte. Obama ist das erste Mal in der Schweiz und spricht über seine Hoffnung auf eine friedliche Weltordnung, über das Vermächtnis seiner Präsidentschaft und über das Verhältnis zu seinen beiden Töchtern. Insgesamt ein routinierter und doch sehr inspirierender Auftritt einer unglaublich charismatischen Persönlichkeit. Der Funke springt über, auch wenn die Bühne 100 m entfernt ist und eigentlich wenig Neues von ihm zu erfahren ist.

An diesem Abend aber spürte ich sie wieder einmal, diese enorme Anziehungskraft, welche von großen Führungspersönlichkeiten ausgeht. Solche Menschen können begeistern, Orientierung vermitteln und inspirieren. Und gleichwohl wissen wir, längst im postheroischen Zeitalter angekommen, dass die Storys der großen, geborenen Führer im Grunde auserzählt sind.[1] Selbst Obama weiß es und spricht über die überschätzte Macht eines amerikanischen Präsidenten: »Vielleicht kannst Du die Richtung des Tankers [USA] um ein Grad ändern. Im Rahmen Deiner Amtszeit ist das kaum bemerkbar und das frustriert Deine Anhänger und Dich selbst. Aber dann kommt das Schiff in zehn Jahren doch am Ziel an, auch dank Deiner Interventionen und Entscheidungen. Dann hast Du etwas erreicht. Das hat mich motiviert.«[2]

Wer aber schaut schon so ehrlich und demütig auf sich und seine Wirksamkeit und bringt zudem genügend Ausdauer und Resilienz für so lange Zeiträume in Führung und Verantwortung mit? Viele Menschen suchen eher nach einfachen und schnellen Lösungen und übertragen entsprechende Erwartungen auf den Star auf der Bühne genauso wie auf ihre Führungskraft im Betrieb. Natürlich wollen Mitarbeitende[3] ihren Beitrag leisten, gleichzeitig aber auch durch klare Entscheidungen »von oben« Entlastung und Orientierung spüren, denn sie fühlen sich – nicht nur in ihrem beruflichen Alltag – zunehmend belastet und überfordert.[4]

---

1   Baecker, Dirk (1994): Postheroisches Management. Ein Vademecum. Berlin.
2   Aus dem Gedächtnis protokolliert und übersetzt am 29.04.2023 durch den Verfasser.
3   Bei Personenbezeichnungen und personenbezogenen Hauptwörtern in diesem Buch wird versucht,
    eine neutrale Form und wenn das sich nicht anbietet, sowohl die weibliche als auch die männliche Form
    gleichverteilt zu verwenden. Entsprechende Begriffe gelten im Sinne der Gleichbehandlung grundsätzlich
    für alle Geschlechter. Die ggf. verkürzte Sprachform hat nur redaktionelle Gründe und stellt keine
    Wertung dar.
4   Vgl. Techniker Krankenkasse (2021): Entspann dich, Deutschland! TK Stressstudie 2021. Hamburg.

Hier zeigt sich die enorme Spannweite von Erwartungen, welche in den Zeiten der »Polykrisen«[5] von heute an Führungskräfte gerichtet sind. Diese müssen mehr denn je einen ganzheitlichen, weiten Blick auf sich selbst, ihre Mitarbeitenden, ihre Führungsverantwortung und ihren Kontext entwickeln, von der Teamsituation bis zum globalen Umfeld. Weitblick und die Fähigkeit zur ganzheitlichen Betrachtung entlasten und helfen, den Anforderungen an die Führungsrolle gerecht zu werden. Für einen ganzheitlichen Blick aber benötigen Führungskräfte mentale Modelle, welche ihnen helfen, sich selbst in der Gemengelage von mehrdeutigen, ambivalenten bis hin zu konkurrierenden Erwartungen zu verorten und zu organisieren. Dieses Buch stellt ein solches Modell vor und will Führungskräfte damit unterstützen, sich in unsicheren Zeiten zu orientieren und zu strukturieren.

Wir alle spüren die Herausforderung, uns in dieser global vernetzten, digital transformierten und hochkomplexen Welt zurechtzufinden. Globale Megatrends wie die der Globalisierung, der Digitalisierung und der Klimakrise fordern die Führungskräfte und Entscheider heraus und zwingen sie zu einer Transformation in eine ungewisse Zukunft. Mitarbeitende wiederum klagen über mangelnde Unterstützung durch das Unternehmen und deren Führungskräfte. Sind diese doch dazu da, in unsicheren Zeiten Antworten zu geben und Orientierung zu vermitteln, oder nicht?

Führungskräfte sehen sich also vielfach gefordert: Durch die Umweltbedingungen von außen und den Ansprüchen von innen, hier vor allem durch ihren Mitarbeitenden, aber auch durch ihre Vorgesetzten in der Geschäftsführung. Dieser Druck verunsichert und kann die Entscheidungsträger lähmen.[6] Und das mit ernsten Folgen, von Performanceverlusten bis hin zum »Quiet Quitting« oder tatsächlichem Exit von qualifizierten und ambitionierten Mitarbeitenden.[7]

Auf die veränderten Umweltbedingungen einer komplexen Welt reagieren die Unternehmen mit neuen flexibleren Organisationsmodellen, welche sich schneller und agiler an die komplexen und volatilen Umweltbedingungen anpassen können: hybride Arbeitsformen, interdisziplinäre agile Teams, bereichsübergreifende Kollaborationen, oft noch im internationalen Kontext, sind Ausdruck davon.

Von den Führungskräften wird **individuell** erwartet, dass sie die neuen Organisationsformen nutzen, agile Prozesse implementieren und die Mitarbeitenden darin adäquat

---

5   Vgl. https://www.risknet.de/wissen/glossar-eintrag/polykrisen/. Abrufdatum: 08.11.2023.
6   Vgl. Beck, Simon (2021): Leadership Lost. https://newmanagement.haufe.de/leadership/die-zukunft-von-fuehrung. Abrufdatum: 22.08.2023.
7   Vgl. Kanning, Uwe (2023): Quiet Qutting ist keine innere Kündigung. https://www.haufe.de/personal/hr-management/das-wahre-definition-von-quiet-quitting_80_574924.html. Abrufdatum: 22.08.2023; Spilker, Martin (2020): Jede dritte Führungskraft in Deutschland steckt in einer Identitätskrise. https://www.bertelsmann-stiftung.de/de/themen/aktuelle-meldungen/2020/februar/jede-dritte-fuehrungskraft-in-deutschland-steckt-in-einer-identitaetskrise. Abrufdatum: 22.08.2023.

führen. Sie sollen auf die veränderten Ansprüche ihrer Mitarbeitenden eingehen, auf eine moderne Führungskultur hinarbeiten und diese vorleben.

So verstanden wird die »Neue Führung«, meist »**New Leadership**« genannt, zu einem **zentralen Future Skill unserer Zeit.**[8] Aber auch zu einem der anspruchsvollsten, sollen doch ganz unterschiedliche ökonomische Ziele gleichzeitig erreicht werden: auf der Outputseite die Verbesserung der Unternehmensperformance und auf der Inputseite die Sicherstellung von genügend qualifizierten, loyalen sowie leistungsbereiten und motivierten Mitarbeitenden, auch durch die Schaffung einer attraktiven Führungskultur, welche sich wiederum in einem positiven Employer Branding niederschlägt.

Führungskräfte sind eminent wichtig für die Erreichung dieser Ziele, denn insbesondere die **Mitarbeiterbindung** und die **Arbeitgeberattraktivität** werden durch die führenden Personen maßgeblich beeinflusst, zeigen sich diese beiden Indikatoren durch die zunehmende Verknappung des Angebots an qualifiziertem Fachkräftenachwuchs immer stärker als zentrale Erfolgsfaktoren zum Erhalt einer leistungsfähigen und motivierten Workforce.[9]

Wir stellen fest, dass die **neuen Anforderungen von außen und innen** große Herausforderungen an die Führungskräfte darstellen und aktives Handeln verlangen. Wie kann das aussehen? Wie bleiben Führungskräfte mit ihren Teams auch unter erschwerten Bedingungen produktiv und erfolgreich? **Wie schaffen es die eingesetzten Führungskräfte, sich auf die veränderten Umweltbedingungen einzustellen, ihr Mind- und Skillset neu auszurichten und einen neuen, passenden Führungsstil zu finden?** Wie werden Führungspositionen selbst wieder attraktiv und auch als Chance zur persönlichen Entwicklung begriffen?

»Wo aber Gefahr ist, wächst das Rettende auch.«[10] Schon Hölderlin empfahl uns, in schwierigen Zeiten nach den neu entstehenden Chancen und naheliegenden Lösungen zu suchen, auch wenn das meist eine persönliche, strategische oder organisatorische Veränderung außerhalb des bisherigen Denkraums verlangt. Um tatsächlich weiterzukommen und Krisen kreativ und innovativ zu überwinden, braucht es Führungskräfte und Manager, die **vom reaktiven Survivalmodus in eine initiative Gestalterrolle umschalten** können. Proaktives Handeln und Out-of-the-box-Denken sind gefragt. Wir brauchen **einen neuen Führungsstil und ein neues Selbstverständnis** der Führungskräfte.

8   Vgl. Edelkraut, Frank/Sauter, Werner (2023): Future-Skills-Training. Zukunftsfähigkeit professionell erfassen und gezielt entwickeln. Stuttgart.
9   Vgl. F.A.Z. Business Media (2022): Mitarbeiterbindung 2030. Eine befragungsbasierte Trendstudie. Frankfurt am Main; Bruch, Heike/ Fischer, Josef A./Färbe, Jessica (2015): Arbeitgeberattraktivität von innen betrachtet – eine Geschlechter- und Generationenfrage. Konstanz.
10 Hölderlin, Friedrich (1803): Pathmos, in: Sattlers, Friedrich D. E. (Hrsg.): Friedrich Hölderlin. Sämtliche Werke. Frankfurter Ausgabe (FHA). Bd. 7, Frankfurt am Main, S. 402.

Woraus entwickeln sich nun die Sicherheit und das Vertrauen, welche benötigt werden, um diese Haltungsänderung einzuleiten? Der **traditionelle Stil der bisher dominierenden Leadership-Kohorten** der 1960er und 1970er Jahrgänge **hilft hier nicht weiter.** Führung von morgen sieht anders aus. Vor allem jüngere Mitarbeiter und Mitarbeiterinnen werden durch den eher traditionellen autoritären Führungsstil abgeschreckt. Sie haben hohe Ansprüche an ihren Arbeitgeber bzw. an dessen Führungskräfte und stimmen zunehmend mit den Füßen darüber ab, welche Führungskultur für sie attraktiv erscheint.[11]

Darauf reagieren die Führungskräfte. Schon seit einigen Jahren zeigt sich, dass sich eine Mehrheit von ihnen auf eine **agile Selbstorganisation der Mitarbeitenden** und nicht auf hierarchische Strukturen stützt.[12] Vor allem junge Führungskräfte forcieren ein neues Skillset und eine moderne Führungskultur. In ihrer Realität ist Führung nicht mehr das, was sie mal war: Statt traditioneller Hierarchien und Führung mit »Command and Control« sind jetzt **moderne, agile und digital gestützte Führungsansätze** gefragt.[13]

Führung von morgen muss also neu gestaltet werden. In diesem Buch bezeichnen wir die **neuen Ansätze für eine zukunftsfähige Führung** insgesamt als »**Next Generation Leadership**« und betrachten diesen Begriff **synonym zu »New Leadership«** oder »**Future Leadership**«. Es geht darum, eine »ambidextre«, also gleichzeitig agile und performanceorientierte Führungskultur zu schaffen, anpassungsfähig an die Zukunft und wirksam in Bezug auf die Unternehmensziele.

Bewusst blenden wir in der weiteren Diskussion eine ebenfalls hier naheliegende Unterscheidung in der Führung nach Generationencluster aus (Gen X, Y and Z usw.). Die Unterschiede in der Einstellung zur Arbeit zwischen den Generationen sind zu gering, um eine **grundsätzliche** Neuausrichtung der Personalarbeit zu begründen. Zu diesem Ergebnis kamen bereits 2013 ein Forscherteam der Universität Mannheim und der FOM Bonn und eine aktuelle Studie des Meinungsforschungsinstituts Yougov im Auftrag des Automobilzulieferers Continental.[14]

Wie kann nun **Next Generation Leadership** oder allgemein gesagt, **New Leadership** entwickelt und in der betrieblichen Praxis umgesetzt werden? Welche **Haltungen**

11 Vgl. Deloitte Touche Tomatsu Limited (2018): The 2018 Deloitte Millennial Survey. https://www2.deloitte. com/content/dam/Deloitte/de/Documents/Innovation/Millennial-Survey-2018_Report_Deutschland.pdf. Abrufdatum: 08.11.2023.
12 Vgl. Hernstein Institut für Leadership und Management (2020): Hernstein Management Report 2020.
13 Ebd.
14 Vgl. Biermann, Torsten/Weckmüller, Heiko (2013): Generation Y: Viel Lärm um fast nichts, in: Weckmüller, Heiko (Hrsg.): Exzellenz im Personalmanagement. Neue Ergebnisse der Personalforschung für Unternehmen nutzbar machen. Freiburg, S. 105–112; Haufe Online-Redaktion (2023): Studie räumt mit Mythen zur Generation Z auf. https://www.haufe.de/personal/hr-management/genz-studie-widerlegt-mythen_80_602302.html. Abrufdatum: 22.08.2023.

(Mindset) und welches **Handwerkszeug (Skillset)** benötigen Führungskräfte heute, um sich selbst, ihre Mitarbeitenden und das Unternehmen in eine erfolgreiche Zukunft zu führen, erfolgreich auch deshalb, weil Agilität und Performance zusammen gedacht und verfolgt werden (Ambidextrie).

Mit diesem Buch wollen wir den Führungskräften und Verantwortlichen in der Führungskräfteentwicklung **ein Konzept für die Gestaltung des Next Generation Leadership** zur Verfügung stellen und sie damit in ihrer individuellen Leadership-Transformation unterstützen. Zur Ausgestaltung des neuen Führungsstils haben wir in der Haufe Akademie das »**Be6! Leadership Framework**« entwickelt. Dieser Ansatz ist gleichzeitig Landkarte und Kompass, welcher die Unternehmen und ihre Führungskräfte auf ihrem Weg zur nächsten Generation der Führung begleiten kann.

Das Framework zeigt leicht verständlich, fundiert und praxisbezogen, wie die Führung von morgen gestaltet werden kann. Führungskräfte und Professionelle in der Personalentwicklung erhalten Orientierung und Sicherheit, um
* **Führungsfragen zu strukturieren,**
* **komplexe Herausforderungen zu analysieren und**
* **passende Lösungsbausteine zu entwickeln.**

In diesem Buch beschreiben wir in **vier Teilen** das neue »Be6! Leadership Framework«, seine Entwicklung, die zentralen Elemente und die Einsatzmöglichkeiten in der Praxis.

Nach dieser **Einführung** in das Thema analysieren wir **im zweiten Kapitel**, welche **(neuen) Anforderungen** aufgrund der massiven Veränderungen der Umweltbedingungen auf Führungskräfte zukommen und leiten daraus die **Fundierung des Frameworks** ab.

Der **dritte Teil** beschreibt das neue Ordnungsmodell mit seinen zwei Ebenen, der **werteorientierten Fundierung mit Führungsverständnis und Prinzipien** und der **praxisorientierten Ausgestaltung** mit seinen verschiedenen Elementen wie Haltungen, Handlungsfeldern und Kompetenzen.

Im **vierten Abschnitt** wird das **Be6! Leadership Framework** auf seine Praxistauglichkeit hin untersucht. Es wird anhand von Praxisbeispielen und Verprobungen im Echtbetrieb gezeigt, wie es sowohl für strategische Entscheidungen in der Führungskräfteentwicklung als auch im täglichen Führungshandeln erfolgreich eingesetzt werden kann. **Anwendungsbeispiele aus der Praxis** und Interviews mit Kundinnen und Kunden, Trainierenden und Teilnehmenden ergänzen dieses Kapitel.

2 Warum wir ein (neues) Framework für Führung brauchen

> *»Fear is a reaction, courage is a decision.«*
> (Winston Churchill)

2.1 Auftrag, Zielsetzung und Projektierung

Wir befinden uns in Zeiten des Umbruchs und massiven Veränderungen von Wirtschaft und Gesellschaft. Die neue, digital transformierte Welt der 2020er Jahre stellt insbesondere Menschen mit Führungsverantwortung vor große Herausforderungen und sie fragen sich, wie sie auch in Zukunft in ihren Führungsrollen handlungsfähig und wirksam bleiben können. Gleichzeitig eröffnen sich aber auch ungeahnte Chancen und Potenziale, für die Unternehmen in Form von neuen digital basierten Geschäftsfeldern, Produkten und Dienstleistungen, für die Führungskräfte und Entscheider als Entwicklungspotenziale und Chancen für persönliches Wachstum in Richtung agiler und neuer Führung in der digitalen Transformation.

Firmeninternen Ansprechpartnerinnen in der Personal- und Organisationsentwicklung und externen Anbietern von Weiterbildungsformaten wie Führungsakademien und Management-Trainerinnen stellt sich eine zentrale Frage: **Welche Unterstützung und welche Tools benötigen Führungskräfte, um in den großen Umwälzungen unserer Zeit nicht nur weiter einen guten Job zu machen, sondern dies auch als Chance zur persönlichen Weiterentwicklung nutzen zu können?**

Im Einzelnen sind es folgende Fragen:
* Welche Auswirkungen hat die digitale (globale) Transformation auf die Führung?
* Wie bleiben Führungskräfte und Managerinnen wirksam?
* Welche neuen Kompetenzen und »Future Skills« benötigen sie?
* Mit welchen (neuen) Weiterbildungsformaten lassen sich diese Future Skills entwickeln?
* Wie kann das Führungspersonal in diesem massiven Veränderungsprozess durch interne oder externe Dienstleister insgesamt unterstützt werden?
* Wie können die internen Dienstleister wie z. B. die Personal- und Organisationsentwicklung durch externe Provider unterstützt werden?

In der Haufe Akademie in Freiburg hat sich für diese Fragestellungen ein selbstgeführtes Team von etwa zehn Kolleginnen gebildet, welches sich als »Community of

Practice (CoP)«[15] regelmäßig zu aktuellen Fragen und Herausforderungen von Führungskräften austauscht. Das CoP analysierte die eben gestellten Fragen anhand ihrer täglichen Erfahrungen in der Berufspraxis und es ergaben sich unter anderem die folgenden **Hypothesen**:

- **Mut zur (doppelten) Lücke: Führungseinsteigerinnen benötigen sehr viel Weiterbildung.** Vor allem jüngere Führungskräfte und Einsteigerinnen müssen in kürzerer Zeit mit weniger Erfahrung anspruchsvollere Jobs bewältigen als ihre Vorgängerinnen vor 10–15 Jahren. Warum ist das so? Durch die Digitalisierung lassen sich ganze Führungsebenen aus den Organisationen herausnehmen, die Hierarchien werden flacher und viele Führungsaufgaben, auch strategischer Natur, werden zunehmend »nach unten« delegiert. Die Einsteigerebenen der Team- und Gruppenleiterinnen treffen also auf höherqualifizierte Anforderungsprofile und gestiegene Erwartungen, während gleichzeitig aufgrund der demographischen Lücke an Nachwuchsführungskräften deren Einstiegsalter und -niveau tendenziell sinkt. Der Weiterbildungsbedarf, der sich aus dieser »doppelten Hierarchielücke« für die Einsteigerinnen und Einsteiger in Führungspositionen ergibt, ist enorm.

- **Von VUCA zu BANI: Die (fast) unerträgliche Komplexität des Managerseins:** Eine Skilloffensive darf auch vor langjährigen, älteren Führungskräften nicht Halt machen. Diese finden sich in ihrem zunehmend komplexen, hochdynamischen und unübersichtlichen Führungsalltag oft nicht mehr zurecht und laufen Gefahr, Sinn und Orientierung zu verlieren.[16] Es treibt sie die Sorge um, den Anschluss zu verpassen und sie fürchten, ihre Führungsposition nicht mehr adäquat ausüben zu können. Sie haben zwar gelernt, mit der turbulenten »VUCA-Welt« umzugehen, benötigen heute aber zusätzliche Skills für die Herausforderungen in der neuen »BANI-Welt«. Was ist damit gemeint?

Die Geschäftswelt ist seit den 1980er Jahren von einer zunehmenden Volatilität und Komplexität geprägt. Diese Entwicklung wird von Führungskräften heute als Norm betrachtet und das korrespondierende VUCA-Konzept wird seit Langem genutzt, um diese Zustände zu beschreiben und »manageable« zu machen.[17] Doch das neue BANI-Modell geht noch einen Schritt weiter und ergänzt diese Sichtweise, indem es Lösungsansätze für die neuen chaotischen und völlig unvorhersehbaren Auswirkungen beschreibt, welche wir im Angesicht von globalen Pandemien über die drastischen Folgen des Klimawandels bis hin zu wirtschaftlichen Turbulenzen und politischen Konflikten derzeit erleben.

---

15 Vgl. Wenger, Etienne/McDermott, Richard/Snyder, William M. (2002): Cultivating communities of practice. A guide to managing knowledge. Boston.

16 Vgl. Diehm, Curt (2021): Das 60-plus-Syndrom: Was ältere Manager in die Sinnkrise stürzt. https://www. handelsblatt.com/meinung/gastbeitraege/gastkommentar-expertenrat-das-60-plus-syndrom-was-aeltere-manager-in-die-sinnkrise-stuerzt/27440288.html. Abrufdatum: 08.11.2023.

17 Vgl. Mack, Oliver/Khare, Anshuman/Krämer, Andreas/Burgartz, Thomas (Hrsg., 2016): Managing in a VUCA World. Heidelberg.

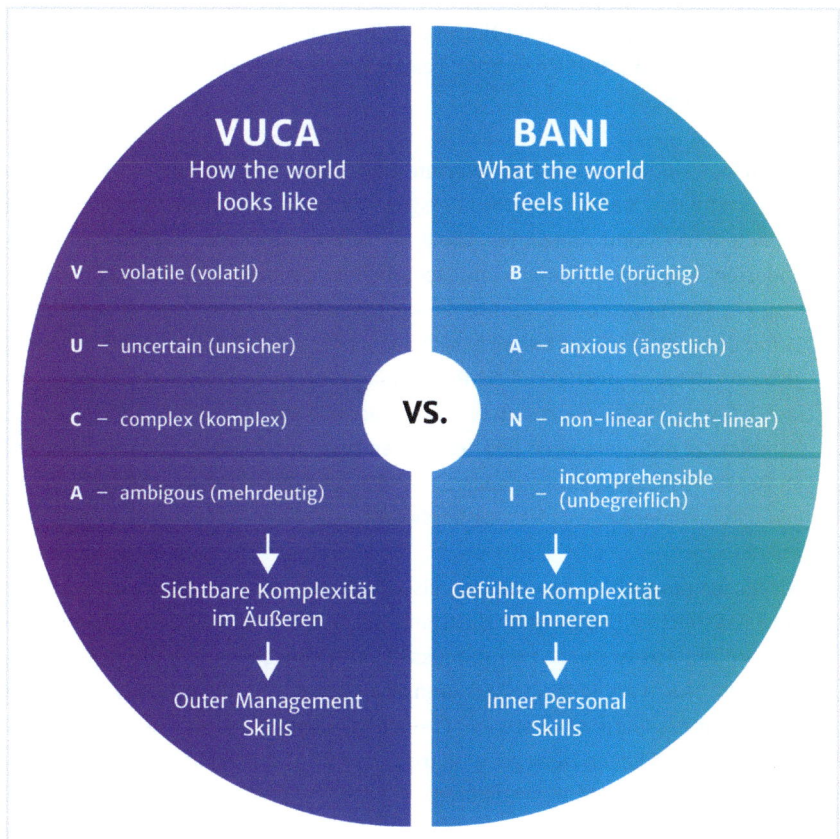

Abbildung 1: VUCA vs. BANI-World[18]

Konnten Führungskräfte die äußere, sichtbare Komplexität der VUCA-Welt (»How the world looks like«) mit den entwickelten »Outer Management Skills« wie etwa Komplexitätsverarbeitungsfähigkeit, Strategic Forecasting und Risk Management noch einigermaßen verarbeiten, so sind sie in der BANI-Welt (»How the world feels like«) nun gefordert, die durch chaotische Rahmenbedingungen entstandene Komplexität und daraus resultierende Gefühlslagen im Inneren zu verarbeiten.

Zur Komplexitätsverarbeitung bedarf es zusätzlich »Inner Personal Skills« wie z. B. Reflexionsfähigkeit und das »Management« der eigenen Ängste, des Selbstwerts und der Selbstwirksamkeit, um nur einige zu nennen.[19] Zukunftsfähige Führung benötigt also beides: Innere Persönlichkeitskompetenzen zur Reflexion und Entwicklung von Werten und Haltungen in der chaotischen BANI-Welt und äußere

---

18   Eigene Darstellung in Anlehnung an die Ansätze von Jamais Cascio: »Facing the age of chaos« in https://medium.com/@cascio/facing-the-age-of-chaos-b00687b1f51d und Stephan Grabmeier, vgl. https://stephangrabmeier.de/bani-vs-vuca/Abrufdatum: 08.11.23.

19   Vgl. The Inner Development Goals: The 5 dimensions with the 23 skills and qualities. https://www.innerdevelopmentgoals.org/framework. Abrufdatum: 08.11.23.

Managementkompetenzen zur Umsetzung ihrer Ziele im Führungsalltag der komplexen VUCA-Welt. Next Generation Leadership benötigt »Inner Development for Outer Performance«.[20]

- **Durch ein Modell wird's hell: Warum eine Landkarte nie verkehrt ist!** Führungskräfte und Manager beider Altersgruppen **suchen in dieser Situation nach Hilfestellungen und Konzepten,** die ihnen wieder mehr Klarheit über ihre (veränderten) Aufgabenstellungen und Sicherheit im Umgang damit verschaffen können. **Ein Führungsmodell könnte eine solche Lösung sein,** denn in komplexen Situationen ist es immer hilfreich, sich zunächst einen Überblick zu verschaffen, also eine Metaperspektive auf die Problemlage einzunehmen. Dazu helfen vereinfachte Darstellungen der realen Welt, also Modelle und (Land-)Karten, welche die Komplexität reduzieren und uns helfen, den Blick auf das Wesentliche zu lenken. Im Beratungskontext sind Modelle unterschiedlichster Formate und Zielrichtungen schon immer das wichtigste »Handwerkszeug«.

Wir dürfen nur nicht die **Landkarte,** also die Annäherung an die Wirklichkeit mit der tatsächlichen **Landschaft,** sprich mit der Realität verwechseln, denn um zu überprüfen, was wirklich stimmt, müssen wir hinausgehen und das Gelände inspizieren.[21] Auch ein oder eine CEO kann sich nicht auf Umfragen verlassen, um die Unternehmenskultur zu verstehen. Er oder sie muss sich regelmäßig durch seine Büros und Werkhallen bewegen und ins Gespräch mit den Mitarbeitenden kommen, um selbst die Kultur zu erspüren.

Auf **Grundlage dieser Hypothesen** war es der **Auftrag** an den Autor, mit Unterstützung der Kollegen und Kolleginnen aus dem CoP ein neues, zukunftsfähiges Führungsmodell zu entwickeln. Dieses soll **als eigenständiges Tool und in Kombination mit bekannten Formaten der Führungskräfteentwicklung** einsetzbar sein und die Führungskräfte bei der Bewältigung ihrer vielfältigen Aufgaben in der digital getriebenen Transformation der 2020er Jahre unterstützen. Gleichzeitig soll es den Professionellen in der Personal- und Organisationsentwicklung **Orientierung, Unterstützung und Hilfestellung in der Entwicklung und Implementierung von Angeboten und Lösungen** für ihre Führungsklientel im Unternehmen sein.

---

20 Die im Abschnitt 3.6 beschriebene Bewegung der »Inner Development Goals« ist eine direkte Antwort darauf.

21 Vgl. Korzybski, Alfred (1933): Science and Sanity. An introduction to non-Aristotelian systems and general semantics. New York City.

Zentrale Fragestellungen in der Entwicklung des Leadership-Frameworks

→ Wie kann ein alltagstauglicher Orientierungsrahmen für Führung in komplexen und herausfordernden Zeiten aussehen?
→ Wie kann ein entsprechendes Modell entwickelt werden?
→ Wie kann es sinnvoll und nutzbringend eingesetzt werden?

Folgende Prämissen ergänzten Auftrag und Zielsetzung:
- Das Entwicklungsprojekt zielt auf die **Verwendung des Frameworks im Business-to-Business-Kontext (B2B-Kontext)**. Zielgruppe sind also HR-Professionelle von (Profit- und Non-profit-) Unternehmen sowie die Führungskräfte dieser Organisationen.
- Das zu entwickelnde Modell oder Framework[22] soll es den Nutzern ermöglichen, die Komplexität von Führung und Management möglichst **schnell zu erfassen** und in einer **gemeinsamen Modellsprache** über dessen Inhalte und Konsequenzen zu diskutieren. Dazu werden wichtige Merkmale und Zusammenhänge der realen Führungswelt vereinfacht dargestellt. Das Modell ist damit ein **Ordnungs- und Kommunikationsmodell,** welches sich auch zur Analyse und Diagnose einsetzen lässt und hat <u>nicht</u> den Anspruch eines theoretischen Erklärungs- und Prognosemodells.
- Es wird **konsequent vom Markt und Kunden her gedacht** und entwickelt. Das neue Leadership Framework soll schnell zu einem ersten Stand entwickelt und dann im Sinne einer **agilen Projektentwicklung** rasch und in mehreren Schleifen beim Kunden verprobt und iterativ verbessert werden.

Dieses Vorgehen folgt dem Ansatz **Planning → Research → Development → Prototyping → Roll-out**. Daraus ergab sich das folgende **Bearbeitungsmodell in fünf Phasen.**

Phasen der Projektbearbeitung

Phase 1 – Planning: Von der Problemidentifikation zum Forschungsdesign (06/19 – 09/19)
Aus Auftrag und Zielsetzung wurde zuerst das **Forschungsproblem** bzw. die zentrale Fragestellung herausgearbeitet: Wie kann ein alltagstauglicher Orientierungsrahmen für Führung in komplexen und herausfordernden Zeiten aussehen? Danach ergab sich in der Konsequenz der weiteren o. g. Prämissen die Wahl eines **stark praxisbezogenen, pragmatischen Ansatzes** in der Modellentwicklung. Die methodischen Schwä-

---

22 Die beiden Begriffe werden hier synonym verwendet. Zu Beginn des Entwicklungsprojekts wurde eher der Modellbegriff verwendet, während wir heute nur noch vom »Framework« sprechen.

chen gegenüber einer stärker wissenschaftlichen Vorgehensweise[23] wurden in einem **iterativen Entwicklungsprozess** durch **schnelle Verprobungen** der aufgestellten Hypothesen und Teilmodelle (Prototyping) teilweise kompensiert.

Phase 2 – Research: Von der Datenerhebung zur Modellbildung (09/19 – 01/20)
Die **Datenerhebung und -analyse** erfolgte in einer Mischung aus Sekundär- und Primärforschung. In einem ersten Schritt wurden bereits vorhandene **(Sekundär-)Daten** analysiert und ausgewertet. Eine umfangreiche **Literatur- und Materialrecherche** zu den oben genannten Forschungsfragen innerhalb und außerhalb der Haufe Akademie (Fachliteratur; Websites und Blogs; interne und externe Studien, Kataloge und Broschüren; Führungsansätze und -modelle aus internen und externen Quellen; Daten aus internen Angeboten und Fotoprotokollen) ergab eine Schärfung der ersten Arbeitshypothesen für die Modellbildung. Es zeigte sich, dass eine zusätzliche qualitative **Erhebung und Analyse primärer Daten** als geeignet erschien, um die Forderung nach der Notwendigkeit eines neuen Führungsmodells zu verifizieren und inhaltlich zu ergänzen.

Dazu wurden **(Primär-)Daten** speziell für die aktuellen Fragestellungen gesammelt und ausgewertet. Im Sinne des pragmatischen Forschungsansatzes entschieden wir uns für **qualitative Interviews mit Kundinnen, Praktiker und Expertinnen** innerhalb und außerhalb der Haufe Akademie. Insgesamt wurden 35 Interviews mit einer Dauer von jeweils einer Stunde anhand eines halbstrukturierten Leitfadens durchgeführt, dokumentiert und ausgewertet. Ziel war es, von den Befragten Informationen zu Haltungen, Erwartungen und Vorstellungen zum Thema Leadership und bezüglich eines zu entwickelnden Leadership-Modells zu gewinnen. Die erhobenen Daten wurden in ein erstes Modell integriert.

Inhaltliche Schritte der Analyse
Inhaltlich wurde schrittweise analysiert, welche globalen Markt- und Umweltveränderungen zu beobachten sind, wie sich diese auf die Unternehmen und deren Führungskräfte auswirken und welche Folgerungen sich für ein Führungsmodell ableiten lassen. Die Schritte der inhaltlichen Analyse und deren Ergebnisse bis hin zur Modellentwicklung werden in den folgenden Abschnitten dieses Kapitels vorgestellt. Darin fließen die Ergebnisse sowohl aus der Quellenrecherche als auch aus der empirischen Befragung mit ein. An geeigneter Stelle wird dies gekennzeichnet.

Phase 3 – Development: Von der Beta-Version zum Proof of Concept (02/20 – 06/21)
Das entstandene Beta-Modell wurde im Rahmen von mehreren **Development Sprints der Community of Practice** untersucht und getestet. Das Ziel war es, die erarbeiteten

---

23 Vgl. Döring, Nicola/Bortz, Jürgen (2015): Forschungsmethoden und Evaluation in den Sozial- und Humanwissenschaften. Berlin/Heidelberg.

Modellvorschläge interdisziplinär zu diskutieren und in regelmäßigen Development Sprints weiterzuentwickeln. Dadurch ergaben sich zusätzliche Perspektiven, Feedback, ergänzende Ideen sowie die Validierung und Ergänzung bisheriger Entwürfe.

Nach Einarbeitung der Arbeitsergebnisse folgten erste Verprobungen mit Kundinnen und Kunden und damit eine **weitere Validierung für den Einsatz im Echtbetrieb**. Uns interessierte vor allem, ob in der Wahrnehmung von Führungskräften und Experten der präsentierte Ansatz tatsächlich als praxistauglich für den Führungsalltag eingeschätzt wird und welche Verbesserungsvorschläge zur Zielerreichung wir erhielten.

Im Ergebnis stellten wir fest, dass das Beta-Modell funktionierte und die gewünschten Ergebnisse lieferte, auch wenn das Modell nur ein vorläufiges Design und noch nicht die vollständige Funktionalität zeigen konnte. Es entstand also ein **Proof of Concept**, die erste einsatzbereite Version eines »Be6! Leadership Circle« und damit der Nachweis, dass dieses Konzept als Leadership-Modell den Führungskräften Orientierung geben und in den abgeleiteten Be6! Programmen und Tools viele Anwendungsmöglichkeiten und Hilfestellungen bieten kann. Coronabedingt konnten in dieser Phase jedoch nur Onlineveranstaltungen beim Kunden durchgeführt und evaluiert werden.

Phase 4 – Prototyping: Von der Einsatzreife zum Standardprozess (07/21 – 06/23)
Der in Phase 3 entstandene Prototyp wurde nun zunehmend wieder in Präsenzveranstaltungen, über Co-Creation-Workshops in der gemeinsamen Programmentwicklung mit dem Kunden weiter verprobt und über laufende Evaluierung geschärft. Daraus entstand ein **Best-Practice-Prozess** von der beraterisch geprägten Analyse des Kundenanliegens über den Einsatz diagnostischer Verfahren bis hin zur Co-Creation individueller Kundenlösungen und der anschließenden Umsetzung in den **drei Produktkategorien** Be6! Keynote, Be6! Workshops und Be6! Entwicklungsprogramme.

Phase 5 (laufend) – Roll-out: Von der Kommunikation zur Skalierung (07/23 – 06/25)
Diese Phase ist nicht mehr Teil des Forschungs- und Entwicklungsvorhabens. Es ist die Phase der Kommunikation und Anwendung der Ergebnisse und Lösungsansätze für eine breitere Kundenschicht.

2.2   Grundlegende Vorbemerkungen zu Führung und Leadership

Warum überhaupt (noch) Führung?
Warum beschäftigen wir uns noch mit »Führung« und was ist das eigentlich? Manchmal drängt sich der Eindruck auf, dass dieses grundlegende Konzept menschlicher Kollaboration nicht mehr in die scheinbar hierarchiefreien Räumen des »New Work« passt. Folgt man aber dem Stand praxisorientierter Studien, kann festgehalten werden, dass

dem Thema »Führung« auch in Zukunft große Bedeutung beigemessen wird.[24] Mehr noch, Führung in Zeiten von »New Work« – genannt »New Leadership« oder »Next Generation Leadership« muss sogar ganz neu gedacht werden, denn **neue Anforderungen unter veränderten Rahmenbedingungen brauchen ein grundlegend neues Führungsverständnis**, ein neues Führungskonzept und somit auch aus dieser Denkrichtung kommend, ein neues Modell der Führung.

Wenn wir aber über **Führung und Führungsmodelle** sprechen, sollten wir uns zuerst fragen, wie wir denn Führung grundsätzlich verstehen und welche Definition wir zugrunde legen.

Was ist Führung? – Versuch einer Definition

Für den Begriff der Führung gibt es viele Definitionen. Was darunter verstanden wird, hat sich im historischen Verlauf im Kontext der jeweiligen gesellschaftlichen Vorstellungen, Werte und Menschenbilder, sowie den weiteren wirtschaftlichen, technologischen, politischen und ökologischen Rahmenbedingungen stark verändert und sich in den unterschiedlichsten Führungstheorien, vom Taylorismus bis hin zur destruktiven Führung, niedergeschlagen.[25]

Je nach Theorie wird Führung unterschiedlich definiert. Blessing und Wick haben Definitionen aus sieben Jahrzehnten Führungsforschung ausgewertet und zusammen mit den Arbeiten von Becker können folgende Elemente als gemeinsamer Nenner benannt werden:[26]

Führung ...

- ist ein Prozess
- entsteht im sozialen System
- zielt auf die Beeinflussung von Einzelpersonen und Gruppen
- findet innerhalb von Organisationen statt
- beinhaltet die Erreichung von Zielen
- kann geteilt ausgeübt werden
- ist nicht an eine formelle Position gebunden

---

24 Vgl. Gallup Inc. (2023): Engagement Index 2022. Deutschland. O. O.; Grimm, Julian/ Tokarski, Kim (2022): Führen in agilen Organisationsstrukturen, in: Schellinger, J./Tokarski, K.O./Kissling-Näf, I. (Hrsg.): Resilienz durch Organisationsentwicklung. Wiesbaden; Wagner, Günther (2017): Digital Leadership. Die Führungskraft im Zeitalter von Industrie 4.0, in: Andelfinger, V./Hänisch, T. (Hrsg.): Industrie 4.0. Wiesbaden.

25 Vgl. Rybnikova, Irma/Lang, Rainhart (2021): Aktuelle Führungstheorien und Führungskonzepte. Alter Wein in neuen Schläuchen?, in: dens. (Hrsg.): Aktuelle Führungstheorien und -konzepte. 2. Aufl., Wiesbaden, S. 1–10.

26 Vgl. Blessing, Bernd/Wick, Alexander (2021): Der Führungsbegriff, in: dens. (Hrsg.): Führen und führen lassen. Ergebnisse, Kritik und Anwendungen der Führungsforschung. München, S. 25–50. Becker, Florian (2015): Psychologie der Mitarbeiterführung. Wiesbaden. S. 5–8.

Ausgehend von einem betrieblichen Kontext, nehmen wir hier eine mikroökonomische Perspektive ein. Wir klassifizieren Führung anlehnend an Becker[27] also wie folgt:

> **Führung im betrieblichen Kontext ...**
>
> * richtet sich **im engeren Sinn** an die weisungsgebundenen, »unterstellten« Mitarbeitenden. Sie wird auch als »disziplinarische« Führung beschrieben.
> * erweitert **im weiteren Sinn** die Perspektive auf die Führung »nach oben« (Vorgesetzte) und die (laterale) Führung von Kolleginnen »zur Seite«, also mit allen Zielen der Führung, aber ohne Weisungsbefugnis. Diese kann sogar noch auf die Führung von Kunden und anderen Interaktionspartnern erweitert werden, insoweit diese ebenfalls nachhaltig beeinflusst werden sollen und können.

Diesen Führungsbegriff wollen wir ein zweites Mal ausweiten, indem wir **drei weitere Perspektiven** hinzufügen:
* Den wichtigsten Menschen, den ich führe, bin ich selbst. **Führung im Kern** bedeutet mit Götz Werner gesprochen, »immer erst einmal **Selbstführung«.**[28]
* **Führung** bezieht sich im allgemeinen Sprachgebrauch und in der Unternehmensrealität auch auf Themen, Projekte, Prozesse, Betriebe, Geschäfte usw. (**Themen führen, Projekte führen, Geschäfte führen**). Führung wird, so verstanden, oft synonym zum Begriff des »Managements« verwendet, so z. B. bei Malik.[29] Jeder Leader ist ein Manager, jeder Manager ist auch ein Leader.
* **Transformationale Führung** wird oft mit den weichen Faktoren, der menschlichen Komponente von Führung gleichgesetzt, während in der **transaktionalen Führung** die sachliche Austauschbeziehung in Vordergrund gestellt und im Begriff »Management« abgebildet wird. Wir wollen hier beide Sichtweisen auf Führung integrieren und auf diese eher theoretisch-abstrakte Unterscheidung nicht weiter eingehen.
* Für »**Führung für die Zukunft**« verwenden wir statt dem Begriff des »New Leadership« den unserer Ansicht nach besser passenden Begriff des »**Next Generation Leadership**« (NGL).

Im Ergebnis wird deutlich, dass Führung, Leadership und Management zwar unterschiedliche Bedeutungen und Färbungen haben, in der Unternehmenspraxis jedoch meist zusammen gedacht und ausgeführt werden. **Für uns ist eine gemeinsame, ganzheitliche Betrachtung von Führung, Management und Leadership für den**

---

27 Ebd.
28 Götz, Werner (2013): Sinnstiftung als Führungsaufgabe, in: Götz, W./Dellbrügger, P. (Hrsg.): Wozu Führung? Dimensionen einer Kunst. Karlsruhe, S. 96.
29 Vgl. Malik, Fredmund (2006): Führen, Leisten, Leben. Wirksames Management für eine neue Zeit. Frankfurt am Main.

Unternehmenskontext deshalb sinnvoll und zielführend. Die unübersichtliche und vielfältige Forschungslage zu den begrifflichen Unterscheidungen wollen wir dem Leser an dieser Stelle ersparen.

Aus diesen Überlegungen heraus ergibt sich **ein ganzheitliches Verständnis des Führungsbegriffs,** welcher

- die unterschiedlichsten Perspektiven der **Führung** einbezieht,
- den Begriff der **Führung mit Leadership gleichsetzt,**
- den Begriff des **Management** ebenfalls aufnimmt und
- für eine **zukunftsfähige Führung** den Begriff des »**Next Generation Leadership«** **(NGL)** einführt.

Führungsverantwortung im Unternehmen
Wer in einem Unternehmen ist nun verantwortlich für Führung? Wer übt Führung direkt oder indirekt aus? Wer ist eine Führungskraft? Nur wenn ich das weiß, kann ich Führung zielgruppenspezifisch betrachten und im Sinne der Organisation zielführend entwickeln.

Folgendes Schaubild stellt die **Selbstführung des Menschen klar ins Zentrum der Verantwortung.** Jeder von uns ist eine Führungskraft, denn alle von uns führen zumindest sich selbst. Auch für unsere eigene (Führungs-) Entwicklung sind wir in erster Linie selbst verantwortlich und können dies nicht delegieren.

Als designierte Führungskraft im betrieblichen Kontext bin ich aufgefordert, mein Führungshandeln laufend zu professionalisieren. Zu kompetenter, professioneller Führung im Denken und Handeln, in Haltung und Verhalten, gehört dann die laufende persönliche Reflexion in Verbindung mit einer Bewusstmachung meiner individuellen Stärken und Entwicklungsfelder. Der Pfeilzyklus im Innenkreis symbolisiert die **laufende Selbstreflexion und Entwicklung** in Verbindung mit intendierten Verhaltensänderungen (Lernen).

In der nächsten Schicht der Führungsverantwortung befindet sich mein »**interner Führungskreis«** mit der disziplinarischen Führungskraft, meinen Teamkolleginnen und weiteren Peers. Die persönliche Selbstreflexion wird hier ergänzt durch Entwicklungsgespräche mit der zugeordneten Führungskraft, mit selbstorganisierter oder angeleiteter kollegialer Beratung, Peer-Coaching und weiteren unterstützenden Entwicklungsmaßnahmen, welche aus dem Team heraus entstehen.

Auf den nächsten beiden Ebenen werden die innen liegenden Schichten durch **interne Dienstleister** unterstützt wie z. B. die Personal- und Organisationsentwicklung, eine Firmenakademie und interne Trainer, Mentoren und Coaches und nachgelagert auch durch **externe Dienstleister und Unterstützerinnen,** wie z.B Unternehmensberatungen und externe Weiterbildungsanbieter. Neben der disziplinarischen Führung durch die Geschäftsführung sind für die weitere Unterstützung und Professionalisierung der Führungskompetenz von Einzelnen und Teams professionelles Coaching, Mentoring, Vernetzung, Eigentümer-Meetings (Kaminabende) und ergänzende Trainingsmaßnahmen und Entwicklungsprogramme durch externe Provider denkbar.

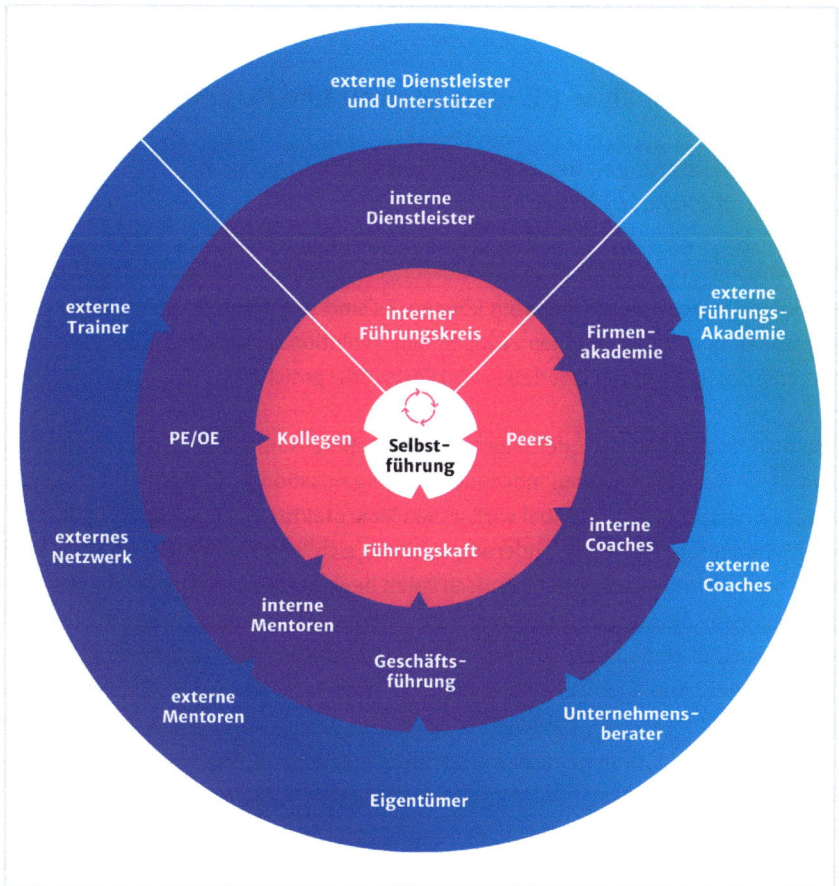

Abbildung 2: Führungsverantwortung im Unternehmen[30]

Im nächsten Abschnitt wollen wir uns den großen globalen Veränderungen unserer Zeit zuwenden. Diese sind die Ursache dafür, warum wir einen neuen Ansatz in der Führung benötigen. Wir wollen die großen Megatrends unserer Zeit **in mehreren Schritten** untersuchen:

---

30   Quelle: Eigene Darstellung.

Zuerst wird betrachtet, welche globalen Umweltbedingungen unsere (Arbeits-) Welt prägen, **dann** wie diese auf das direkte Unternehmensumfeld wirken und **in einem dritten Schritt**, wie sich die beschriebenen Veränderungen auf einzelne Strukturelemente des Unternehmens auswirken. Parallel wird analysiert, welche **neuen Anforderungen und Kompetenzen sich daraus für den Führungsalltag und die Führungsfunktion** ergeben. Daraus werden die Rahmenbedingungen für ein neues Leadership Framework abgeleitet.

2.3   Umfeldanalyse (Globale Umwelt und Businessumfeld)

2.3.1   Veränderungen der globalen Rahmenbedingungen und die Auswirkungen auf Führung

Wir betrachten im Folgenden die Veränderungen von externen Faktoren, die wir nicht direkt und individuell beeinflussen können. Es sind somit Restriktionen, die uns als Individuen und Organisationen zwingen, uns evolutionär anzupassen und sie so für uns auszugestalten, dass Überleben und Fortschritt gesichert sind.

Will man langfristige Veränderungen im Unternehmensumfeld ganzheitlich erfassen und deren Auswirkungen auf Individuen und Organisationen analysieren, müssen in einer vernetzten Welt die **global wirksamen Makrofaktoren** in Blick genommen werden.[31] Deren langfristige Veränderungen bilden sich in »**Megatrends**« ab. Dies sind externe, individuell und organisatorisch kaum beeinflussbare globale Veränderungsbewegungen, die wir als (teilweise neue) Rahmenbedingungen unseres Handelns erkennen und akzeptieren müssen.[32] Insbesondere die Entscheidungsträger in Organisationen, aber auch alle Mitarbeitenden ohne Führungsverantwortung müssen darauf reagieren, Stellung beziehen und sich und ihr Verhalten anpassen, wollen Sie weiterhin handlungsfähig, wirksam, wertschöpfend und insgesamt »employable« bleiben.

Wir wollen im Folgenden nach jedem Abschnitt die Frage stellen, wie sich die veränderten Rahmenbedingungen auf die Führungs- und Managementfunktion auswirken und welche neuen Anforderungen an die Führung gestellt werden. Die Zwischenergebnisse münden in ein **erstes Anforderungsprofil für ein neues Leadership Framework**.

---

31   Vgl. Gabler Wirtschaftslexikon (2018): Makroumfeld. https://wirtschaftslexikon.gabler.de/definition/makroumfeld-52407/version-275545. Abrufdatum: 07.11.23.

32   Vgl. Horx, Matthias/Huber, Jeanette/Steinle, Andreas/Wenzel, Eike (2007): Zukunft machen. Wie Sie von Trends zu Business-Innovationen kommen. Ein Praxis-Guide. Frankfurt am Main.

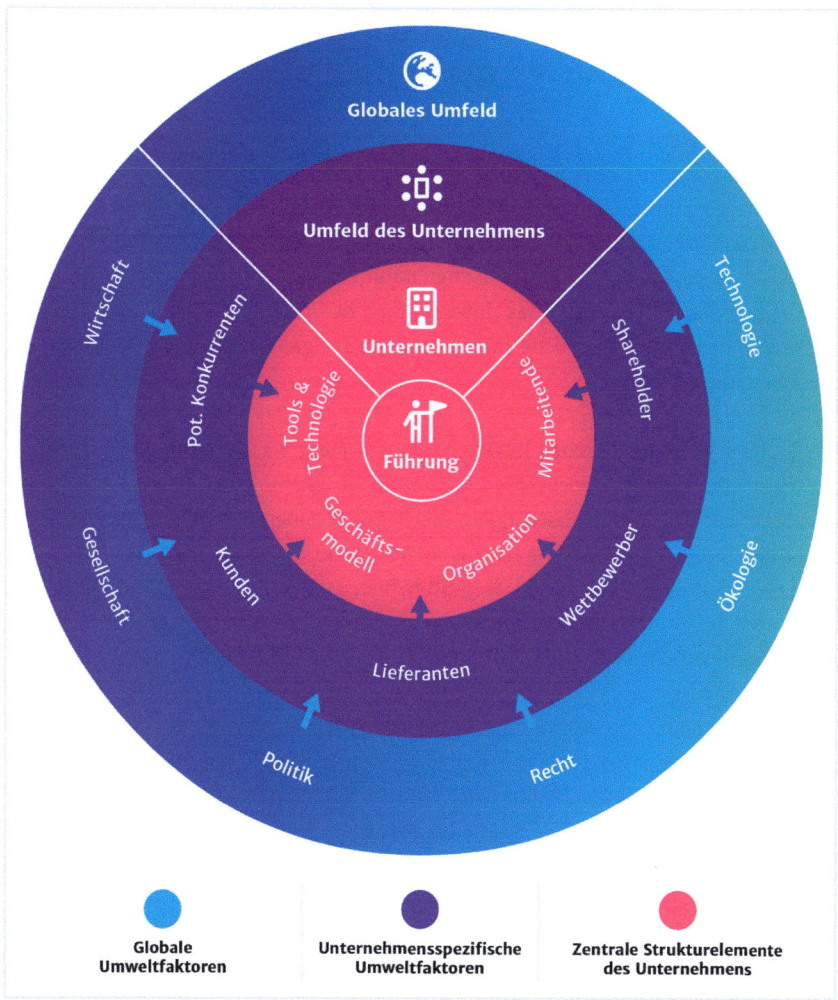

Abbildung 3: Analysemodell zur Erfassung der Umfeldbedingungen und Einflussfaktoren auf Führung[33]

Analyse der globalen Umweltfaktoren

Zur Analyse der Auswirkungen der externen, globalen Umweltfaktoren (Makrofaktoren) auf ein Unternehmen oder eine Organisation bietet sich das **PESTLE-Konzept** an.[34] Damit können die wichtigsten politischen, wirtschaftlichen, sozialen, technologischen, rechtlichen und ökologischen Rahmenbedingungen für das Unternehmen auf globaler Ebene abgebildet werden. Das Ziel einer PESTLE-Analyse ist es, Chancen und

---

33 Quelle: Eigene Darstellung.
34 PESTLE steht für Political, Economical, Social, Technological, Legal, Environmental. Vgl. David, Fred R./ David, Forest R./David, Meredith E. (2020): Strategic management. Concepts and cases. A competitive advantage approach. 17. Aufl., Boston.

Risiken für das Unternehmen zu identifizieren und Strategien zu entwickeln, um auf Veränderungen in der Umwelt zu reagieren.

Im Folgenden werden die sechs Hauptkategorien von PESTLE kurz angerissen. Uns interessieren deren langfristige Veränderungen und welche Konsequenzen und Anforderungen sich daraus jeweils für die Führungskräfte in den Organisationen ergeben.

P Political: Veränderungen der politischen Rahmenbedingungen
Politische Makrofaktoren, die das Unternehmen beeinflussen können, sind z. B. Gesetze, Regulierungen, staatliche Instabilitäten oder ganz allgemein politische Entscheidungen.

Insgesamt sind die **politischen Rahmenbedingungen** derzeit eher instabil und volatil. Krisen und Konflikte zwischen einem eher liberal-demokratischen Lager und den eher autoritär und zentralistisch agierenden Kräften beherrschen das politische Feld. Eine zunehmende Polarisierung ist sowohl international als auch innenpolitisch, zumindest in demokratisch geprägten Staaten, festzustellen.

Konsequenzen und Anforderungen für Führung in Organisationen:

→ Durch politische Instabilitäten erhöhter Bedarf an Führungskompetenzen für Krisensituationen (Krisenmanagement)
→ Umgang mit Zielkonflikten zwischen wirtschaftlichen und politischen Interessen wird wichtiger (Konfliktmanagement)
→ Erhöhter Bedarf an interkulturellen Skills für internationale Verhandlungen mit Konfliktpotential (Internationale Verhandlungskompetenz)
→ Druck in Richtung »Demokratisierung« der Unternehmen, z. B. durch mehr Mitbestimmung des Mitarbeitenden in der Auswahl der Führungsträger (»Demokratiekompetenz«)[35]

E Economical: Veränderungen der wirtschaftlichen Rahmenbedingungen
Die wirtschaftlichen Rahmenbedingungen wie z. B. Konjunktur, Inflation, Zinssätze, Arbeitslosigkeit oder Wechselkurse sind ebenfalls sehr unterschiedlich und höchst volatil. Waren es früher »nur« Zollstreitigkeiten und Abschottungen, so sind wir heute geprägt durch die großen globalen Krisen der 2020er Jahre (Pandemie, Ukrainekrieg, Inflation, Nahostkonflikt), welche die Unternehmen je nach Land und Branche sehr unterschiedlich beeinflussen.

---

35 Vgl. Sattelberger, Thomas/Welpe, Isabell/Boes, Andres (Hrsg., 2015): Das demokratische Unternehmen. Freiburg/München.

Insgesamt ist eine weitere Zunahme der globalen Vernetzung der Märkte, die Disruption überholter Geschäftsmodelle und der Niedergang ganzer Wirtschaftszweige durch die digitale Transformation zu beobachten. Beherrschende Megatrends sind die der → **Globalisierung, Digitalisierung und Agilisierung**

Konsequenzen und Anforderungen für Führung in Organisationen:

→ Erhöhte Komplexität durch zunehmend global verteilte, oft virtuelle und interkulturelle Führung
→ Zunehmende Notwendigkeit für hohe Reaktions- und Anpassungsgeschwindigkeit (Agilität) bei plötzlichen wirtschaftlichen Krisen (z. B. Anstieg der Inflation und Angebotsschock nach Ausbruch des Ukrainekriegs)
→ Auch die ökonomischen Bedingungen verlangen nach mehr Führungskompetenzen im Bereich des Krisenmanagements

S Social: Veränderungen der gesellschaftlichen Rahmenbedingungen
Soziale und gesellschaftliche Rahmenbedingungen, die das Unternehmen beeinflussen können, sind in erster Linie demografische Veränderungen, kulturelle Unterschiede, Bildungsniveau oder Gesundheitsfaktoren. Auch hier beobachten wir sehr unterschiedliche Tendenzen:

- **Demographische Entwicklungen** sind sehr unterschiedlich. In den westlichen Staaten werden die Gesellschaften durch schwache Geburtenraten tendenziell älter als die sich entwickelnden Staaten. Attraktive Staaten wie die USA, Großbritannien oder Deutschland können die Überalterung im Moment noch durch eine starke Zuwanderung teilweise oder ganz ausgleichen, werden dafür aber in der Folge mit großen interkulturellen gesellschaftlichen Herausforderungen konfrontiert.
- Es bilden sich vermehrt **Protestbewegungen** im Umfeld der Klimakrise (z. B. Last-Generation, Fridays for Future), welche sich teilweise radikalisieren. Diversität, Gleichstellung, Zugehörigkeit und Inklusion nehmen aus den USA kommend als »DEIB-Konzept« an Bedeutung zu.[36]
- **Gesundheit** wird vor allem unter den älteren Bevölkerungsschichten zum Megathema. Diese Kohorten fürchten sich vor Kostensteigerungen, Pflegenotstand und drohender Altersarmut.

---

36 DEIB steht für Diversity, Equity, Inclusion, Belonging. Vgl. findem: What is diversity, equity, inclusion and belonging?. https://www.findem.ai/knowledge-center/what-is-diversity-equity-inclusion-and-belonging. Abrufdatum: 07.11.23.

- Die (globale) Vernetzung der Kommunikation über **Social Media** geht weiter und dominiert inzwischen die Kommunikationskanäle der meisten Bevölkerungs-schichten.

Beherrschende Megatrends in den westlich orientierten Industriestaaten sind die der
→ **Individualisierung und Demokratisierung.**

Konsequenzen und Anforderungen für Führung in Organisationen:

→ In den Betrieben sind unter dem Stichwort »New Work« zunehmend Demo-kratisierungsbewegungen zu beobachten, welche die Führungskräfte dazu zwingen, sich mit neuen Entscheidungs- und Organisationsmodellen zu be-fassen und entsprechende Kompetenzen aufzubauen. Beispiele dafür sind Soziokratie, Holakratie und Konsensverfahren.

→ Jüngere Generationen, ab dem Geburtsjahr 1995 meist als Gen Z bezeichnet, kommen in die Unternehmen und auch in erste Führungspositionen und brin-gen die Themen und Anliegen dieser Kohorten ein (z. B. ökologischer Umbau, Nachhaltigkeit, Diversitäts- und Genderthemen, neuer Generationenvertrag usw.).

→ Der fortschreitende Wertewandel in westlichen Gesellschaften zeigt sich in den Führungskonzepten generell in einer Stärkung der Mitarbeiterposition und einer stärkeren Partizipation der Mitarbeiter.[37]

→ Dies geht einher mit hohen Ansprüchen des Individuums nach Selbstverwirk-lichung und Selbstorganisation. Mitarbeitende wollen selbst bestimmen und eine Führungsbeziehung auf Augenhöhe.

→ Vor allem weibliche Mitarbeitende erheben in der Besetzung von Führungs-positionen zunehmend den Anspruch, die Breite der Gesellschaft in Füh-rungsetagen repräsentiert zu sehen.

T Technological: Veränderungen der technologischen Rahmenbedingungen
Die **Umweltfaktoren technischer Natur,** wie z. B. Innovationen, Automatisierung, Di-gitalisierung und jüngst das rasante Durchdringen betriebswirtschaftlicher Prozesse und Strukturen mit **künstlicher Intelligenz** (KI) sind wohl die dominierenden Kräfte unserer Zeit. Durch den schnellen Fortschritt der digitalen Transformation werden auch alle anderen Rahmenbedingungen stark beeinflusst. So ist der Stand der Globa-lisierung ohne den Digitalisierungsschub der letzten 50 Jahre nicht im Ansatz denkbar.

---

37 Vgl. Rybnikova, Irma/Lang, Rainhart: Aktuelle Führungstheorien und Führungskonzepte: »Alter Wein in neuen Schläuchen?«, in: dies. (Hrsg., 2021): Aktuelle Führungstheorien und -konzepte. 2. Aufl., Wiesbaden, S. 1–10.

Die schnell fortschreitende **Digitalisierung** ist in den Rang einer weltgeschichtlich bedeutenden »Digitalen Revolution« aufgestiegen, gleichbedeutend mit der Agrarrevolution der frühen Menschheitsgeschichte und der industriellen Revolution der vergangenen Jahrhunderte. Sie wird auch als 4. Industrielle Revolution bezeichnet (4IR).[38] Die Digitalisierung selbst wird ermöglicht durch den rasanten **Fortschritt der exponentiell wachsenden digitalen Speicher- und Verarbeitungskapazitäten**. Diese ermöglichen …

- die »**digitale Transformation**« **aller Lebensbereiche** und das Wachstum des digitalen Sektors insgesamt;
- immer **kürzere Innovations- und Produktlebenszyklen** mit vielen schnellen Neuentwicklungen (Tools, Apps, Plattformen) bei gleichzeitiger »schöpferischer Zerstörung«[39] von überholten und veralteten Technologien, Produkten, Prozessen, Strukturen und ganzen Organisationen, nach Clayton Christensen auch Disruption genannt;[40]
- die weitere exponentielle digitale Vernetzung von **Menschen** (Social Media und Collaboration Tools), **Systemen** (Internet 4.0) und **Dingen** (IoT) und
- laufend **neue digital gestützte Entwicklungen** wie 3D, KI, VR, AR, Blockchain, IoT, Drohnen und Robotik[41]. Vor allem die Künstliche Intelligenz erlebt derzeit eine beispiellose Entwicklung und scheint auch das Tempo der Digitalisierung mit all seinen Folgewirkungen nochmals deutlich zu erhöhen.

38   Groscurth, Chris R. (2018): Future Ready Leadership. Strategies for the Fourth Industrial Revolution. Santa Barbara, S. 4–5.

39   Der Begriff der »schöpferischen Zerstörung«, engl. creative destruction, wurde schon 1942 von Schumpeter in seinem erstmals auf Englisch erschienen Werk »Capitalism, Socialism and Democracy« verwendet. Vgl. Schumpeter, Joseph: Kapitalismus, Sozialismus und Demokratie. 10. Aufl., Tübingen 2020, S. 103–109.

40   Vgl. Christensen, Clayton (1997): The Innovator's Dilemma. Harvard Business School Press. Boston.

41   Einen ersten Überblick bietet Martina Swoboda. Vgl. Swoboda, Martina (2021): Neue Technologien im Überblick. https://martinaswoboda.com/2021/05/08/neue-technologien-im-ueberblick/. Abrufdatum: 07.11.23.

Konsequenzen und Anforderungen für Führung in Organisationen:

→ Die digitale Vernetzung aller Mitarbeitenden und die damit einhergehende Diversifizierung der Arbeitsorte führt zu einem erhöhten Bedarf an virtueller und hybrider Führung sowie an Remote Leadership. Hier wirkte die Corona-Pandemie als Beschleuniger. Hybrides Arbeiten ist in deutschen Unternehmen mittlerweile Standard.[42]

→ Der Bedarf an grundlegenden digitalen Schlüsselkompetenzen wie z. B. Digital Literacy[43] nimmt stetig zu und verschiebt sich gleichzeitig nach oben, da niedrigqualifizierte digitale Skills zunehmend von der KI übernommen werden.

→ Kürzere Innovations- und Produktlebenszyklen fordern ein Umdenken in den Methoden und Techniken in der Entwicklung von Produkten und Services und beschleunigen die Einführung agiler Management- und Führungsmethoden.

→ Insgesamt ergibt sich ein chaotisches Umfeld mit hoher Komplexität und Informationsdichte. Dies fordert von den Mitarbeitenden und Führungskräften eine erhöhte Informations- und Komplexitätsverarbeitungsfähigkeit.

L Legal: Veränderungen der rechtlichen Rahmenbedingungen
Hierbei geht es um die rechtlichen Rahmenbedingungen, die das Unternehmen beeinflussen können, wie z. B. Gesetze, Verordnungen, Steuern oder Haftungsfragen.

Während in totalitären Staaten eine zunehmende Zentralisierung und Regulierung bis hin zur kompletten Überwachung zu beobachten ist, wird in den westlichen Staaten zwar Deregulierung und Bürokratieabbau angestrebt, tatsächlich umgesetzt werden mit den Megathemen Digitalisierung und Ökologisierung einhergehende neue Regelungen und Gesetze in den Bereichen Cybersicherheit, Compliance, Gender & Diversity und vor allem Nachhaltigkeit und Energie.

---

42   O. V. (2023): IAB-Arbeitsmarktbarometer stabilisiert sich und weitere HR-News. https://www. personalintern.de/artikel/iab-arbeitsmarktbarometer-stabilisiert-sich/. Abrufdatum: 04.08.2023.

43   Vgl. Stifterverband (2018): Das Future-Skills-Framework. https://www.stifterverband.org/future-skills/ framework. Abrufdatum: 07.11.23.

Konsequenzen und Anforderungen für Führung in Organisationen:

→ Sicherstellung der Compliance in allen Bereichen, z. B. durch Absicherung des nachweislichen selbstverantwortlichen Erwerbs der entsprechenden Kenntnisse und Kompetenzen, meist unterstützt durch ein Learning Management System (LMS)

→ Haltungsveränderung aller Mitarbeitenden und Führungskräfte in Richtung Compliance, Cybersicherheit, Diversity, Nachhaltigkeit u.v.m.

→ Selbstständiges Umsetzen der Prozesse auf Mitarbeiterebene

E Environmental: Veränderungen der ökologischen Rahmenbedingungen
Die vorherrschenden Einflussfaktoren auf die Unternehmen sind hier der Klimawandel, die zunehmende Umweltverschmutzung, verbunden mit Ressourcenknappheit und einem hohen Druck zum nachhaltigen Wirtschaften. Beherrschende Megatrends sind die der → **Nachhaltigkeit und Ökologisierung und Dekarbonisierung.**

Konsequenzen und Anforderungen für Führung in Organisationen:

→ Sicherstellung der Nachhaltigkeit in allen Bereichen, z. B. durch Ermöglichung des selbstverantwortlichen Erwerbs der entsprechenden Kenntnisse und Kompetenzen über eine Learning Experience Platform (LXP), bei welcher im Gegensatz zu einem LMS der Austausch und eigene Impulse im Fokus stehen.

→ Haltungsveränderung aller Mitarbeitenden und Führungskräfte in Richtung Sustainability und Nachhaltigkeit

→ Vorbildwirkung und Orientierung durch die Führungskräfte

→ Strategische Bedeutung im Rahmen des General Managements erheblich gestiegen

Soweit die globale Makroperspektive. Wir zoomen nun ins Feld hinein und nehmen im Folgenden eine mikroökonomische Perspektive ein. Diese betrachtet den Businesskontext, also die direkt auf die Geschäftstätigkeit der Organisation wirkenden Einflussfaktoren im näheren Umfeld des Unternehmens.

2.3.2   Veränderungen im Businessumfeld und die Auswirkungen auf Führung

Zur Analyse der unternehmensspezifischen Umweltfaktoren einer betrieblichen Organisation (»Businesskontext«) nutzen wir das von Michael E. Porter entwickelte Fünf-Kräfte-Modell[44], welches die wichtigsten Stakeholder im direkten Umfeld des Unternehmens abbildet: Die heutigen und zukünftigen **Kunden**, die **Shareholder** (Anteilseigner), die **Lieferanten**, die heutigen **Wettbewerber** und die **potentiellen Konkurrenten**.[45]

Um zu erkennen, ob wir aus dieser Analyse Erkenntnisse gewinnen können, wollen wir im Folgenden ebenfalls kurz prüfen, wie sich diese Faktoren aufgrund der globalen Megatrends derzeit entwickeln und **wie sich die Veränderungen im Unternehmensumfeld auf die Führungsfunktion auswirken.** Wir beschränken uns im Rahmen der vorliegenden Betrachtung auf die Frage, welche **zusätzlichen** Erkenntnisse zur globalen Betrachtung wir in Bezug auf die Anforderungen an Führungskräfte herausfiltern können.

Die oben beschriebenen globalen Veränderungen haben massive Auswirkungen auf die Stakeholder im Businessumfeld eines Unternehmens und verändern ganze Branchen und Industrien in nie gekanntem Tempo.

Kundinnen haben hohe Ansprüche und wollen neue Features und Produktvarianten, welche sich durch die Digitalisierung ermöglichen lassen, möglichst schnell nutzen. Die Integration der neuen Technologie in die Produkte und Services stellt **hohe Anforderungen an die Schnelligkeit, Kreativität, technologische Kompetenz** und insgesamt an die **Innovationsfähigkeit** von Unternehmen. Die schnelle Integration neuer digitaler Technik in Produkte und Services ist erfolgskritisch und führt zu **kürzeren Geschäftszyklen** und über **neue Geschäftsmodelle** insgesamt zu einer **starken Marktdynamik.**

Hoher **Innovationsdruck** und ein dynamisches Marktumfeld bedeuten tendenziell **hohen Wettbewerbsdruck** und haben damit gravierende Auswirkungen auf den Einfluss von **Lieferanten und Kooperationspartner** sowie auf den Einfluss von heutigen und potentiellen **Wettbewerbern** auf die Organisation und ihre Entscheidungsträger. Insgesamt führt die hohe Marktdynamik zu schnellen Verschiebungen. Erfolgreiche digitale Geschäftsmodelle verändern traditionelle Märkte in einem bisher nicht gekannten Tempo. Eine klare Definition der Marktstrukturen wird immer schwieriger, entsprechende Analysen sind riskant und kurzlebig.

Die **Shareholder** als Eigentümer sind gefordert, die entsprechenden Investitionsmittel für die technologische Führerschaft oder Anpassung bereitzustellen, sei es als Investition in F&E oder in den Aufbau entsprechender Produktions- und Vertriebskapazitäten. Außerdem müssen sie ihr gewähltes Geschäftsmodell laufend hinterfragen und ggf. selbst »disruptieren«, bevor es durch ein neues digitalisiertes Business Model von außen ersetzt wird.

---

44   Porter, Michael E. (2004): Competitive strategy. Techniques for analyzing industries and competitors. New York.
45   Vgl. Abbildung 3.

Insgesamt können folgende Auswirkungen im **direkten Umfeld des Unternehmens** festgehalten werden:

- **Digitalisierung und Digitale Transformation** betreffen alle Player im Businessumfeld gleichermaßen.
- Neue Geschäftsmodelle führen zu **neuen Märkten und Partnerschaften, jenseits von etablierten Strukturen.** Dabei kommt es zu einer zunehmenden unternehmensübergreifenden **Kooperation und Internationalisierung.**

Konsequenzen und Anforderungen für Führung in Organisationen:

- Führungskräfte, insbesondere in den Bereichen der Produkt- und Unternehmensentwicklung brauchen eine **hohe Sensitivität für Veränderungen und ein Gespür für sich entwickelnde Trends und für potentielle Bedrohungen,** auch außerhalb ihrer bisherigen Marktumfelds.
- Führungskräfte sind herausgefordert, diese Veränderungen im Rahmen ihrer strategischen Aufgaben laufend für sich und ihre Organisation zu bewerten, einzuordnen und adäquate Entscheidungen zu treffen. Eine **hohe Analysefähigkeit und strategisches Denken** sind hier gefordert.
- Durch den hohen **Innovations- und Wettbewerbsdruck** im dynamischen Marktumfeld werden von Führungskräften und Managern agile, schnelle und tendenziell riskantere Entscheidungen verlangt. Eine stärkere **Mut- und Fehlerkultur** ist ebenso unerlässlich wie die Beherrschung einer hochdigitalisierten Marktforschung, welche sich aus digitalen Quellen auf Echtzeitdaten berufen kann und damit sehr schnell auf Marktbewegungen reagieren kann.
- Für Entscheidungen unter Druck benötigt es auf der anderen Seite auch die aus der Erfahrung und Zentriertheit gewonnen **Ruhe und Gelassenheit sowie Intuition und Gespür,** um auf die richtigen Trends zu setzen und nicht in eine digitale Dauerhektik zu verfallen.

Übung: Selbsteinschätzung der Veränderungsfähigkeit[46]
Sie haben nun schon einiges gelesen von den vielfältigen Herausforderungen für die Führungskräfte und Unternehmen, sich an die Veränderungen anzupassen, die auf sie zukommen. Aber wie sieht es bei Ihnen persönlich aus? Wie steht es um Ihre eigene Veränderungsbereitschaft und -fähigkeit?

---

46 Diese und weitere Übungen, Reflexionen und Selbstcoachings in diesem Buch sind erprobte Formate aus der Be6! Seminar- und Workshoppraxis. Da in diesen Settings üblicherweise das »Seminar-Du« verwendet wird, sind auch die Übungen und Aufgaben teilweise in der Du-Form verfasst und wurden für die persönliche Selbstreflexion des Lesers hier so belassen. Wir wünschen Ihnen und Euch für diese Übungen viel Spaß und Erkenntnisgewinn. ☺

Die erste Frage richtet sich an Sie als Mitglied eines Unternehmens bzw. einer Organisation:

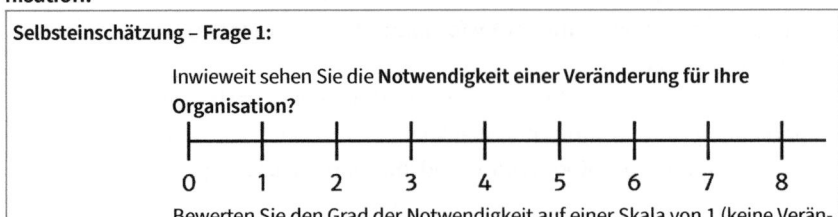

Nun erneut die gleiche Frage, jetzt aber direkt an Sie gerichtet:

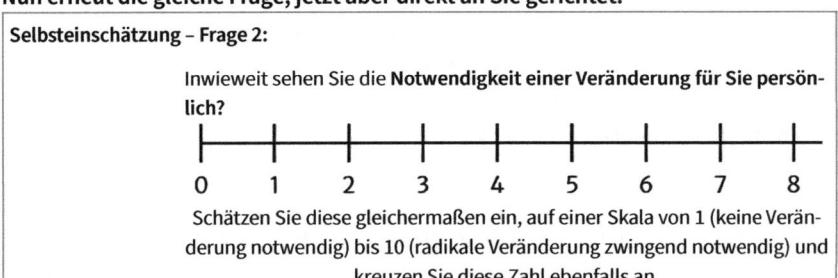

Wie lässt sich das Ergebnis nun (spontan) interpretieren?

- Sind die beiden Ergebnisse überraschend? Was zeigt sich? Sind die Zahlenwerte ähnlich? Wo und warum weichen sie voneinander ab?
- Wo stehen Ihre Teams bzw. Ihre Organisationen im Hinblick auf den Veränderungsdruck?
- Wo stehen Sie selbst, ggf. als Führungskraft, im Hinblick auf den Veränderungsdruck?
- Mit wem könnten Sie sich darüber austauschen?
- Wollen Sie etwas festhalten?

Arbeitsbereich – Notizen zur Selbsteinschätzung der Veränderungsfähigkeit:

Welche To Dos leite ich für mich persönlich ab?

Welche To Dos leite ich für mein Team/mein Arbeitsfeld ab?

Welche To Dos leite ich für unsere Organisation/unser Unternehmen ab?

2.4   Analyse der Anpassungen im Unternehmen und Konsequenzen für das Anforderungsprofil von Führungskräften

Wie wirken sich die beschriebenen Veränderungen innerhalb des Unternehmens aus, welche weiteren Konsequenzen hat diese für die Führungskräfte, für deren zukünftiges Anforderungsprofil und in der Folge auch für die Gestaltung eines zukunftsfähigen Leadership Frameworks?

Zur Analyse nutzen wir **ein Unternehmensmodell mit fünf zentralen Strukturelementen,** wobei die vier Elemente **Geschäftsmodell, Tools & Technologie, Organisation** und **Mitarbeitende** die Rahmen gebenden Elemente darstellen und **Führung** als zentrale Kategorie im Fokus der Betrachtung steht.[47]

Um zu erkennen, ob wir aus dieser Analyse Erkenntnisse gewinnen können, wollen wir im Folgenden prüfen, wie sich die oben beschriebenen Veränderungen der Rahmenbedingungen auf die Strukturelemente auswirken, wie die Anpassungsbewegungen aussehen und **welche Konsequenzen sich daraus für die Anforderungen an Führungskräfte ergeben.**

---

47   Vgl. Abbildung 3.

2.4.1 Auswirkungen auf das Geschäftsmodell und Anpassungen

Es entwickeln sich laufend **neue Business Models auf digitaler Grundlage**, z. B. **Influencer-Marketing und Online-Shops** statt stationärem Handel unter Umgehung klassischer Vertriebskanäle. Viele der neuen Modelle sind plattformbasiert und **verdrängen die bisherigen Geschäftsmodelle bis hin zur vollständigen Ablösung (Disruption)**.

Aus gesellschaftlicher und individueller Sicht wird zunehmend die »Sinnfrage« gestellt: Warum und wozu tut ein Unternehmen das, was es tut? **Das sogenannte WHY? wird hinterfragt.**[48] Dies äußert sich im Wunsch der Kunden und Mitarbeitenden nach **Sinn und Nachhaltigkeit** in Unternehmensprozessen und Produkten. Es werden stärker **purpose-zentrierte Unternehmens- und Businessmodelle** benötigt.

Konsequenzen für das Anforderungsprofil von Führungskräften in Bezug auf das Geschäftsmodell

→ Führungskräfte und Manager müssen sich die **Sinnfrage in Bezug auf ihr gewähltes Geschäftsmodell** stellen und dieses ggf. modifizieren oder neue Ansätze entwickeln.

→ Außerdem benötigen sie ein **Gespür für die Purpose-Orientierung ihrer Kundinnen und Kunden sowie ihrer heutigen oder potentiellen Mitarbeitenden**, denn die Sinnhaftigkeit eines Unternehmens wird ein immer gewichtigeres Kriterium bei der Entscheidung von dringend benötigten Fach- und Führungskräften für oder gegen ein Unternehmen.

2.4.2 Auswirkungen auf Tools & Technologie und Anpassungen

Future Work ist digital integriertes Arbeiten. Insgesamt führt die weitere Digitalisierung bzw. die digitale Durchdringung aller betrieblichen Prozesse zu einer weiteren digitalen Technologisierung im Unternehmen mit der Notwendigkeit zur laufenden Beschaffung und Modernisierung der notwendigen Infrastruktur inkl. der zugehörigen Hard- und Software, z. B. zur verbesserten hybriden Kollaboration mit flexiblen, mobilen Endgeräten.

Laufend müssen neue Tools und Technologien, Plattformen, Methoden und Anwendungen (Apps) bewertet, angeschafft und adäquat eingesetzt werden. Im Bereich der Weiterbildung ist der Aufbau neuer Lernumgebungen notwendig. Dabei ist auch hier Individualität statt Gießkanne und Selbstbestimmung im Lernen ein entscheidendes

---

48   Sinek, Simon (2009): Start with why. How great leaders inspire everyone to take action. London.

Kriterium für die Anschaffung. So fördern z. B. neue Learning Experience Plattformen (LXP) selbstgesteuertes Lernen und schaffen positive Lernerlebnisse.

Konsequenzen für das Anforderungsprofil von Führungskräften in Bezug auf Tools & Technology

→ Neben der grundsätzlichen Aufgeschlossenheit für neue Technik und Tools benötigen <u>alle</u> Mitarbeitende eine angemessene »Digital Literacy« und »Digital Competence«.
→ Um die neuen Möglichkeitsräume der digitalen Transformation wirklich nutzen zu können, benötigen Führungskräfte grundsätzlich eine hohe Komplexitätsverarbeitungskompetenz und insgesamt eine hohe Affinität zu Software und Softwarelösungen.
→ Insbesondere von Führungskräften und Managern werden eine hohe Innovationsbereitschaft und eine hohe Anpassungsfähigkeit (Adaptionskompetenz) gefordert.
→ Trotz gleichzeitiger Beachtung von Systemintegration und Budgetrestriktionen muss bezüglich der digitalen Möglichkeiten eine Trial & Error-Haltung in Bezug auf neue Methoden, Tools und Technologien vorherrschen.
→ Dies geht Hand in Hand mit einer positiven Fehlerkultur und der Nutzung von agilen Entwicklungstools wie z. B. dem Design Thinking als zentrale Change- und Innovationsmethode.

2.4.3   Auswirkungen auf Organisationen und Anpassungen

Führungskräfte stehen heute unter hohem Veränderungsdruck, insbesondere in Bezug auf die digitale Transformation ihrer Organisationen. Es ist notwendig, **flexible Strukturen** zu schaffen, die **schnelle und innovationsförderliche Prozesse** ermöglichen und einen **Rahmen für selbstgesteuerte und selbstlernende Teams** bieten. Es ist ebenfalls wichtig, offen für neue Organisationsmodelle und einen Kulturwandel zu sein, weg von einer hierarchielastigen, technikzentrierten Ingenieurskultur hin zu einer agil vernetzten und kundenzentrierten Intrapreneurship-Kultur.

Nur so können neue Organisationssysteme entstehen, die hybride Formen mit hierarchischen und agilen Anteilen aufweisen. Darin entstehen auch die »Future Jobs«[49], also **neue Jobprofile mit digitalen Schlüsselqualifikationen und neuen Skills.** Neue Organisationsformen ermöglichen »Neues Lernen« mit lernförderlichen Arbeitsum-

---

49   Vgl. Future Jobs Classes der Haufe Akademiehttps://www.haufe-akademie.de/future-jobs-classes?akttyp=organische%20suche&med=google&aktnr=84834&wnr=04393672. Abrufdatum: 06.12.2023

gebungen, in denen Mitarbeitende flexibel und selbstbestimmt lernen können. Für Führungskräfte ist wichtig, einen Rahmen und eine Infrastruktur für sich selbst steuernde Mitarbeiter zu schaffen, ähnlich einem Verkehrsnetz für einen Autofahrer, der sein Auto selbst steuert.

Auch hier zeigt sich wieder die enorme Bedeutung der Haltung der Mitarbeitenden, v.a. aber die der Führungskräfte: Die **digitale Transformation** kann schmerzhaft sein und Zeit benötigen, aber sie lässt sich nicht vermeiden. Sie erfordert **radikale Veränderungen in der Haltung,** zum Beispiel in der Forderung nach größtmöglicher Agilität **im Denken und Handeln.**

Wie sich Organisationen anpassen

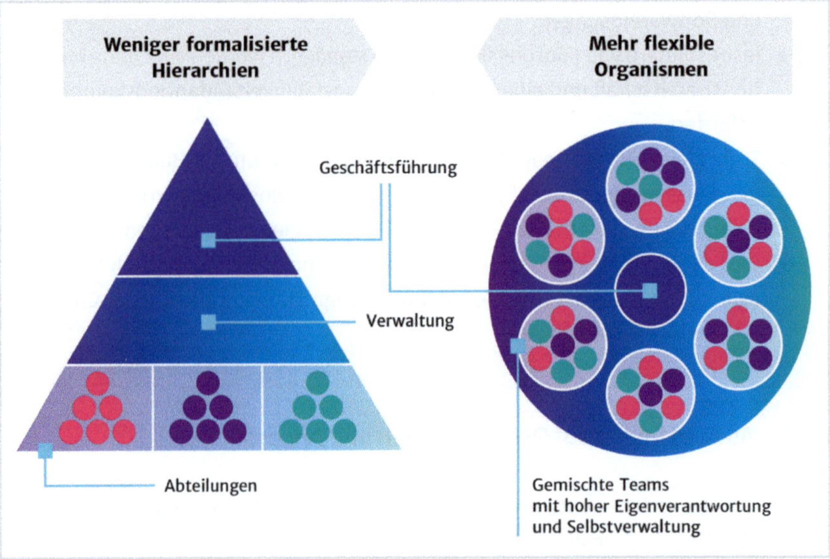

Abbildung 4: Von der Pyramidenstruktur zum Kreismodell – Perspektivenwechsel in der Führung[50]

Einerseits beruhen unsere Erfahrungen auf der hierarchisch geprägten **Pyramidenstruktur.** Hier dominieren formalisierte Entscheidungs- und Führungsbeziehungen, welche bei Routinen und gleichförmigen Produktionsprozessen bessere, da effizientere Ergebnisse liefern. Auf der anderen Seite haben wir ein organisches **Kreismodell,** eine flexible Organisation mit höchstmöglicher Entscheidungsfreiheit der sich weitgehend selbst führenden, markt- und kundennahen Teams mit schnellerer Reaktionszeit auf Kundenanfragen und Marktveränderungen.

---

50   Quelle: Eigene Darstellung in Anlehnung an McKinsey & Company (2018): The five trademarks of agile organizations. https://www.mckinsey.com/capabilities/people-and-organizational-performance/our-insights/the-five-trademarks-of-agile-organizations. Abrufdatum: 16.10.2023.

Beide Designs haben ihre Berechtigung. Der **Unternehmenszweck bestimmt die Organisationsform**. Das gewählte **Führungs- und Organisationsmodell** muss ständig hinterfragt werden und entwickelt sich so im besten Fall dynamisch entlang der Unternehmensentwicklung.

In der digital transformierten Welt zeichnet sich jedoch eine Tendenz zum organischen Kreismodell ab. Dieses hat in der VUCA-BANI-Welt entscheidende Vorteile, da es sich aus den genannten Gründen schneller und agiler auf die sich schnell verändernde Umgebung einstellen kann.

Die weitere Ausgestaltung des Leadership Frameworks **folgt dieser Tendenz, bezieht jedoch auch die Vorteile der klassisch-hierarchischen Führung mit in die Überlegungen** ein. Es geht also um ein Sowohl-als-auch, nicht um ein Entweder-oder. Diese Vorgehensweise ist näher an der Unternehmenspraxis und entspricht dem agilen Ansatz der Mehrdeutigkeit und Ambidextrie.

Konsequenzen für das Anforderungsprofil von Führungskräften in Bezug auf Organisationen

→ Führung ist in diesem Sinn **keine Position in der Hierarchie** (verwandte Begriffe wären: Über- und Unterordnung, höhere Führungskräfte, Top-down, Karriereleiter etc.), sondern eine **zentrale Funktion im Unternehmen**, welche im (marktfernen) Zentrum den wertschöpfenden Einheiten der (marktnahen) Peripherie zur Verfügung steht.

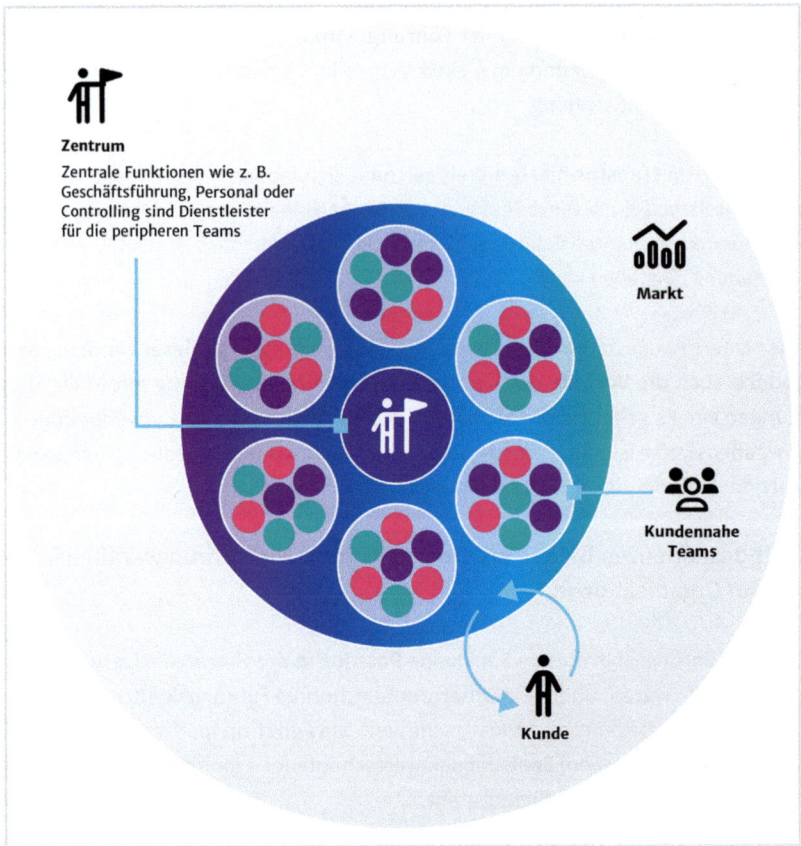

Abbildung 5: Servant Leadership im Kreismodell der Führung[51]

→ Führung ist im Kreismodell eine Dienstleistung im Sinne des »Servant Leadership«. Die Führungskraft ist ein »Gärtner«, welcher für gute Rahmenbedingungen sorgt und weniger ein »Schachspieler«, welcher versucht, alle Züge »seiner Figuren« zu kontrollieren.[52]

Führung insgesamt wird **im Servant Leadership** als Dienstleistung verstanden. Wer die Führungsfunktion übernimmt, erstellt eine am Unternehmenszweck orientierte entgeltliche Tätigkeit, welches spezifische Bedürfnisse der Mitarbei-

---

51   Quelle: Eigene Darstellung in Anlehnung an McKinsey & Company (2018): The five trademarks of agile organizations. https://www.mckinsey.com/capabilities/people-and-organizational-performance/our-insights/the-five-trademarks-of-agile-organizations. Abrufdatum: 16.10.2023.

52   Vgl. Raitner, Marcus (2019): Manifest für menschliche Führung. Sechs Thesen für neue Führung im Zeitalter der Digitalisierung. O. O. und https://raitner.de/2020/04/fuehrung-auf-distanz-gaertner-schlaegt-schachmeister/. Abrufdatum: 07.11.2023.

tenden, Teams und Kundinnen und Kunden befriedigt. Diese **dienende Führungsleistung** wirkt einerseits **indirekt und strategisch**, indem sie Leitplanken setzt und den Handlungsrahmen gestaltet:

→ Sie gibt Orientierung, indem sie Zweck und Ziele des Unternehmens kommuniziert und eine Vision zur Verfügung stellt.
→ Sie gestaltet den organisatorischen Rahmen durch die Zuschneiden von Teams und Zuordnung von Rollen und Aufgaben.
→ Sie ermöglicht die Leistungserstellung durch die Verfügbarmachung von Betriebsmitteln und gezielte Beschaffung von Budgets.

Die Führungsleistung wirkt andererseits **direkt und operativ**, wenn sie bei spezifischem Bedarf auch direkt durch die Mitarbeitenden und Teams angefordert und genutzt wird:

→ Bei HR-Themen der einzelnen Mitarbeitenden (Gehalt, Weiterbildung, Karriere etc.)
→ Bei Fragen und Problemen des Teams, welche nicht selbst durch das Team beantwortet oder gelöst werden können, z.B. Konfliktklärungen, Prozessproblemen etc.

2.4.4 Auswirkungen auf Mitarbeitende (People)

Die großen Veränderungen in den globalen Rahmenbedingungen und im Business-umfeld haben massive Auswirkungen auf alle Mitarbeitenden. Die aktuellen Entwicklungen in Technologie, Wirtschaft und Gesellschaft erhöhen die Komplexität im People-Umfeld und alle versuchen, sich im Rahmen ihrer Möglichkeiten anzupassen. Sie verwenden dabei unterschiedliche Strategien.

Zunehmende Selbststeuerung und Selbstführung
Mitarbeitenden müssen sich (notgedrungen) oft selbst steuern und selbst führen, da im hochdynamischen Arbeitsumfeld keine Zeit für lange Abstimmungsprozesse mit den Führungskräften vorgesehen ist. Für eine erfolgreiche agile Anpassung benötigt es **einen selbstbestimmten und sich selbst führenden Mitarbeitenden**.
→ Führungskräfte sollen sich zurücknehmen und den Menschen die Selbststeuerung überlassen.

Aneignung neuer Kompetenzen und Haltungen
Dies erfordert von den Mitarbeitenden neue Kompetenzen und Qualifikationen, z.B. für die Anwendung agiler Methoden und digitaler Werkzeuge. Hinzu kommt eine kor-

respondierende agile Haltung, die es den Mitarbeitenden ermöglicht, flexibel und schnell zu entscheiden und zu reagieren. Dazu gehört, im Sinne von Trial & Error, ständig Neues ausprobieren zu wollen, dabei mit Fehlern umgehen zu können und Scheitern als Lernchance zu begreifen.

→ Führungskräfte sollen den Mitarbeitenden die Freiräume zur Aneignung dieser neuen Haltung ermöglichen. Sie sollen Haltung sowie eine adäquate Mut- und Fehlerkultur vorleben.

Wunsch nach Gesundheit, Nachhaltigkeit und Purpose
Mitarbeitende fragen verstärkt nach Themen wie Gesundheit, Nachhaltigkeit und Purpose und wünschen sich, dass diese in den Unternehmen und bei ihren Vorgesetzten eine größere Rolle spielen. Insbesondere suchen Menschen zunehmend nach einer sinnstiftenden Verbindung zu ihrer Arbeit und stellen vermehrt die »Nachhaltigkeitsfrage«.

→ Es ist wichtig, dass Unternehmen und Führungskräfte Bedürfnisse nach Gesundheit, Nachhaltigkeit und Purpose erkennen und entsprechende Rahmenbedingungen schaffen.

Wunsch nach Flexibilität und Individualität
Grundsätzlich wünschen sich Mitarbeitende mehr Flexibilität und ein stärkeres Eingehen auf ihre individuellen Bedürfnisse. Ganz konkret nimmt der Wunsch nach individuellen Hybridlösungen in der Frage nach Homeoffice vs. Präsenzarbeit und nach flexibler Gestaltung von Teilzeitarbeit zu.

→ Führungskräfte und Unternehmen werden mit diesen individuellen Gestaltungswünschen konfrontiert und müssen gleichzeitig Team- oder unternehmensweite Lösungen finden.

→ Wunsch nach Führung: Gleichzeitig sind die Erwartungen der Mitarbeitenden an die Führungskräfte wie eingangs gezeigt, vielfältig und oft widersprüchlich. Mitarbeitende wünschen sich einerseits die Möglichkeit, ihren Beitrag zu leisten und dafür Wertschätzung zu bekommen, andererseits fordern sie aber auch klare Entscheidungen und Orientierung von oben. Diese Beidhändigkeit in der Führung ist eine große Herausforderung für Führungskräfte.

2.5 Megatrends und Future-Leadership-Kompetenzen

Aus unserer Analyse ergeben sich **sechs Megatrends, die wesentlichen Einfluss auf den Bereich der Führung und auf die Führungskräfte von Unternehmen und Organisationen** haben. Diese sind:

1. weit fortgeschrittene **Globalisierung** mit hohem **Vernetzungsdruck** in allen Lebensbereichen (ökonomisch, politisch, gesellschaftlich, technisch und ökologisch) → **Internationalisierung**
2. sich beschleunigende **digitale Transformation** aller Lebensbereiche → **Digitalisierung**
3. **hohe Innovations- und Wettbewerbsdynamik** → **Agilisierung**
4. zunehmender Wunsch der Mitarbeitenden auf **Selbstbestimmung und Selbstverwirklichung** → **Individualisierung**
5. zunehmender Wunsch der Mitarbeitenden zur **Partizipation, Inklusion, Gleichberechtigung und Zugehörigkeit (DEIB) auf Augenhöhe** → **Demokratisierung**
6. **fortschreitender Klimawandel** mit Veränderungen der Lebensbedingungen in vielen Teilen der Welt mit hohem Druck in Richtung → **Ökologisierung und Nachhaltigkeit**

Aus der Analyse der Megatrends in Wirtschaft und Gesellschaft und angereichert mit den (nicht auf Leadership bezogenen) Ergebnissen der »Future Skills 2021«-Studie des Stifterverbands und McKinsey[53], lassen sich nun sechs »Megakompetenzen« bzw. sechs Kompetenzbereiche für das Future Leadership ableiten. Diese nennen wir hier »**Future-Leadership-Kompetenzen**«:

1. **Interkulturelle Kompetenz**
   - Grundkompetenz in internationalen Verhandlungen
   - Interkulturelle Kommunikation: Fähigkeit zur zielgerichteten und nuancierten Verständigung in und zwischen diversen Gruppen, v.a. in englischer Sprache
   - Diplomatie in internationalen Interessenkonflikten
   - Umgang mit kultureller Diversität

2. **Digitale Kompetenz**
Führungskräfte sollten über ein grundlegendes Wissen und Verständnis für digitale Technologien und Tools verfügen. Hier sind insbesondere zu nennen:
   - Grundwissen über digitale (Zukunfts-)Technologien: Data Analytics, UX-Design, 3D, KI, VR, AR, Blockchain, IoT, Drohnen, Robotik, Quantencomputing
   - Digitale Schlüsselkompetenzen: Digital Literacy, Digital Ethics, Digital Learning und Digital Collaboration

Führungskräfte sollten in den genannten Bereichen mindestens das **Grundwissen und Basiskompetenzen** mitbringen, um so in der Lage zu sein, digitale Lösungen zu nutzen und zu verstehen, wie diese die Arbeitsweise und Prozesse beeinflussen können. Besonders wichtig ist es, die Auswirkungen digitaler Innovationen auf ihr Unternehmen zu verstehen und digitale Lösungen strategisch einzusetzen.

---

53   Vgl. Stifterverband & McKinsey & Company (2021): Future Skills 2021. 21 Kompetenzen für eine Welt im Wandel. https://www.stifterverband.org/medien/future-skills-2021. Abrufdatum: 08.11.2023.

3. **Demokratiekompetenz zur Gestaltung und Nutzung gleichberechtigter, partizipativer und inklusiver Formate der Zusammenarbeit**
   - Gestaltung neuer Arbeitsumgebungen (New Work) und zukunftsfähiger Organisationsmodelle mit adäquaten Führungskonzepten (virtuelle, hybride, geteilte Führung)
   - Fähigkeit zur Demokratisierung des Führungshandelns (Partizipation, Gleichbehandlung, Mitbestimmung in der Führung, moderne emanzipierte Führungsbeziehung auf Augenhöhe)
   - Gespür für generationengerechte Führung und Kommunikation
   - Entwicklung von hierarchielastigen »Ingenieurskulturen« zu agil vernetzten kundenzentrierten Kulturen

4. **Individualisierungskompetenz in Bezug auf Selbst- und Fremdführung**
   - Folgt dem Primat der Selbstführung: Mitarbeitende und Führungskräfte führen sich zuerst immer selbst, sie benötigen Fremdführung nur auf der zweiten Ebene
   - in Bezug auf Selbstführung: Fähigkeit und Bereitschaft, sich immer wieder selbst infrage zu stellen (Selbstreflexion) und konkrete Schritte zur persönlichen Kompetenzentwicklung einzuleiten (Selbstentwicklungskompetenz)
   - in Bezug auf Fremdführung:
     - Fähigkeit und Bereitschaft einer Führungskraft, individuelle Bedürfnisse, Interessen und Unterschiede der Mitarbeitenden zu erkennen, zu respektieren und angemessen darauf einzugehen, erfordert Empathie, Sensibilität und emotionale Intelligenz.
     - Einbezug von Eigenverantwortlichkeit und Selbststeuerung der Mitarbeitenden in das Führungshandeln.
     - Führungskräfte lassen los, statt zu pushen. Sie motivieren über Anreize (Pull-Motive) und vermeiden über Push zu führen.
     - »Servant Leadership« als Führungsstil: Leitplanken setzen, Richtung vorgeben und ansonsten den Mitarbeitenden selbst entscheiden lassen.

5. **Adaptionskompetenz und Resilienz**
   - Agiles Mind- und Skillset mit hoher Veränderungsbereitschaft und der Fähigkeit, iterative Arbeitsmethoden zu nutzen sowie schnell und innovativ notwendige Anpassungen und disruptive Veränderungen im Marktumfeld einzusteuern (Innovationskompetenz).
   - Hohe Agilität im Marktumfeld mit neuen agilen Formen der Produkt- und Geschäftsfeldentwicklung.
   - Agiles Denken und Handeln: Führungskräfte sollten in der Lage sein, schnell auf Veränderungen zu reagieren, Entscheidungen zu treffen und Prioritäten zu setzen, auch wenn nicht alle Informationen verfügbar sind.
   - Agiles Arbeiten: Nutzerorientierte, selbstverantwortliche und iterative Zusammenarbeit in Teams unter Nutzung agiler Arbeitsmethoden.

- Krisenkompetenz als Sonderform der Adaptionskompetenz: Probleme identifizieren, analysieren, Lösungen entwickeln, auch in »Polykrisen« ruhig bleiben, kreativ denken, alternative Ansätze finden, Hindernisse überwinden und Schwierigkeiten durchstehen.
- Mut zum Scheitern: Erwachsene Haltung im Umgang mit Rückschlägen und positive Fehlerkultur.
- **Fähigkeit zur** Resilienz und Gesunderhaltung**:** Meistern schwieriger Situationen und Widerstände ohne anhaltende Beeinträchtigung, fokussierte und verantwortliche Erledigung übernommener Aufgaben, frühzeitiges Erkennen und Adressieren von Risiken. Souveränität gegenüber technologischen oder gesellschaftlichen Veränderungen.

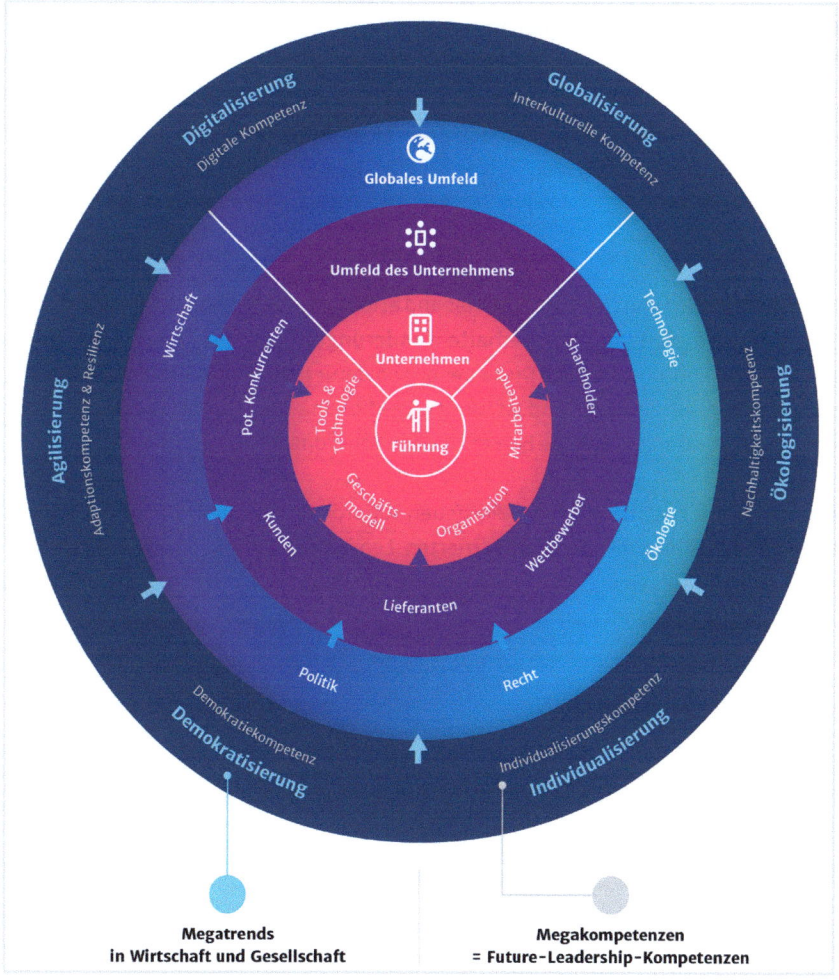

Abbildung 6: Megatrends und Megakompetenzen für die Führung von morgen[54]

---

54   Quelle: Eigene Darstellung.

6. **Nachhaltigkeitskompetenz zur Gestaltung der ökologischen Transformation**
   - Grundwissen über Nachhaltigkeitsmanagement und Sustainable Leadership
   - Vorbildwirkung der Führungskräfte
   - Einbezug der ökologischen Wende in die Geschäftsmodelle

Auf Basis des Analysemodells (vgl. Abbildung 3 oben) ergibt sich nun Abbildung 6 zu den Megatrends und den Megakompetenzen für die Führung der Zukunft.

Fazit
Insgesamt stehen die Führungskräfte im Unternehmen unter einem hohen Anpassungsdruck. Sie erleben den **Druck von außen** über die Veränderungen der globalen und unternehmensspezifischen Umweltbedingungen und spüren gleichzeitig den **Druck von innen**, da die externen Veränderungen zu entsprechenden Reaktionen der Mitarbeitenden, zu neuen Geschäftsmodellen und Kulturanpassungen führen.

Vorherrschend ist dabei der hohe Druck zur **digitalen Transformation**. Darauf können Unternehmen und ihre Organisationsmitglieder mit Agilität reagieren. Trotzdem kann die digitale Transformation in einer Anpassungsphase (Transition) auch disruptiv wirken.

Die digitale Transformation braucht Zeit und erfordert als zentraler Erfolgsfaktor zum Teil radikale **Einstellungs- und Verhaltensänderungen** bei allen Akteuren, besonders aber bei den Führungskräften. Diese benötigen dafür **neue Skills und Kompetenzen**, vor allem aber ein anderes **Mindset**, um mit der hohen Veränderungsdynamik sinnvoll umzugehen und angemessene Entscheidungen zu treffen.

Wir wollen im nächsten Schritt die neuen Anforderungen an ein **zukunftsfähiges Mind- und Skillset** mit den identifizierten Leadership-Kompetenzen und passenden Lösungsansätzen ergänzen. Wie das zusammengefasst in einem **ganzheitlichen Leadership Framework** aussehen kann, zeigt das nächste Kapitel.

3 Ein Mind- und Skillset für Next Generation Leaders: Das Haufe Be6! Leadership Framework

»The best way to predict the future is to create it.«
(Peter Drucker)

3.1 Vorbemerkungen

3.1.1 Warum ein Leadership Framework?

An dieser Stelle angekommen ist klar, dass wir für die Führung von morgen einen neuen Leadership-Ansatz benötigen. Dazu wollen wir die neuen Anforderungen an ein **zukunftsfähiges Mind- und Skillset** zusammen mit den identifizierten Leadership-Kompetenzen in einem neuen **ganzheitlichen Leadership Framework** zusammenfassen.

Ein **Framework** soll es deshalb werden, damit Professionelle in der Personal- und Organisationsentwicklung ihre Formate und Programme in der Führungskräfteentwicklung darauf aufbauen können, ohne von Grund auf neu beginnen zu müssen. Als Framework soll das zukünftige Führungsmodell eine Reihe von **vorgedachten Elementen, Formaten und Tools** beinhalten, welche häufig benötigt werden, um Angebote und Leistungen in der Führungsentwicklung zu erstellen. Es erleichtert die Entwicklung, indem es eine **klare Struktur** vorgibt, **bewährte Praktiken und Standards** bereitstellt und eine **einheitliche Sprache** nutzt. Entwicklerinnen können somit Zeit sparen, ihre Effizienz steigern und die Qualität ihrer Arbeit verbessern.

Das Ganze soll einfach dargestellt werden, als Leadership Framework eine **Hilfestellung, eine Checkliste, ein Orientierungspunkt für Führungskräfte** von heute und morgen sein. Es soll auch für die Kernzielgruppe der Führungskräfte einfach erfassbar und bearbeitbar sein. Dazu muss es sich auf wesentliche Merkmale beschränken. Gleichzeitig soll das Grundverständnis vermittelt werden.

3.1.2 Fundament und Orientierungsmodell als zentrale Bausteine eines ganzheitlichen Leadership Frameworks

Im **Baummodell für das gesamte Leadership Framework** wird die neue ganzheitliche Strukturierung von Führung sichtbar: Ein **Fundament aus Werten und Prinzipien** stützt und speist das **Framework der Führung mit Handlungsbereichen, Führungsfeldern und situativ nutzbaren Haltungen**.

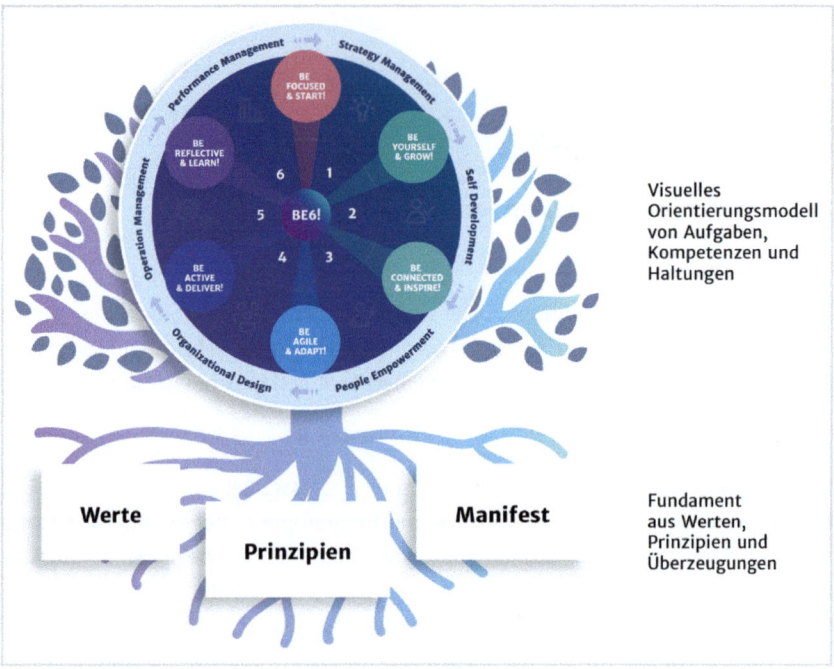

Visuelles Orientierungsmodell von Aufgaben, Kompetenzen und Haltungen

Fundament aus Werten, Prinzipien und Überzeugungen

Abbildung 7: Baummodell für das Leadership Framework[55]

Die ganzheitliche Führungskraft ist sich ihrer Wurzeln bewusst und stützt sich auf sie, um dem Chaos im Außen mit einer klaren inneren Haltung begegnen zu können. Das Führungsverständnis aus Werten und Prinzipien ist das **innere** (unsichtbare) **Modell und Fundament** für Entscheidungen für das (sichtbare) **Führungsverhalten nach außen**.

(1) Der Blick auf das **Fundament** zeigt die tieferliegenden handlungsleitenden **Werte, Prinzipien, Menschenbilder** und **grundlegenden Prägungen** eines Menschen mit Führungsverantwortung. Das Führungsverständnis des Be6! Leadership Frameworks haben wir im → **Manifest zum Be6! Leadership Framework** zusammengefasst.

---

55   Quelle: Eigene Darstellung.

(2) Der Blick auf das **visuelle Orientierungsmodell** zeigt die **operativ nutzbaren Haltungen** in Kombination mit dem erforderlichen **Führungsverhalten** und die sichtbaren **Arbeitsbereiche** und **Handlungsfelder** der Führungskraft. Aus diesen lassen sich auch die erforderlichen **Führungskompetenzen** ableiten.

Die **operativ nutzbaren Haltungen** in Kombination mit dem erforderlichen **Führungsverhalten** nennen wir im Weiteren → die »**Be6! Driver**«.

Die **Arbeitsbereiche** und **Handlungsfelder** der Führungskraft nennen wir im Weiteren → die »**Be6! Cluster**« und »**Be6! Führungsfelder**«.

3.2   Überzeugungen, Werte und Prinzipien eines neuen Führungsverständnisses als Fundament für ein Leadership Framework

Das Be6! Leadership Framework ist ein Führungsmodell, welches nicht nur das notwendige **Skillset** für New Leadership darstellt, sondern auch das notwendige **Mindset**, die Haltung integriert. Aus den bisherigen Überlegungen wollen wir zur weiteren Entwicklung des neuen Führungsmodells die **fundamentalen Bausteine des Next Generation Leadership ableiten: die Überzeugungen, Prinzipien und Werte ganzheitlicher Führung**. Diese sind im »**Be6! Manifest**« gebündelt. Das ganzheitliche Führungsverständnis des Haufe Be6! Leadership Frameworks wird damit transparent und bearbeitbar und leitet uns bei der Weiterentwicklung.

3.2.1   Sechs Thesen zur ganzheitlichen Führung

Für die weitere Bearbeitung des Themas wollen wir auf der Grundlage der zwischenzeitlichen Analyse die bisherige Führungsdefinition aus dem zweiten Abschnitt erneut erweitern und anhand von **sechs ergänzenden Thesen** unser Führungsverständnis offenlegen:

(**These 1**)   **Wo Menschen zusammenarbeiten, kann nicht nicht geführt werden.**
Führung ist immer vorhanden, wo Menschen miteinander arbeiten, mindestens informell und lässt sich deshalb auch nicht »abschaffen«. Auch in scheinbar führungsfreien Strukturen der Zusammenarbeit wird sich zumindest eine informelle Führungsstruktur herausbilden. Führung und seine Auswirkungen auf die Performance sind im Arbeitskontext also immer zu beachten.

(These 2) **Führung ist immer eine Kollaboration von Menschen und kann per Definition nicht von Maschinen oder künstlicher Intelligenz ersetzt werden.**[56]

Führung ist im Kern eine soziale Beziehung zwischen Führenden und Folgenden und geschieht immer, sobald mehrere Menschen sich auf den Weg machen, um gemeinsam etwas zu schaffen und ein Ziel zu erreichen. Es gibt die Hypothese, dass in naher Zukunft auch in Führungskreisen eine künstliche Intelligenz eingesetzt wird, zuerst nur um Fragen in Meetings schnell zu beantworten, später vielleicht auch um zu beraten. Fragen, die sich dann stellen, sind: Ist eine durch KI unterstützte Führungsarbeit noch »menschlich«? Wo endet menschliche Führung und wo beginnt eine »Führung durch künstliche Intelligenz«? Unserer These 2 folgend, müsste Führung in einem solchen Mensch-Maschine-Szenario komplett neu gedacht und definiert werden.

(These 3) **Führung ist immer mehrperspektivisch zu verstehen. Sie bezieht sich auf das Selbst, die Anderen und die Sache.**

Führung bedeutet für eine (disziplinarische) Führungskraft in Organisationen, mindestens drei verschiedene Perspektiven einzunehmen und die zugehörigen Aufgaben zu erfüllen:

- **Selbstführung** heißt leistungsfähig, wirksam und gesund zu bleiben.
- **Andere führen** bedeutet, die Leistungserbringung der Mitarbeitenden innerhalb von definierten Leitplanken und transparenten Zielen zu unterstützen.
- **Die Sache führen** heißt, vom Projekt bis zum Gesamtunternehmen betriebliche Fragestellungen zu managen und erfolgreich zum Ziel zu führen.

(These 4) **Führen gelingt durch Lernen. Führungsentwicklung geschieht nur durch beständige Reflexion von Erfahrungen im Führungsalltag und proaktivem Wahrnehmen von Lernchancen.**

Führung ist immer auch eine große Chance für **Entwicklung und Lernen,** für den Einzelnen, für das Team, für die Organisation. Dies funktioniert aber nur mit ausreichender Reflexion! D. h., Lernen geschieht zum einen durch gezielte Aus- und Weiterbildung, vor allem aber anhand von reflektierten Erfahrungen auf dem Weg in der Praxis des Unternehmensalltags. Der Weg ist das Ziel.

---

56 Vgl. Lucca, Vesna (2023): The future of human intelligence. https://www.linkedin.com/pulse/future-human-intelligence-vesna-lucca/Abrufdatum: 08.11.2023.

(These 5) Führungskräfte sind die zentralen Katalysatoren für eine erfolgreiche Transformation

Führung spielt bei den aktuellen Herausforderungen eine entscheidende Rolle für den betrieblichen Erfolg, denn Führungskräfte besitzen eine **große Hebelwirkung in der Organisation:**[57]

- je höher angesiedelt, desto mehr Einfluss, Weisungs- und Entscheidungsmacht;
- durch die aktive Gestaltung und Kommunikation der Unternehmensstrategie;
- als Change Managerinnen, die Mitarbeitende durch Veränderungen begleiten, Ängste ansprechen und mit Widerständen umgehen;
- Führungskräfte geben kulturelle Normen vor, denn sie sind Vorbilder, an denen sich Mitarbeiter bewusst und unbewusst orientieren;
- als People Managerinnen, die ihre Mitarbeitenden in ihrer Leistungserbringung unterstützen und befähigen.

(These 6) Führung im wirtschaftlichen Kontext strebt immer nach Performance.

Führung hat in einem betrieblichen Kontext immer die Verbesserung und Sicherstellung der Performance i. S. v. Leistungserbringung, Zielerreichung und Wertschöpfung (= Input < Output) zum Ziel. Wenn Führungsverhalten und -entscheidungen nicht zielführend, produktiv und werterhöhend sind, müssen sie hinterfragt werden.

Sechs Thesen zur ganzheitlichen Führung im Next Generation Leadership

(These 1) Wo Menschen zusammenarbeiten, kann nicht nicht geführt werden.

(These 2) Führung ist immer eine Kollaboration von Menschen und kann per Definition nicht von Maschinen oder künstlicher Intelligenz ersetzt werden.

(These 3) Führung ist immer mehrperspektivisch zu verstehen und auf das Selbst, die Anderen und die Sache hin zu beziehen.

(These 4) Führen gelingt nur durch Lernen. Führungsentwicklung geschieht nur durch beständige Reflexion von Erfahrungen im Führungsalltag und proaktivem Wahrnehmen von Lernchancen.

(These 5) Führungskräfte sind die zentralen Katalysatoren für eine erfolgreiche Transformation.

(These 6) Führung im wirtschaftlichen Kontext strebt immer nach Performance.

---

57 Zum Beispiel im Bereich Nachhaltigkeit vgl. Berndtson, Odgers (2021): Sustainability & Leadership 2020–2021. Exklusive Studie und Befragung von Top-Managern zum Thema Nachhaltigkeit und Führung in deutschen Unternehmen. Frankfurt am Main.

3.2.2 Prinzipien und Werte der ganzheitlichen Führung

Die folgenden **sechs Grundprinzipien** und **vier Wertepaare** sind essentiell für eine zu-kunftstaugliche Führung im Sinne des Next Generation Leadership.

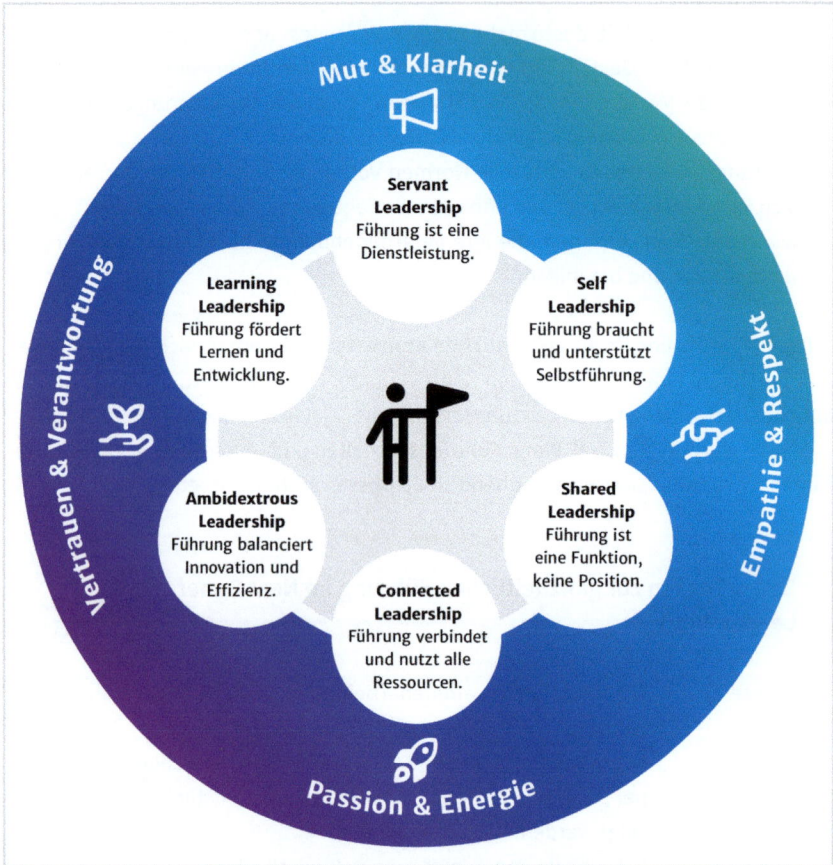

Abbildung 8: Zentrale Prinzipien und Werte im Next Generation Leadership[58]

Die sechs Grundprinzipien:

→ Servant Leadership: Führung ist eine Dienstleistung.
Wie bereits gehört ist »Servant Leadership« aus der Priorität der Kundenzentrierung abgeleitet. Dies geschieht in erster Linie von außen nach innen, d.h. das Umfeld, der Markt und die Kunden bestimmen im Wesentlichen die Führungsentscheidungen im Unternehmen. Die Maxime der Kundenorientierung wird im Gegenzug von dem Prin-zip des Empowering und Enabling unterstützt. Die Mitarbeitenden werden von den

---

58   Quelle: Eigene Darstellung.

Führungskräften durch die Übertragung von Entscheidungsbefugnissen empowered (gestärkt) und durch das Einrichten geschützter Handlungsspielräume enabled (befähigt). Damit wird auch schon das nächste Grundprinzip, der Fokus auf die Selbstführung angedeutet.

→ Self Leadership: Führung braucht und unterstützt Selbstführung.

Zentrale Führungsaufgabe in Richtung der handelnden Akteure ist die Ermöglichung, Förderung und Unterstützung der Selbstführung und -organisation von Teams und Mitarbeitenden aller Ebenen. Grundlage dafür ist eine moderne Führungsbeziehung, die im Kern auf Vertrauen basiert, mit ausreichend Präsenz, Kontakt und Kommunikation auf Augenhöhe.

„Führung ist heute nur noch legitim, wenn sie die Selbstführung der anvertrauten Mitmenschen zum Ziel hat."
Götz Werner

→ Shared Leadership: Führung ist eine Funktion, keine Position.

Next Generation Leadership definiert sich über seine Aufgaben, nicht über den Jobtitel oder die Position. Führungsaufgaben können natürlich auf designierte Führungspositionen gebündelt werden, im neuen Führungsverständnis des Next Generation Leadership werden sie so weit als möglich auf die handelnden Akteure übertragen und rollenbasiert aufgeteilt. Wird Führung als Dienstleistung verstanden, so kann sie grundsätzlich auf unterschiedliche Rollen und mehrere Köpfe aufgeteilt werden.[59]

→ Connected Leadership: Führung verbindet und nutzt alle Ressourcen.
Dieses Prinzip des Next Generation Leadership ist eine weitere Antwort auf die Führungsherausforderungen der VUCA-Welt. Nur wenn Führung alle technologischen, mentalen und sozialen Ressourcen nutzt und sie im Sinne von Vernetzung, Offenheit, Partizipation und Agilität plus Vertrauen verbindet (VOPA+), lassen sich in chaotischen Umweltzuständen optimale Ergebnisse erzielen.[60] Führung fördert die (digital gestützte) Vernetzung im Sinne des Betriebszwecks und der Performanceziele.

→ Ambidextrous Leadership: Führung balanciert Innovation und Effizienz.
Führung ist selten ein »Entweder-oder«, sondern meist ein »Sowohl-als-auch« von agiler Innovation (Exploration) und effizienter Produktion (Exploitation) entlang strategischer Ziele. Diese und andere Polaritäten im Sinne einer effektiven Ambidextrie (Beidhändigkeit) auszubalancieren, ist keine neue, aber in diesen Zeiten eine zu priorisierende Herausforderung für Führungsträger.[61]

→ Learning Leadership: Führung fördert Lernen und Entwickeln.
Learning Leadership bezieht sich auf die Fähigkeit einer Führungskraft, das Lernen und die Entwicklung der Mitarbeitenden zu fördern und zu unterstützen. Die fortlaufende Reflexion der Arbeitsprozesse und der Ergebnisse (Performance) fördert immer auch das Lernen im Prozess der Arbeit und sichert damit den Aufbau und die Teilung kollektiver Intelligenz in den Teams und bereichsübergreifend im ganzen Unternehmen.

Learning Leadership befördert eine Lernkultur und ermöglicht die Bereitstellung von Ressourcen und Möglichkeiten für kontinuierliches Lernen, die Förderung des Wissensaustauschs und die Unterstützung bei der beruflichen Weiterentwicklung der Mitarbeiter.

Die vier Wertepaare der ganzheitlichen Führung:
Welche Führungswerte sind leitend? Die folgenden acht zentralen Führungswerte, zusammengefasst in vier Wertepaare, sind ebenfalls grundlegend für das neue Füh-

---

59 Vgl. Rybnikova, Irma/Lang, Rainhart (2021): Partizipative und geteilte Führung: Alle machen mit?, in: Rybnikova, Irma/Lang, Rainhart (Hrsg.): Aktuelle Führungstheorien und -konzepte. 2. Aufl., Wiesbaden, S. 151–180; Jessl, Randolf/Wilhelm, Thomas (2023): Shared Leadership. Zu mehr Engagement und besseren Ergebnissen dank geteilter Führung, Freiburg im Breisgau: Haufe; Endres, Sigrid/Weibler, Jürgen (2019): Plural Leadership: Eine zukunftsweisende Alternative zur One-Man-Show. Springer.

60 Vgl. Buhse, W. (2014): Management by Internet – Neue Führungsmodelle für Unternehmen in Zeiten der digitalen Transformation. Kulmbach.

61 Vgl. O'Reilly III, C.A./Tushmann, M.L. (2004): The Ambidextrous Organization, in: Harvard Business Review, 82 (4), S. 74–81.

rungsverständnis des Next Generation Leadership und unverzichtbar für die Gestaltung einer zukunftsfähigen Führungskultur.

Mut und Klarheit

Mut und Klarheit sind unverzichtbare Werte für Führungskräfte, die in einer sich extrem schnell wandelnden Geschäftswelt erfolgreich sein wollen. Mut ermöglicht es ihnen, Herausforderungen anzunehmen, transparente Entscheidungen zu treffen, Risiken einzugehen und innovative Lösungen zu finden. Klarheit hilft ihnen, strategisch entschlossene Ziele zu setzen und ihre Vision überzeugend zu kommunizieren. Durch die Kombination von Mut und Klarheit können Führungskräfte ihre Teams inspirieren und motivieren, ihr volles Potenzial auszuschöpfen.

Empathie und Respekt

In zwischenmenschlichen Beziehungen sind einfühlende Wertschätzung und respektvolle Anerkennung des Gegenübers entscheidend für eine gute soziale Interaktion und eine produktive Zusammenarbeit. Durch Empathie und Respekt schaffen Führungskräfte ein positives Arbeitsklima. Indem sie die Bedürfnisse und Gefühle ihrer Mitarbeiter verstehen und respektieren, fördern sie Motivation und Engagement. Wertschätzung und Anerkennung stärken das Vertrauen und die Bindung zwischen Führungskraft und Teammitgliedern, was zu einer effektiven Kollaboration und einer gesunden Performancekultur führt.

Passion und Energie

Begeisterung auszustrahlen und ins Team zu tragen sind kraftvolle Elemente erfolgreicher Führungsarbeit. Eine leidenschaftliche und energiegeladene Führungskraft kann ihre Mitarbeitenden inspirieren und motivieren. Durch ihre Begeisterung schaffen sie ein Arbeitsumfeld, in dem Innovation und Engagement gedeihen. Die Führungskraft dient als Vorbild und steckt ihr Team mit ihrer Leidenschaft an, was zu einer erhöhten Produktivität und einem starken Zusammenhalt führt.

Vertrauen und Verantwortung

Die zentralen Werte Vertrauen und Verantwortung sind starke Fundamente für gemeinsames Handeln in einer Organisation. Führungskräfte spielen dabei eine entscheidende Rolle, indem sie Vertrauen aufbauen und Verantwortung delegieren. Durch transparente Kommunikation und das Einhalten von Zusagen schaffen sie Vertrauen bei ihren Mitarbeitern. Gleichzeitig ermutigen sie ihre Teammitglieder, Verantwortung zu übernehmen und Entscheidungen zu treffen. Dieses Vertrauen und die Verantwortungsbereitschaft führen zu einer effektiven Zusammenarbeit, in der alle ihr volles Potenzial entfalten können.

3.2.3 Alles eine Frage der Haltung: Das Manifest zum Be6! Leadership Framework

Das Be6! Manifest[62] ist sowohl **Präambel** als auch Fundament **für das Haufe Be6! Leadership Framework.** In den folgenden sechs Aussagen des Manifests wird das **Führungsverständnis** offengelegt, welches grundlegend ist für die weitere Ausarbeitung der Handlungsfelder und Kompetenzen der Führung:

1. Wir denken Führung ganzheitlich, als Einheit von Selbst-, Mitarbeiter-, Team- und Unternehmensführung, inklusive Management und Organisationsgestaltung. Führung ist ein zentraler Bestandteil der Unternehmenskultur.

2. Wir integrieren globale Megatrends wie die der Digitalisierung, Globalisierung, Individualisierung und Ökologisierung in unser Denken und begreifen sie als Treiber für die wachsende Komplexität, Dynamik, Unsicherheit und Mehrdeutigkeit der heutigen (Business-)Welt. Darin liegen große Chancen für zukunftsweisende Entwicklungen: Führende und Geführte sind herausgefordert, ihr Handeln darauf abzustimmen, sich proaktiv und adaptiv zu verhalten und mutig voranzuschreiten.

3. Wir betrachten Führung im Sinne agiler Ansätze als eine zielorientierte und wertschöpfende Dienstleistung, die Menschen und Organisationen unter Verwendung und Vernetzung unterschiedlicher Ressourcen dabei unterstützt, eine bestmögliche Performance im Hinblick auf die gewünschten Ziele zu erreichen und sich dabei lernend weiterzuentwickeln.

4. Wir respektieren den Menschen als mündiges und selbstbestimmtes Wesen, welches sich selbst führen und organisieren kann und Verantwortung für sein Handeln übernimmt. Führende schaffen ein wertschätzendes Umfeld, sorgen für psychologische Sicherheit und ermöglichen Reflexionsräume für die individuelle Entwicklung der Mitarbeitenden.

5. Wir schätzen Vielfalt und glauben an die Integrität und Motivation aller Mitarbeitenden. Führung beteiligt alle Menschen im Unternehmen in ihrer individuellen Unterschiedlichkeit ihrer Potenziale und Stärken. Sie ermutigt, begleitet und unterstützt die Menschen in ihrem Bestreben, den bestmöglichen Beitrag zum Unternehmenserfolg zu leisten.

---

62   Inspiriert durch Beck, Kent/Beedle, Mike/van Bennekum, Arie et al. (2001): Manifesto for Agile Software Development. https://agilemanifesto.org/. Abrufdatum: 07.11.2023 und Raitner, Marcus (2019): Manifest für menschliche Führung. Sechs Thesen für neue Führung im Zeitalter der Digitalisierung. München.

6. Wir sehen Führung als laufendes Ausbalancieren von Spannungsfeldern und Ziel-konflikten im Unternehmen und komplexen Umwelten. Führende haben die Aufgabe, diese strategisch und operativ im Blick zu halten, Orientierung zu bieten, Konsequenzen zu benennen und kreative Lösungswege mit ihren Teams zu entwickeln und umzusetzen.

Für die Führung der Zukunft bedeutet das …

… weniger den Menschen zu führen, sondern Selbstführung zu ermöglichen.

… nicht den Menschen verändern zu wollen, sondern ihm Freiräume zur Veränderung zu eröffnen.

… weniger zu beauftragen und anzuweisen, stattdessen mehr zu delegieren und Eigeninitiative zu fördern.

… weniger Kontrollen und Hürden aufzubauen, mehr auf Eigenverantwortung innerhalb von (vereinbarten) Leitplanken zu vertrauen.

… weniger Top-down-Prozesse zu installieren, mehr übergreifend vernetzte Zusammenarbeit zu fördern.

… weniger feste Führungspositionen, mehr flexible Führungsrollen im Team.

3.3   Das Be6! Leadership Framework – Herleitung und Überblick

Der zweite Teil des Frameworks und damit sein eigentlicher Kern ist das **visuelle Orientierungsmodell**. Es wird als Kreis abgebildet und stützt sich dabei auf viele Vorbilder von Prozessmodellen in der Führungs- und Managementliteratur.[63]

Der Kreis kennt keinen Start und Endpunkt und symbolisiert eine Kombination aus geometrischer Perfektion und unendlicher Schleife. Damit sollen die Ganzheitlichkeit und Dynamik von Führung und Management gleichermaßen ausgedrückt werden. Mit einem Kreisdiagramm lassen sich komplexe Prozesse einfach überblicken. Ziel war es, die Komplexität der Führung mit ihren vielen Aspekten auf einen Blick erfassen zu können.

---

63   Z.B. »Malik Führungsrad®« in Malik, Fredmund (2006): Führen, Leisten, Leben. Wirksames Management für eine neue Zeit. Frankfurt am Main.; »Orbitmodell« in Schüller, Anne/Steffen, Alex (2009): Die Orbit-Organisation. Gabal. Wiesbaden; »Golden Circle« in Sinek, Simon (2011): Start with Why. München.

Inhaltlich inspiriert wurde das Be6! Modell vom klassischen Managementprozess, auch **Managementkreis oder -zyklus** genannt, welcher in den unterschiedlichsten Varianten vorliegt, in seiner Grundform als Regelkreis aber meist die fünf Hauptpunkte **Ziele setzen**, **Planen**, **Entscheiden**, **Durchführen** und **Kontrollieren** beinhaltet.[64]

Bezogen auf unsere Definition von Führung als Dreigliedrigkeit aus **Selbst-, Fremd- und Unternehmensführung**, deckt der Managementkreis in erster Linie die Aufgaben der Unternehmensführung ab. Was fehlt ist die Perspektive auf das Individuum und in unserem Kontext auf seine gestalterische Rolle als Führungskraft.

Um diese »Lücke« zu füllen, wird der **Managementzyklus** aus der Betriebswirtschaftslehre mit einem **Handlungsmodell** aus der Psychologie kombiniert.[65] Letzteres geht von einem mündigen und (handlungs-)kompetenten Menschen aus, welcher in einem definierten soziokulturellen Kontext, z. B. einem Unternehmen, die Fähigkeit und Bereitschaft besitzt, sich zielgerichtet und zweckrational verhalten zu *können*, nicht zu *müssen*, das wäre zwanghaftes oder instinktives Verhalten. Handelt ein Mensch, entscheidet er sich dazu, die vorgefundene Situation zielgerichtet, selbstbestimmt und geplant durch ein bestimmtes Verhalten in eine neue Situation zu transformieren. Das Ergebnis dieses Gestaltungsprozesses verändert den Kontext für die nächste Handlung und schließt somit den Kreis.

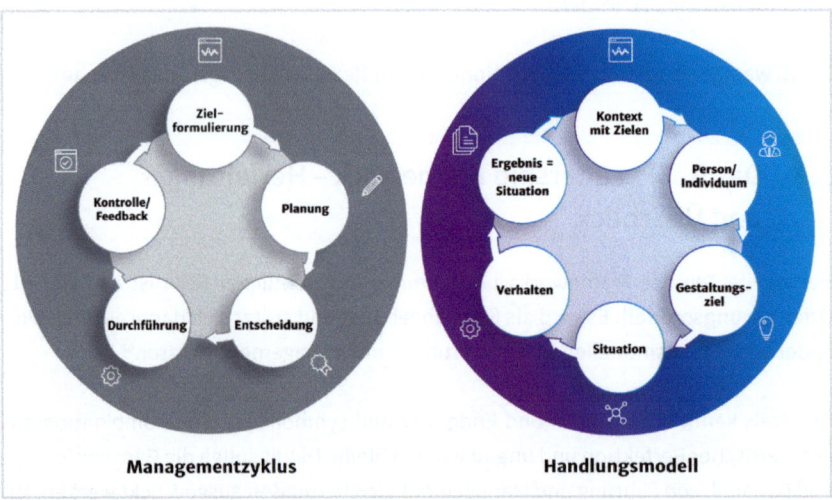

Abbildung 9: Klassischer Managementzyklus und psychologisches Handlungsmodell[66]

64   Vgl. Schreyögg, Georg/Koch, Jochen (2020): Management. Grundlagen der Unternehmensführung. 8. Aufl., Springer Gabler, S. 9–11. Oder Daft, Richard L./Marcic, Dorothy (2023): Understanding Management. S. 9.

65   Vgl. Straub, Jürgen (2010): Handlungstheorie, in: Mey, Günter/Mruck, Katja. (Hrsg.): Handbuch Qualitative Forschung in der Psychologie. VS Verlag für Sozialwissenschaften. Wiesbaden. S. 107–122.

66   Quelle: Eigene Darstellung.

Das Bild eines handlungskompetenten Menschen passt sehr gut zum oben dargestellten Verständnis der **ganzheitlichen Führung auf Grundlage der Selbstführung,** denn übertragen auf das Führungshandeln bedeutet es, dass eine handlungskompetente Führungskraft selbstreguliert und dezentral entscheidet, ob und wie es die vorgefundene betriebliche Situation in den derzeitigen gesellschaftlichen Zusammenhängen (VUCA-BANI) und im Rahmen des unmittelbaren Handlungskontextes der Unternehmensziele und Organisation durch ihre (Führungs-) Entscheidungen **in eine neue Situation transformieren** will. Das geschieht immer mit dem Ziel, die bestmögliche Performance im Sinne ihrer persönlichen Ziele und der Team- und Unternehmensziele zu erreichen.[67]

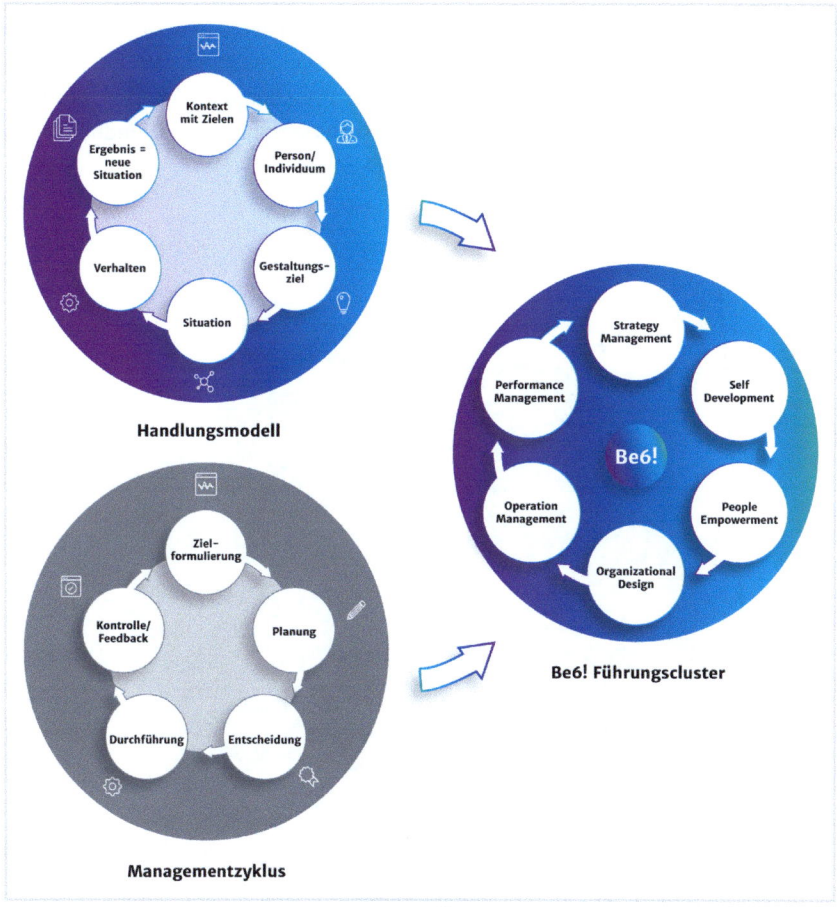

Abbildung 10: Modellierung der Be6! Führungscluster[68]

---

67   Vgl. Oechsler, Walter A. (1994): Personal und Arbeit. Einführung in die Personalwirtschaft unter Einbeziehung des Arbeitsrechts. 4. Aufl., Oldenbourg, München/Wien, S. 387.

68   Quelle: Eigene Darstellung.

Für das Be6! Leadership Framework wurden nun die Hauptkategorien dieser theoretischen Modellierung in einem **einfach zu erfassenden Kreismodell** zusammengefasst. Es ergeben sich sechs zentrale Bereiche von Führung und Management, welche wir als »**Be6! Führungscluster**« bezeichnen:

- Strategy Management
- Self Development
- People Empowerment
- Organizational Design
- Operation Management
- Performance Management

Die **motivationalen Verbindungen der Führungscluster** werden in der **Logik eines Regelkreises** als Verbindungspfeile dargestellt und sind zusätzlich durch **Grundhaltungen** visualisiert, welche den Führungsprozess antreiben und befeuern, das Führungshandeln dynamisieren. Wir nennen diese sechs verbindenden Grundhaltungen deshalb »**Be6! Driver**«.

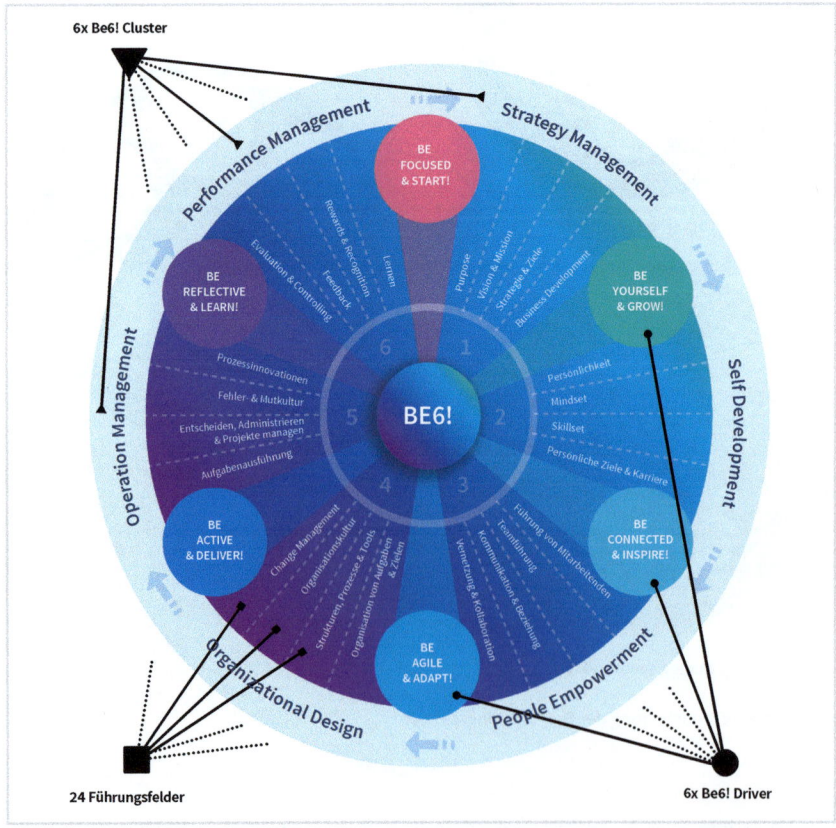

Abbildung 11: Be6! Leadership Framework – Gesamtansicht mit Driver, Cluster und Führungsfelder[69]

---

69   Quelle: Eigene Darstellung.

Es ergibt sich dann das Bild des **Be6! Leadership Frameworks (siehe Abbildung 11)**, **welches sich** wie folgt zusammenfassen lässt:

- Die sechs **Be6! Driver** (Farbkreise) beschreiben **Grundhaltungen und Aktionsimpulse**, welche das gesamte Führungsverhalten beeinflussen und den Führungsprozess befeuern.
- Im Außenkreis befinden sich die **wesentlichen Aufgabenbereiche in Management und Führung**, die sechs **Be6! Führungscluster.**
- Im Innenkreis sind jedem Führungscluster vier Führungsfelder zugeordnet. Diese wurden als Schwerpunkte der jeweiligen Cluster in Bezug auf New Leadership identifiziert. Es ergeben sich 24 **Be6! Führungsfelder.**

3.4 Die Be6! Driver: Haltungen und Handlungsimpulse

Vorbemerkungen

Führung und Management sind, wie wir oben definiert haben, dynamische Prozesse. Die Prozessschritte sind aufeinander abgestimmt, sodass ein Kreis oder ein Rad die Bewegung des Prozesses am besten aufnimmt.

Dies geschieht auch mit der Intention, dass ein Rad nur dann in Bewegung kommt, wenn es angetrieben wird. Hier kommen nun die **Be6! Driver** ins Spiel. Diese wurden im Zug der qualitativen Vorstudie **als Triggerpunkt und Antreiber für einen dynamischen Führungsprozess** identifiziert.[70]

Aufgrund ihrer zentralen Rolle als verbindende und inspirierende Elemente für das professionelle Handeln der Führungskräfte auf den einzelnen Führungsfeldern halten wir sie für **kritische Erfolgsfaktoren modernen Führungshandelns** und so wurden sie auch zu Namensgebern des neuen »Be6! Leadership Frameworks«.

Die Be6! Driver beschreiben **sechs »modes of being«, also Grundhaltungen**, (z. B. »Be focused …«) und daraus resultierende **Imperative bzw. innere Handlungsimpulse**, (»… and start!«) welche den Führungs- und Managementzyklus laufend befeuern. Die Be6! Driver sind **innere Leitbilder** und wirken wie **Katalysatoren moderner, agiler Führung und Zusammenarbeit**. Sie sind den sechs Führungsclustern zugeordnet und stellen deren Verbindung her. Die Driver können sich auf Einzelpersonen, ein Team und eine ganze Organisation beziehen, sie geben innere Orientierungen, sind »**mentale Leuchttürme**« und beeinflussen das gesamte Führungsverhalten.

---

[70] Auf der Grundlage der explorativen Vorstudie werden nun empirische Studien projektiert, um diese und weitere Thesen des Haufe Be6! Leadership Frameworks zu untersuchen.

Die Gesamtheit aller Be6! Driver drücken die Haltung und das Mindset einer Führungskraft im New Leadership aus. Sie sind geeignet, den Führungskräften im Next Generation Leadership Orientierung und Optionen zu geben für individuelle und organisationale Führungssituationen.

Abbildung 12: Be6! Driver[71]

Driver und Trigger sind sie deshalb, weil
- ohne eine fokussierte Haltung wird die Führungskraft keine Strategie entwickeln,
- ohne einen Wachstumsimpuls keine Entwicklung einleiten,
- ohne eine verbindende Haltung keine Menschen erreichen,
- ohne eine adaptive Haltung die Organisation nicht passend gestalten,
- ohne einen Umsetzungsimpuls keine Ergebnisse abliefern und
- ohne einen Lernimpuls seine Performance nicht verbessern können.

---

71   Quelle: Eigene Darstellung.

> **Die Be6! Driver**
>
> - beschreiben sechs empfohlene Grundhaltungen und daraus resultierende Imperative, welche der Führungskraft zusammen als innere Handlungsimpulse dienen;
> - sind den sechs Führungsclustern zugeordnet, können aber wie innere Orientierungen (»mentale Leuchttürme«) das gesamte Führungsverhalten beeinflussen;
> - »treiben das Rad an« und wirken wie Katalysatoren moderner, agiler Führung und Zusammenarbeit.

3.4.1   Driver #1: Be focused & start! – Sei fokussiert und starte!

»Dream big. Start small. But most of all, start.«
(Simon Sinek)

»Be focused …!« – Führen beginnt mit **konzentrierter Aufmerksamkeit auf das Erreichen eines Ziels** oder auf das Lösen einer gestellten Aufgabe. **Fokussierte Führungskräfte** sind achtsam, geerdet und zentriert. In der Krise erinnern sie sich an ihren Auftrag, den Sinn und Zweck ihres Unternehmens und ihrer Rolle und bleiben orientiert. Nur so sind sie in der Lage, mit Klarheit und Ruhe ihr Ziel zu sehen und strategische Prioritäten zu setzen.

Und dann geht's los! **»… and start!«** heißt die Anweisung. Erst durch den inneren Antrieb, den »Startimpuls«, wird aus der fokussierten Haltung ein Driver. Führungskräfte, bei denen dieser Antreiber stark ausgeprägt ist, sind echte Entrepreneure, gehen ins Risiko und handeln entschlossen. Sie gehen auf das Problem zu, statt vor ihm wie vor einer Schlange zu verharren. Sie sind in der Lage, mutig eine Richtung einzuschlagen und diese auch zu halten. So vermitteln sie ihrer Umgebung Sicherheit und Orientierung.

Führungskräfte packen Themen an und bringen sie zu Ende. Oder sie brechen sie auch bewusst ab, wenn sich die Rahmenbedingungen ändern oder das Thema überholt ist. Gerade im Bereich Business Development ist diese Fähigkeit gefragt. »Be focused« ist wichtig, aber mit der nötigen Flexibilität, rechts und links zu schauen.

Führungstipps zu Driver #1:

- Statt vor der scheinbar übermächtigen Aufgabe stehen zu bleiben, fokussieren Sie das Ziel vor Ihrem geistigen Auge und setzen Sie mutig den ersten Schritt.
- Erstellen Sie eine für Sie persönlich sinnvolle Vision. Eine Vision, die Ihren Purpose, Ihr »Why« beschreibt und Ihnen die Kraft für den Start gibt.
- Arbeiten Sie bewusster mit Ihren Zielen und setzen Sie Ihre Strategie gezielt um. Dieses Verhalten wird sich auf Ihre Mitarbeitenden übertragen und diesen das Vertrauen geben, Ihnen zu folgen.

Deine persönliche Reflexion zu Driver #1:[72]

Der Driver #1 »Be focused and start!« ist verknüpft mit der Welt des strategischen Managements (Leadership Cluster 1) und beschreibt eine hilfreiche Grundhaltung, um bei Führungshandlungen eine konzentrierte Aufmerksamkeit auf das Ziel und die Aufgabe aufzubauen und dann auch loszulegen.

Bitte versetze Dich jetzt gedanklich an Deinen Arbeitsplatz und in Deinen Führungsalltag hinein:
- Was verbindest Du mit der Grundhaltung »Be focused & start!«?
- Was hilft Dir bereits jetzt, erfolgreich Deinen Fokus in der Führung auf das Wesentliche und die Unternehmensausrichtung zu halten?
- Woher holst Du Dir Klarheit und Fokus? Wie schaffst Du es bisher, zu starten, auch wenn noch nicht alles klar ist?
- Was wünscht Du Dir von Dir selbst oder dem Unternehmen, damit Deine Ausrichtung im strategischen Management leichter oder besser geht?
- Gibt es etwas, was Du ändern möchtest? Dann halte das gleich schriftlich fest.

---

72 Diese und die folgenden Reflexionsfragen sind Auszüge aus dem E-Learning »Reflexionsreise für Führungskräfte. Innehalten, reflektieren, wachsen.« © Haufe Akademie 2023, Infos und Buchung unterhttps://www.haufe-akademie.de/35531. Die Reflexionsfragen sind im E-Learning in der Du-Form verfasst und werden für die persönliche Selbstreflexion des Lesers hier so belassen. Wir wünschen Ihnen und Euch für diese Reflexionen spannende Einsichten und viel Erfolg in der Umsetzung ☺.

3.4.2   Driver #2: Be yourself & grow! – Sei Du selbst und wachse!

»Be yourself; everyone else is already taken.«
(Oscar Wilde, 1895)

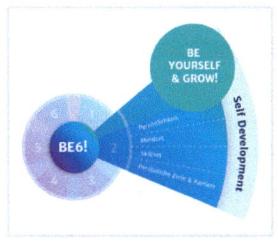

»Be yourself …!« – Wer sich selbst nicht führen kann, kann auch andere nicht führen. Das ist so banal wie wahr! **Selbstführung** ist der Schlüssel zur Mitarbeiter- und Teamführung. Auf wen kann sich die Führungskraft auch in schwierigen Situationen verlassen? Im Zweifel auf sich selbst! So ist nach Bandura auch die **Selbstwirksamkeitserwartung** eine der wichtigsten psychologischen Stützen für die Führungskraft in turbulenten Zeiten.[73] Im Kern geht es dabei um das persönliche Zutrauen in die eigenen Möglichkeiten und Kompetenzen, selbst schwierige Aufgaben durch eigenes Handeln wirksam bewältigen zu können.

Voraussetzung dafür ist die auf laufender **Selbstreflexion** fußende **Selbst(er)kenntnis**. »Be yourself!« heißt auch immer »Know yourself!« Aus Selbsterkenntnis wächst **Selbstvertrauen** und begünstigt konsistente Entscheidungen. Führungshandeln wird authentisch und glaubwürdig. Doch Selbsterkenntnis geschieht nicht zufällig, sondern ist das Ergebnis eines (selbst-) reflektierten Wachstumsprozesses und kann durch Coaching und Mentoring unterstützt werden. Dabei ist ganzheitliches menschliches Wachstum niemals »fertig«, es erlebt höchstens kurze Phasen, sog. »peak experiences« des völligen In-sich-selbst-Aufgehens, z. B. in der höchsten Stufe der Maslow'schen Bedürfnisskala, der »self actualization«, der Selbstverwirklichung.[74]

Der Leitsatz **»… and grow!«** ist denn auch der Anspruch der Führungskräfte, sich selbst beständig und lebenslang weiter zu entwickeln, weiterkommen zu wollen, kurz, zu wachsen. Im Gegensatz zum begrenzten materiellen und physischem Wachstum, sind dem qualitativen Wachstum keine Grenzen gesetzt. Der selbst-bewusste Prozess der Entwicklung und Reifung ist persönliches Wachstum.

Führungstipps zu Driver #2:

- Gute Führungskräfte bilden sich lebenslang weiter und erleben ihren Erfolg als Resultat einer ganzheitlichen Fortbildung zur Führungspersönlichkeit.
- Holen Sie so oft wie möglich Feedback zu sich selbst ein. Setzen Sie erhaltenes Feedback um, wenn es etwas in Ihnen ausgelöst hat.

---

73   Bandura, Albert (1997): Self-efficacy. The exercise of control. New York.
74   Maslow, Abraham (1954): Motivation and Personality. New York.

- Lernen Sie Ihre Stärken und Schwächen kennen und arbeiten Sie gezielt an Ihrer Weiterentwicklung.
- Achten Sie auch auf die Passung von Persönlichkeit, Aufgabe und Umfeld. Sowohl für Sie persönlich, als auch für Ihre Mitarbeitenden. Ziehen Sie Konsequenzen, wenn es »nicht passt«.

Deine persönliche Reflexion zu Driver #2:

Der Driver #2: »Be yourself & grow!« ist verknüpft mit der Welt des »Self Development« (Leadership Cluster 2) und unterstützt Führungskräfte in ihrer Selbst- und Persönlichkeitsentwicklung. Führungskräfte mit dieser Grundhaltung wissen, dass sie nur führungsstark sind, wenn sie ihre eigenes Selbst erfolgreich leben können, z. B. weil ihre Stelle und Aufgaben auch zu ihnen passen. Oft ist Führungsschwäche keine persönliche Schwäche, sondern ein Problem der Passung zur Organisation, zum Unternehmen und zu dessen Werten, Strukturen und deren Kultur.

Bitte versetze Dich jetzt gedanklich an Deinen Arbeitsplatz und in Deinen Führungsalltag hinein:
- Was verbindest Du mit der Grundhaltung »Be yourself & grow!«?
- Wie siehst Du selbst den Zusammenhang zwischen Deiner Persönlichkeitsentwicklung und Deiner Wirksamkeit als Führungskraft?
- In welchen Situationen fällt es Dir leicht, im Führungsalltag authentisch zu sein?
- Was verstehst Du unter persönlichem Wachstum?
- Wie schätzt Du Deine eigene Entwicklung und Dein Wachstum in der Vergangenheit ein?
- Hast Du das Gefühl, dass bei Dir persönliche Voraussetzungen und Anforderungen der Stelle zusammenpassen?
- Gibt es etwas, was Du Dir von Dir selbst oder Deinem Unternehmen wünschst?
- Gibt es etwas, was Du ändern möchtest? Dann schreibe es Dir am besten gleich auf.

3.4.3 Driver #3: Be connected & inspire! – Sei verbunden und inspiriere!

»No man is an island, entire of itself;
every man is a piece of the continent, a part of the main.«
(John Donne, 1654)

»Be connected …!« Wir können nicht alleine wachsen und nur wer verbunden ist, kann führen. Wir sind auf die Verbindung zu unserer Umwelt und auf die Inspiration anderer angewiesen, um unser volles Potenzial zu errei-chen. Gute Führungskräfte werden von ihren Teams und Mitarbeitenden als visionäre Richtungsgeber und glaub-würdige Entscheidungsträger genauso anerkannt und akzeptiert wie als konsequente Repräsentantinnen des Regelwerks der Organisation und als persönliche Coa-ches sowie Mentoren und Mentorinnen. Dies schaffen sie auf Grundlage von beson-ders in Krisenzeiten gefragten belastbaren **menschlichen Verbindungen**, sprich **gesunden sozialen Beziehungen**. Hinzu kommen mit dem Ziel einer »Connected Company«[75] die Förderung der agilen, technologisch unterstützten, transparenten und auf Bedarf auch moderierten Vernetzung der Mitarbeitenden und Teams unterei-nander und mit externen Stakeholdern.

»… and inspire!« Doch Führung ist nicht nur Fürsorge und Schutz, Ordnung und Ver-netzung, sondern sie schafft auch ein Klima, indem sich die Mitarbeitenden wohl und zugehörig fühlen. Führungskräfte erkennen die Stärken und Potenziale im Team, sie motivieren und inspirieren die Geführten, diese auch zu nutzen und auszuschöpfen, sodass »High Performance Teams« entstehen können.

Bloße Information und Beeinflussung ist zu wenig. **Menschen suchen nach »Inspira-tion«,** also nach emotional aufgeladenen und »beseelten« Botschaften, um (sich und andere) für einen gemeinsamen Zweck zu motivieren und im Verbund Höchstleistung zu erbringen.

Führungstipps zu Driver #3:

- Für die Verbundenheit sind Vertrauen und das richtige Maß an Nähe wichtig, um Empathie entstehen zu lassen. Wenn Sie Ihre Mitarbeitenden und Teams wirklich kennen und Ihre »Antennen« die richtigen Stimmungen einfangen, dann fällt Ihnen die Inspiration viel leichter: Sie wissen, was wichtig und richtig ist und Ihre Mitarbeitenden vertrauen und folgen Ihnen. Beides greift Hand in Hand und Sie können beides durch Selbstreflexion und Feedback entwickeln.
- Nur wer verbunden ist, kann führen. Sind Sie tatsächlich »connected«? Wie sind die Beziehungen zu Ihren Kolleginnen und Kollegen? Kennen Sie Ihr Team wirklich? Was kommt von Ihren Mitarbeitenden zurück? Kümmern Sie sich aktiv um eine gute Vernetzung des Teams, nach innen und nach außen?

---

75 Vgl. Gray, Dave/Vander Wal, Thomas (2012): The Connected Company. Beijing u. a.

- Verfassen Sie Ihre Botschaften als Führungskraft immer inspirierend, mit Spirit, Feuer und Seele.

Deine persönliche Reflexion zu Driver #3:

Der Driver #3 »Be connected & inspire!« ist mit der Welt des People Empowerment (Leadership Cluster 3) verknüpft. Diese Grundhaltung erinnert Führungskräfte daran, dass gelebte Verbundenheit und Vernetzung die Grundlage ist für eine erfolgreiche Zusammenarbeit.

Bitte versetze Dich jetzt gedanklich an Deinen Arbeitsplatz und in Deinen Führungsalltag hinein:

- Was verbindest Du mit der Grundhaltung »Be connected & inspire!«?
- Gibt es für Dich einen Unterschied zwischen Verbundenheit und Beziehung?
- Welcher Mensch hat Dich beruflich inspiriert? Welche Wirkung hatte das auf Dich?
- Wo gelingt es Dir, Menschen durch Inspiration zu bewegen? Wo nicht? Warum?
- Wie vernetzt bist Du außerhalb Deines Teams?
- Was gelingt Dir in der Beziehungsgestaltung nicht immer gut?
- Gibt es etwas, was Du ändern möchtest? Dann schreibe es Dir am besten gleich auf.

3.4.4 Driver #4: Be agile & adapt! – Sei beweglich und passe Dich (neuen Gegebenheiten) an!

»Wer nichts verändern will, wird auch das verlieren, was er bewahren möchte.«
(Gustav Heinemann, dt. Bundespräsident 1969-74)

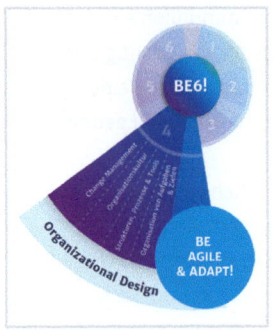

»Be agile …!« Mit dem Begriff der Agilität wird vieles auf einen Nenner gebracht, was heute als erfolgsversprechendes (Führungs-) Verhalten im neuen Modell der Arbeit (»New Work«) gefordert wird. In erster Linie sind dies Flexibilität und Anpassungsfähigkeit an die neuen Gegebenheiten der digitalisierten Businesswelt mit ihren rasant beschleunigten Geschäftsprozessen. Agilität bedeutet auch, Veränderungen mit offenen Armen zu begrüßen, sich schrittweise anzupassen und stetig die Richtung zu prüfen. Es umfasst Werte wie Offenheit,

Mut und Respekt. Es benötigt Fokus und Kommunikation. Es erfordert Selbstreflexion und das Lernen aus Fehlern.

»… and adapt!« Doch »Be agile!« meint nicht flexible Beliebigkeit und passives Mitschwimmen, sondern es fordert uns dazu auf, reaktiv, flexibel und anpassungsfähig und gleichzeitig proaktiv, initiativ und antizipativ zu handeln. Ohne Agilität kann auch die notwendige Adaption, also die erfolgreiche Anpassung, an die sich verändernden Umwelten nicht gelingen. Also kein Einordnen in ein vorbestimmtes, vorhandenes Schema, das wäre »Assimilation«, sondern beständiges und agiles Suchen nach Lösungen im Spannungsfeld eigener Möglichkeiten und externen Rahmenbedingungen. Anpassung bedeutet immer auch Entwicklung. In einer komplexen Welt geschieht dies durch stetiges Lernen.

Was bedeutet dies nun für Führungskräfte und Organisationen? Je volatiler, unsicherer, komplexer und mehrdeutiger das Umfeld ist, desto mehr Spannungsfelder sind zu managen, desto mehr Anpassungsdruck herrscht im Unternehmen. Wann anpassen, wann die Initiative ergreifen?

Hier kommt die **Führung** ins Spiel und unterstützt die Geführten, indem sie ihnen **im Rahmen transparenter Kommunikation über die strategische Ausrichtung höchstmögliche Entscheidungsfreiheit, dezentrale Führung und Selbstorganisation** ermöglicht. So können Teams mit hoher Eigenverantwortung flexibel, schnell und marktorientiert auf Veränderungen reagieren. Unternehmen sind insgesamt erfolgreicher, wenn sie es gleichzeitig schaffen, die strategischen Bühnen (Vision, Mission, Strategie) gut zu bespielen und ihre agilen Bewegungen mit den langfristigen Manövern in eine gute Balance zu bringen.

Führungstipps zu Driver #4:

- Als agile Führungskraft gewähren Sie dezentral hohe Entscheidungsautonomie innerhalb der vereinbarten Visionen und Ziele. Sie verstehen Anpassung als Entwicklung und unterstützen das beständige Lernen Ihres Teams.
- Als agile Führungskraft passen Sie sich immer wieder an neue Rahmenbedingungen an, indem Sie Veränderungsprozesse starten und unterstützen. Dies funktioniert in der Umsetzung nur mit einem klaren Entwicklungsrahmen und viel Vertrauen in Ihr Team.

Deine persönliche Reflexion zu Driver #4:

Der Driver »Be agile & adapt!« ist verknüpft mit der Welt der Organisationsgestaltung (Organizational Design – Leadership Cluster 4) und unterstützt Führungskräfte, im Spannungsfeld zwischen Agilität und traditionellen Vorgehensweisen sowie zwischen Effizienz und Fortschritt gut zu managen.

Bitte versetze Dich jetzt gedanklich an Deinen Arbeitsplatz und in Deinen Führungsalltag:

- Was verbindest Du mit der Grundhaltung »Be agile & adapt!«?
- Inwieweit ist in Deinem Führungsbereich ein inhaltlicher Orientierungsrahmen (»Leitplanken«) vorgegeben?
- Besteht gleichzeitig eine hohe dezentrale Entscheidungsautonomie im Team?
- Wie funktioniert das für Dich?
- Wo liegt in Deinem Alltag Dein Schwerpunkt? Im flexiblen Reagieren auf Situationen und Anforderungen oder im vorausschauenden Gestalten?
- Wie gut gelingt Dir die Balance?
- Gibt es etwas, was Du ändern möchtest? Dann schreibe es Dir am besten gleich auf.

3.4.5 Driver #5: Be active & deliver! – Sei aktiv und liefere!

> »Es gibt nichts Gutes außer: Man tut es.«
> (Erich Kästner)

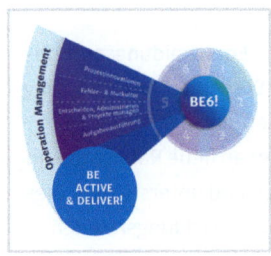

Be active …!« Erfolgreiche Führungskräfte und Managerinnen sind auch immer mutige Macher und kreative Umsetzerinnen. Sie lieben es, Ergebnisse ihrer Arbeit zu sehen, sei es, wenn die Planung endlich zur Ausführung kommt und Produkte ausgeliefert werden, welche Anwender und Anwenderinnen schätzen oder wenn interne oder externe Kunden ihre Dienstleistungen und Prozesslösungen einsetzen und damit effektiver und effizienter werden.

»… and deliver!« Moderne Leader nutzen ihren »Macherimpuls«, gehen pragmatisch und aktiv in die Führung, entscheiden und liefern Ergebnisse. Ohne den Drive einer Führungskraft verpuffen Anstrengungen und Ressourcen leider häufig. Ohne Operationalisierung bleiben Visionen, Ziele, Pläne und Projekte ergebnislos.

Im Entwicklungsansatz des »Design Thinking« ist das bereits umgesetzt. Hier stehen Nutzen, Umsetzbarkeit und Marktfähigkeit eines Produktes im Mittelpunkt. Dabei wird die oft große, da kostspielige Hürde der Realisierung einer Produktidee durch das Prototyping gelöst. Schnelligkeit, Einfachheit und Kundenfeedback sind wichtiger als Perfektion.[76]

In den Führungsalltag übertragen bedeutet dies, sich immer wieder mutig, kreativ und eng am Kundenwunsch mit den Produkten und Prozessen auseinanderzusetzen um sich so beharrlich und aktiv einem verkaufsfähigen Ergebnis anzunähern. Führung ermutigt zur kreativen Umsetzung und treibt die Realisierung innerhalb der Produktions- und Leistungserstellungsprozesse an, wobei die Kundenlösungen ständig anhand möglichst ungefilterter Feedbacks herausgefordert und kalibriert werden.

Führungstipps zu Driver #5:

* Führung muss (und will) Ergebnisse liefern. Ohne Umsetzung verpuffen Anstrengungen, Ideen, Motivation und Ressourcen. Ohne Operationalisierung bleiben Visionen, Ziele, Pläne und Projekte ergebnislos.
* Das Verhalten des Leaders ist Beispiel für das Team. Nutzen Sie das: Wenn Sie Erfolge generieren, dann feiern Sie dies mit dem Team und motivieren Sie durch Ihr Handeln andere zum Nachahmen.
* Seien Sie präsent und erfolgsorientiert. Fördern, fordern und unterstützen Sie Ihre Mitarbeitenden jeden Tag. Sie entscheiden durch Ihr Verhalten, wie Ihr Team Maßnahmen umsetzt oder wie aktiv und mutig sie sind, wenn etwas Neues versucht werden soll.
* Eine aktive Haltung zu mutigen Versuchen und eine gesunde Einstellung zur Leistung sind wichtig, um als Leader ein Motor für ständige Optimierung und nachhaltigen Erfolg zu sein.

Deine persönliche Reflexion zu Driver #5:

Der Driver »Be active & deliver!« ist verknüpft mit der Welt des operativen Managements (Operation Management – Leadership Cluster 5). Der Fokus liegt auf dem Tun und Umsetzen. Die Grundhaltung des Drivers erinnert Führungskräfte daran, aktiv die Umsetzung voranzutreiben und diese durch gut laufende Entscheidungsprozesse und eine positive Mut- und Fehlerkultur zu unterstützen.

76   Vgl. Hasso Plattner Institut: Was ist Design Thinking?. https://hpi.de/school-of-design-thinking/design-thinking/was-ist-design-thinking.html. Abrufdatum: 21.10.2023.

Bitte versetze Dich jetzt gedanklich an Deinen Arbeitsplatz und in Deinen Führungsalltag:

- Welche Bedeutung und welche Erfolgsfaktoren siehst Du in der Grundhaltung »Be active & deliver!«?
- Was bedeutet »liefern« für Dich als Führungskraft? Was lieferst Du in Deiner Rolle?
- Wie aktiv erlebst Du Dich selbst in der Führung dabei, dem Team die kontinuierliche Aufgabenausführung und das Liefern von Ergebnissen zu ermöglichen?
- Was hindert Dich im Alltag daran, diesen Driver zu leben und welche Lösungen hast Du dafür schon gefunden?
- Welche innere Haltung ermöglicht es Dir, die Handlungs- und Entscheidungsspielräume des Teams so zu maximieren, dass das Team effizient arbeiten und liefern kann?
- Wie lebst Du Deinen »Macherimpuls« in Deiner Führungsrolle?
- Was gefällt Dir gut?
- Gibt es etwas, was Du ändern möchtest? Dann schreibe es Dir am besten gleich auf.

3.4.6 Driver #6: Be reflective & learn! – Sei reflektiert und lerne!

»We do not learn from experience … we learn from reflecting on experience.«
(John Dewey)

»Be reflective …« Führung heißt, immer mindestens auf zwei Ebenen zu agieren und zu denken: Auf der konkreten Ebene des aktuellen Handelns und der greifbaren Ergebnisse und gleichzeitig auf einer Metaebene, auf der dieses Geschehen und die begleitende Kommunikation beobachtet und reflektiert wird. Laufende Reflexion ist notwendig, um die erzielten Resultate materiell und immateriell sowie kurz- und langfristig einzuordnen, konstruktives Feedback zu geben und angemessen zu reagieren. Reflexion, Evaluation und Controlling sind zentrale Prozesse der Selbst- und Fremdführung. Sie dienen der stetigen Optimierung des betrieblichen Handelns und sind Grundlage für individuelles und organisatorisches Lernen im Unternehmen. Führung macht die Meta-Ebene besprechbar, führt sie ins Team und in die Prozesse ein. Reflektierte Führungskräfte erzeugen lernende Teams und ermöglichen eine lernende Organisation.

»… and learn!« Eine reflektierte Haltung und die selbstgesteuerte, kontinuierliche Evaluation von Kontext, Input, Prozess und Ergebnis sind die Grundlage für echtes Lernen. Ohne sie werden Lernchancen ausgelassen und Performanceerhöhungen versäumt. Es drohen Stagnation und Rückschritt. Der Lernimpuls ist notwendig, um die gewonnenen Erfahrungen in ein neues Verhalten zu überführen. Reflexion und Lernen sind die Voraussetzungen, um auf einer höheren Ebene in den nächsten Führungs- und Managementzyklus einzusteigen und sich so spiralförmig nach oben zu bewegen.

Nicht zuletzt denken innovative und erfolgreiche Führungskräfte und Manager sozusagen auf einer »Metaebene 2. Ordnung« auch laufend über ihre eigene Reflexion nach, mit dem Ziel, die eigenen Evaluations- und Steuerungsmechanismen wiederum zu schärfen und zu verbessern.

> **Führungstipps zu Driver #6:**
>
> - Eine reflektierte Haltung und die selbst gesteuerte, laufende Evaluation von Kontext, Input, Prozess und Ergebnis sind die Grundlage für echtes Lernen.
> - Es liegt in Ihrer Verantwortung als Führungskraft, die eigene Arbeitsweise kritisch zu reflektieren und dafür zu sorgen, dass die Arbeitsprozesse im Team regelmäßig evaluiert werden.
> - Probieren Sie immer wieder Neues aus, auch wenn manches schiefgeht. Misserfolge sind Chancen, um daraus zu lernen.
> - Wenn Sie mit der eigenen Arbeit unzufrieden sind, gehen Sie beim nächsten Mal anders vor.
> - Nutzen Sie Feedback wo immer möglich. Es ist eine der wichtigsten Quellen, um zu lernen.

> **Deine persönliche Reflexion zu Driver #6:**
>
> Der Driver »Be reflective & learn!« ist mit der Welt des Leistungsmanagements (Performance Management – Leadership Cluster 6) verknüpft. Die Grundhaltung »Be reflective & learn!« ist die Ausrichtung, die Dich antreibt, durch selbst gesteuerte Evaluations- und Feedbackprozesse das Lernen aus Erfahrungen zu unterstützen. Damit wächst Deine Wirksamkeit als Führungskraft und Du kannst Chancen auf Performanceerhöhung nutzen.
>
> Bitte versetze Dich jetzt gedanklich an Deinen Arbeitsplatz und in Deinen Führungsalltag hinein:
> - Was verbindest Du mit der Grundhaltung »Be reflective & learn!«?
> - Auf einer Skala von 1–10: Wie wichtig ist für Dich diese Grundhaltung?

- Wo lebst Du die Grundhaltung bereits im Führungsalltag?
- Auf welche Erfolge kannst Du zurückblicken, die aus dieser Haltung entstanden sind?
- Welche Arten von Reflexion und Lernprozessen hast Du für Dich selbst schon implementiert?
- Was kommt immer zu kurz?
- Gibt es etwas, was Du ändern möchtest? Dann schreibe es Dir am besten gleich auf.

Reflexionsübung zum Gesamtbild der Driver

Abbildung 13: Reflexionsübung mit Be6! Drivern (im Training mit Bodenankern)[77]

---

77 Diese Übung mit Arbeitsbereich ist Teil des Be6! Workbooks, welches in den Be6! Trainings verwendet wird. Quelle: Eigene Darstellung.

Bitte versetze Dich jetzt gedanklich an Deinen Arbeitsplatz und in Deinen Führungsalltag und betrachte die sechs Driver insgesamt. Wenn Du magst, kannst Du die Driver auch in großer Schrift auf A4-Blätter schreiben (je Driver 1 Blatt) und vor Dich auf den Boden legen.

- Zu welchem Treiber zieht es Dich in diesem Moment hin? Warum?
- Wenn Du mit Bodenankern arbeitest, stelle Dich auf oder zu diesem Driver hin und spüre nach: Warum fühle ich diesen Driver am stärksten in mir? Was löst dieser aus?
- Wo sind meine Stärken?
- Wo kann ich mich verbessern?
- Zu welchem Treiber zieht es mich noch hin?
- Welche weitere Haltung, die mir vielleicht etwas fremd ist, möchte ich einmal »ausprobieren«? Was will ich verändern?
- Gibt es etwas, was Du ändern möchtest?
- Dann schreibe es Dir am besten gleich auf. Unten findest Du eine Notizenseite dazu.

Meine Notizen zur Driverübung:

Zu welchem Treiber zieht es **mich am stärksten** hin? Warum?

Wo sind vermutlich meine **Stärken**?

Wo kann ich mich **verbessern**?

Was will ich **verändern?** Welche »neue« Haltung will ich einmal ausprobieren?

3.5 Die Be6! Cluster: Führungsbereiche, Führungsfelder, Aufgaben und Kompetenzen

Vorbemerkungen
Im Außenkreis des Be6! Leadership Frameworks befinden sich die wesentlichen Auf-gabenbereiche von Management und Führung, die sechs **Be6!** »**Führungscluster**«: **Strategy Management** → **Self Development** → **People Empowerment** → **Organiza-tional Design** → **Operation Management** → **Performance Management**.

Diese kurz »Be6! Cluster« genannten Führungsbereiche
- **bilden einen Kreislauf**, d.h. bei wiederholtem Durchlauf mit laufender Reflexion entwickeln sich die Protagonisten kontinuierlich weiter, d.h. es geschehen Ler-nen, Reifung und Wachstum;

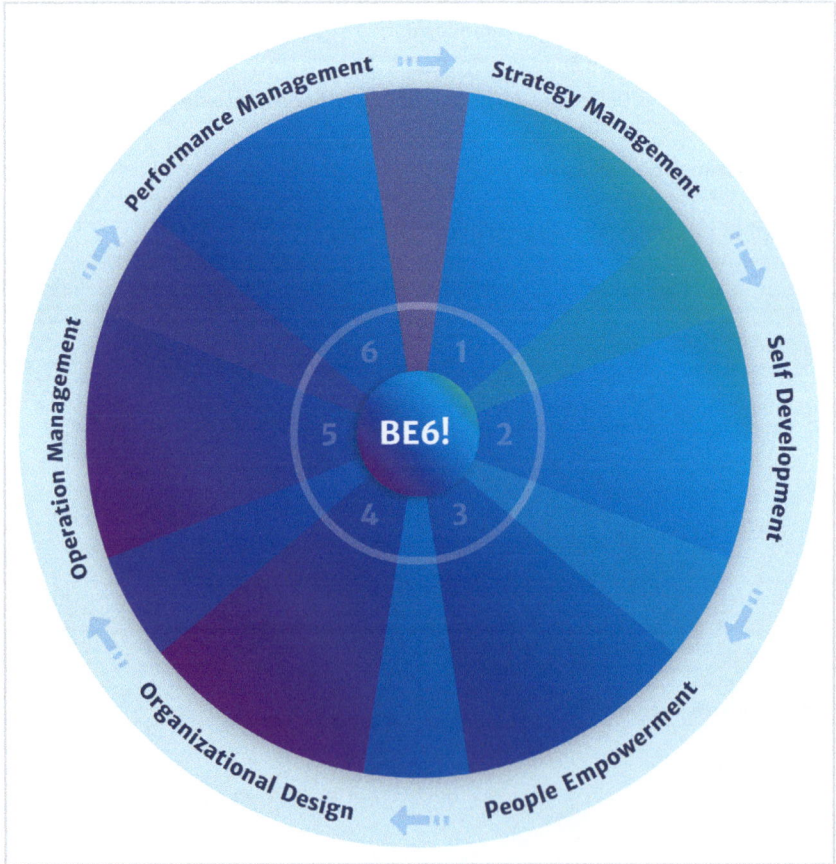

Abbildung 14: Be6! Leadership Framework – Die sechs Führungscluster[78]

---

78   Quelle: Eigene Darstellung.

- **beinhalten harte Business- und weiche People-Faktoren**;
- **bilden unterschiedliche Managementperspektiven ab**, von operativ bis strategisch;
- **können auf alle Führungsebenen bezogen werden**: auf Mitarbeitende, die ausschließlich sich selbst führen über temporäre Leader und Teamleiter bis zu Führungskräften der obersten Ebene (C-Level), welche oft auf die strategische Führung reduziert werden, aber ebenfalls in allen Aufgabenbereichen, bezogen auf ihre Ebene, gefordert sind.

Das Be6! Leadership Framework verdeutlicht, dass Führungskräfte anstreben sollten, in ihrem Denken, Entscheiden und Handeln immer alle sechs Führungscluster im Blick zu behalten und deren Verbundenheit zu berücksichtigen. Das Ziel ist, das Zusammenspiel der Cluster zur Erhöhung der Performance zu optimieren.

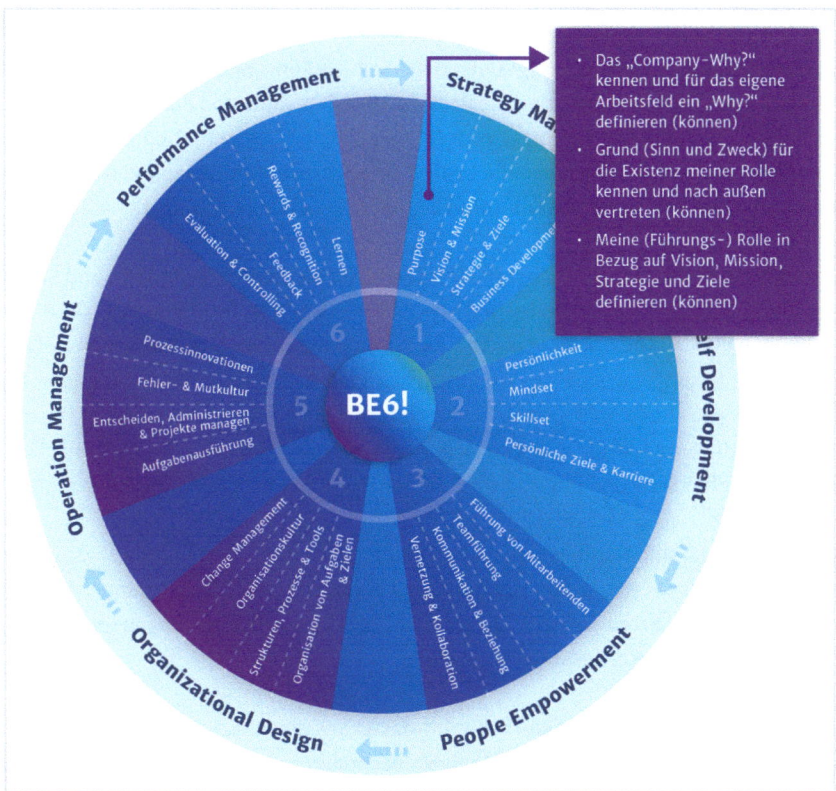

Abbildung 15: Be6! Leadership Framework – 24 Führungsfelder mit Detailbeispiel[79]

Im Innenkreis sind **jedem der sechs Führungscluster als Schwerpunkte vier Führungsfelder** zugeordnet. So ergeben sich insgesamt **24 »Führungsfelder«**.

---

79   Quelle: Eigene Darstellung.

Für alle **Führungsfelder** sind in einem weiteren, nicht im Modell visualisierten Detaillierungsgrad, **3–5 zentrale Aufgaben** definiert. Diese sind so formuliert, dass sie mit einem Zusatz des Modalverbs »können« zu **operationalisierten Skills** werden. Sie beschreiben dann beobachtbare bzw. messbare Kenntnisse, Möglichkeiten, Fähigkeiten und Fertigkeiten. Hier ein Beispiel:

Zentrale Aufgaben im Führungsfeld Purpose (+ »können« = entsprechende Skills)
- Das »Company-Why?« kennen und für das eigene Arbeitsfeld ein »Why?« definieren (können).
- Grund (Sinn und Zweck) für die Existenz der eigenen Rolle kennen und nach außen vertreten (können).
- Eigene (Führungs-) Rolle in Bezug auf Vision, Mission, Strategie und Ziele beschreiben (können).

Die **operationalisierten Führungsskills** zeigen, ob die Führungskraft diese spezifische Aufgabe ausführen kann. Sie sind die **Basic Leadership Skills** und das Fundament der **sechs Basic-Leadership-Kompetenzen** (siehe Abschnitt 2.5 und Abbildung 6 oben). Im Abschnitt 3.5.7 unten werden die beiden Kompetenzbereiche dann in einem **Be6! Kompetenzmodell für Next Generation Leadership** zusammengeführt.

Zuerst werden die einzelnen **Cluster mit ihren Führungsfeldern, Aufgaben und Skills** beschrieben. Auch hier ergänzen ausgewählte **Praxistipps für Führungskräfte** die Darstellung. Es ergibt sich eine umfangreiche **Checkliste**, ein **Framework** an Aufgaben, Skills, Lösungsbausteinen und Entwicklungsformaten, welche sich im Rahmen der Führungskräfteentwicklung für verschiedene Anwendungen aufbereiten lassen, so z. B. für die Entwicklung und Matching von Kompetenzmodellen oder als Checklisten für die inhaltliche und methodische Aufbereitung von Entwicklungsprogrammen.

Das Be6! **Leadership Framework** ist als grundlegendes und offenes Ordnungsmodell so gestaltet, dass es sich entlang bestimmter Leitplanken und Überzeugungen im Sinne einer »strukturierten Freiheit«[80] agil auf die Fragestellungen und Gegebenheiten im Unternehmen anpassen lässt.

Zur Umsetzung bietet sich ein **Workshopformat** an, bei dem die einzelnen Fragestellungen, Aufgaben und Kompetenzen des Be6! Leadership Frameworks entlang einer bestimmten Fragestellung oder in Bezug auf eine bestimmte Zielgruppe im Unternehmen hin durchdekliniert werden, um einen unternehmenseigenen Ansatz zu entwickeln oder ein bestehendes Führungsmodell zu aktualisieren und zu modernisieren. Dieses Vorgehen wird in Abschnitt 4.4 beschrieben und mit einem Praxisbeispiel illustriert.

---

80   Diesen Ausdruck verdanke ich meinem geschätzten ehemaligen Kollegen Ole Kersten. Vgl auch sein Whitepaper unterhttps://www.haufe-akademie.de/ressourcen/evolve/wp-strukturierte-freiheit. Abrufdatum: 07.11.2023.

3.5.1   Führungscluster #1: Strategy Management – Strategisch denken und handeln

»Strategy is not the consequence of planning,
but the opposite: its starting point.«
(Henry Mintzberg)

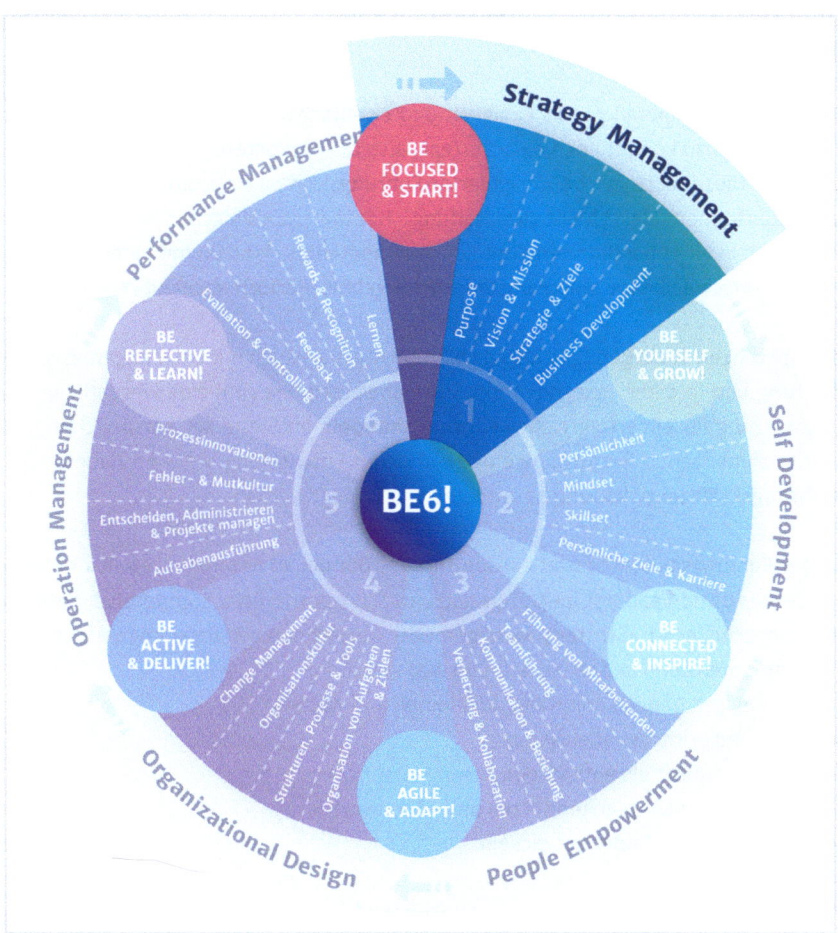

Abbildung 16: Führungscluster #1: Strategy Management im Be6! Leadership Framework[81]

Das Führungscluster #1 »**Strategy Management**« adressiert alle grundlegenden und langfristigen Führungs- und Managemententscheidungen. Diese beginnen immer mit einem Ziel. Führungskräfte benötigen eine **Zielkompetenz**, die sich im **strategischen**

---

81   Quelle: Eigene Darstellung.

Denken und Handeln manifestiert. Es ist die Fähigkeit und Bereitschaft der Führungs-kraft, sich aus dem hier und jetzt lösen zu können, sich vom Führungsalltag zu dissozi-ieren und auf einer Metaebene nach- und vorauszudenken. Um zu erkunden, wozu es die Organisation, das Team, die Stelle (überhaupt) braucht, wohin es gehen und was erreicht werden soll und vieles mehr.

Dazu müssen Führungskräfte ihre Perspektive verändern, sich fokussieren und etwas anfangen, etwas unternehmen. »**Be focused & start!**« heißt somit auch die **korres-pondierende Haltung (Driver #1).**

Kompetenz definieren wir als Fähigkeit <u>und</u> Bereitschaft, als das »Können« und das »Wollen«. Hinzu kommt noch das »Dürfen«, also die Kompetenz im Sinne der Zustän-digkeit.[82] Diese setzen wir bei designierten Führungskräften als positionsbestimmt vo-raus. Zusammengefasst heißt dies: Haltung + Kompetenz + zielgerichtetes, sichtbares Verhalten in einer bestimmten Situation = kompetentes Handeln mit einer bestimm-ten Haltung, welches zu einem bestimmten Ergebnis (Performance) führt.

Kompetenzen allein genügen also nicht, man muss sie auch mit einer angemessenen **Haltung** und in einer passenden **Situation** einsetzen. Sie sind eine wesentliche Vo-raussetzung für ein erfolgreiches **Führungshandeln** im Sinne der persönlichen und unternehmerischen **Performance** und auf deren Entwicklung sollte im Rahmen der **Führungskräfteentwicklung** besonderen Wert gelegt werden.

Jedes Führungscluster besitzt ein spezifisches Bündel an Kompetenzen. Wir nennen diese die »**Basic-Leadership-Kompetenzen«.** Das erforderliche Kompetenzbündel im Führungscluster #1 »**Strategy Management**« bezeichnen wir zusammenfassend als **Zielkompetenz** und fassen darunter im Wesentlichen:
- strategisch Denken und Handeln (können und wollen)[83],
- Sinn und Purpose reflektieren,
- Visionen und Ziele entwickeln,
- zielgerichtet Leitplanken setzen und »durchsetzen«,
- neue Geschäftsfelder entwickeln.

Im Folgenden werden die einzelnen **Führungsfelder** kurz beschrieben und die zuge-ordneten zentralen **Führungsaufgaben** und -**skills** beschrieben. **Ausgewählte Praxis-tipps mit Tools und Literaturempfehlungen** ergänzen die Darstellung.

---

82   Vgl. Beck, Simon (2015): Skill-Management. Konzeption für die betriebliche Personalentwicklung. Wiesbaden. S. 77.

83   Die Fähigkeit (können) und die Bereitschaft (wollen) sind die beiden Hauptbestandteile jeder Kompetenz und werden hier nur einmal ergänzend angegeben. Für alle folgenden Kompetenzen können sie entsprechend mitgedacht werden.

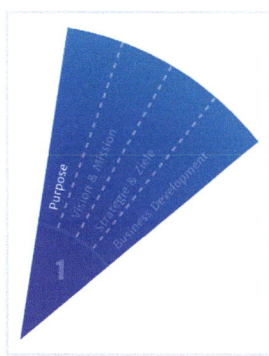

Führungsfeld #1.1: Purpose – Sinn und Zweck der Organisation/des Teams/meiner Stelle

Der **Purpose** beschreibt, zu welchem Sinn und Zweck, kurz, warum eine Organisation existiert und welchen positiven Beitrag sie für die Gesellschaft, die Wirtschaft und die Menschen leisten kann. Auf der individuellen Ebene geht es um die Antwort auf die Frage, warum wir das machen, was wir tun.

Es gibt zwei Dimensionen oder Ebenen von **Purpose**:[84]

Auf einer **emotionalen Ebene** erzeugt alles, was als sinnvoll erlebt wird, in uns eine innere Kraft und versorgt uns mit Energie. Ohne das Gefühl von Sinn fehlt uns ein wesentlicher Beitrag zum Wohlbefinden und zu einem gesunden glücklichen Leben.

Auf einer **sachlichen Ebene** ist Sinn ein Bezugspunkt für die Orientierung in grundlegenden Fragen. In den turbulenten Zeiten der Transformation zur digitalen Gesellschaft und Wirtschaft mit ihren komplexen Situationen und vielfältigen Anforderungen steigt der Bedarf für Next Generations Leaders, den Sinn und Zweck des eigenen Handelns zu schärfen und ihn als Navigationshilfe zu nutzen.

In der modernen Führung beinhaltet das strategische Management das Wissen und auch das Leben des Purpose. Sowohl emotional als auch sachlich, sowohl auf der Unternehmensebene als auch auf der Teamebene und individuell.

Zentrale Aufgaben (und Skills) in diesem Führungsfeld[85]

1.1.1 Das »Company-Why?« kennen und für das eigene Arbeitsfeld ein »Why?« definieren (können)

1.1.2 Grund (Sinn und Zweck) für die Existenz der eigenen Rolle kennen und nach außen vertreten (können)

1.1.3 Eigene (Führungs-) Rolle in Bezug auf Vision, Mission, Strategie und Ziele definieren (können)

---

84 Vgl. Fink, Franziska/Moeller, Michael (2018): Purpose Driven Organizations. Sinn – Selbstorganisation – Agilität. Stuttgart. S. 24.

85 Das Modalverb »können« wird in diesem Führungsfeld an die zentralen Aufgaben angehängt, um beispielhaft zu zeigen, wie dadurch aus der Aufgabe ein operationalisierter Skill entsteht. In den zentralen Aufgaben der weiteren Führungsfelder kann es entsprechend mitgedacht werden, um aus der Aufgabe ein Skill zu formen.

Praxistipp für Führungskräfte:

→ Identifizieren Sie Ihren Purpose mit hilfreichen Modellen und Tools!
Der amerikanische Unternehmensberater, Speaker und Managementautor Simon Sinek erklärt in »**Start with Why**«[86], wie Unternehmen und Führungskräfte mit dem »**Golden Circle**« ihren »**Warum-Faktor**« entdecken können, also den Grund, warum sie tun, was sie tun. Der **Golden Circle** ist ein inspirierendes Werkzeug für Führungskräfte, die nach einem tieferen Sinn und Zweck in ihrer Arbeit suchen. **Start with Why** bietet zudem praktische Anleitungen und Fallstudien, um den Purpose eines Unternehmens oder eines Teams zu identifizieren und umzusetzen.

Als alternatives Tool kann auch das **Team Purpose Canvas**[87] eingesetzt werden. Es kann Führungskräfte und ihren Teams als Schablone dienen, an der sie sich bei der Entwicklung ihres Team-Purpose entlanghangeln können. Karlheinz Illner favorisiert die **Spiral Dynamics** von Clare W. Graves und die **Wertedimensionen von Robert S. Hartman**.[88] Das **Ikigai-Diagramm** eignet sich für die Identifikation des persönlichen Purpose.[89]

Führungsfeld #1.2: Vision und Mission
Vision und Mission sind zentrale Zielkategorien und strategische Leitplanken im Unternehmen. Die **Vision** ist der Nord- oder Leitstern für die Entwicklung des Unternehmens – eine langfristige, inspirierende und idealistische Vorstellung und ein attraktives, anspruchsvolles, teilweise noch schemenhaftes aber trotzdem glaubwürdig erreichbares Zukunftsbild, welchem die Organisation entgegenstrebt. Ein Beispiel dafür ist das **Vision Statement von Tesla**: »To create the most compelling car company of the 21st century by driving the world's transition to electric vehicles.«[90]

86 Sinek, Simon (2011): Start with Why. How Great Leaders Inspire Everyone to Take Action. London.
87 Razetti, Gustavo: Team Purpose Canvas. https://www.sessionlab.com/methods/team-purpose-canvas. Abrufdatum: 21.10.2023.
88 Vgl. Illner, Karlheinz (2021): Purpose, Sinn und Werte. Das »Warum« als Leuchtturm in der digitalen Transformation. Haufe. S. 45–70.
89 Eine Anleitung findet sich z. B. hier: https://emanuelhacker.com/ikigai-den-sinn-des-lebens-finden-in-7-schritten/. Abrufdatum: 21.10.2023.
90 Pereira, Daniel (2023): Tesla Mission and Vision Statement. https://businessmodelanalyst.com/tesla-mission-and-vision-statement/. Abrufdatum: 01.09.2023.

Eine **Mission** hingegen ist eine konkrete Aussage darüber, was ein Unternehmen tut, um seine Vision zu verwirklichen. Sie beschreibt die Hauptaktivitäten, Produkte oder Dienstleistungen, die das Unternehmen anbietet, um seinen Zweck zu erfüllen. Eine Mission gibt die strategische Ausrichtung vor und definiert den Handlungsbereich des Unternehmens. Es sind aus Purpose und Vision abgeleitete **Leitthemen**, möglicherweise schon mit einem Hinweis auf die Art der Durchführung. Ein Beispiel dafür ist die Mission von Google: »Die Informationen dieser Welt organisieren und allgemein zugänglich und nutzbar machen.«[91]

Führungskräfte sind das kommunikative Medium für die organisationalen Botschaften und Ziele sowie Multiplikatoren und Katalysatoren für gewünschte Entwicklungen im Unternehmen. **Sie sind somit immer Brückenbauer**, horizontal zwischen Abteilungen und Bereichen, vor allem aber vertikal, zwischen der Geschäftsführung und den Mitarbeitenden. Die eher abstrakten und umfassenden Botschaften aus der Geschäftsführung wie Purpose, Vision, Mission und Strategie müssen durch die Führungskräfte **übersetzt und mit Inspiration und Überzeugung in die operativen Bereiche hineingetragen, abgeglichen (synchronisiert) und kommuniziert** werden, sodass sie im Tagesgeschäft durch die Teams und Mitarbeitenden auch gelebt und umgesetzt werden können. Die Mitarbeiter sollten verstehen, wohin sich das Unternehmen entwickeln möchte und wie ihre individuellen Ziele dazu beitragen.

In der VUCA-BANI-Welt unserer Zeit benötigen wir Visionen zur Orientierung. Dies ist umso wichtiger, da sich in der umfassenden digitalen, ökonomischen, ökologischen und sozialen Transformation die Anforderungen an Führungskräfte deutlich verändern.

Zentrale Aufgaben (und Skills) in diesem Führungsfeld

1.2.1 Visionsentwicklung im Team moderieren und mit Company-Vision synchronisieren

1.2.2 Company- und Teamvision mit persönlicher Vision abgleichen und ggf. Konflikte klären

1.2.3 Aus Purpose und Vision die Mission, d. h. das Leitthema, den zentralen Auftrag für die betrachtete Einheit ableiten

---

91   https://about.google/. Abrufdatum: 01.09.2023.

Praxistipp für Führungskräfte:

→ **Definieren Sie mit Ihrem Team Ihre eigene Mission und Vision!**
Es gibt zahlreiche Methoden, mit denen Sie gemeinsam mit Ihrem Team Ihre eigene Mission und Vision definieren können, z.B. die im Folgenden beschriebenen Ansätze, die Sie jeweils in Form eines Workshops anwenden können. Mit der **Cover Story Vision Canvas**[92] entwerfen Sie ein Magazin-Cover und entwickeln dabei spielerisch Ihre Vision. Mit der **5 Bold Steps Vision Canvas**[93] entwickeln sie als Team in »fünf mutigen Schritten« gemeinsam Ihre Vision. Der Vorteil dieser Methode ist, dass in Form von »Themes« auch die Mission mitentwickelt wird. Daher ist es empfehlenswert, einen Visionsworkshop mit dem Cover Story Vision Canvas zu beginnen und dann direkt mit dem Bold Steps Vision Canvas weiterzumachen.

Achten Sie bei der Durchführung eines **Mission/Vision-Workshops** auf folgende Elemente:

- **Zeit**: 4–6 Stunden
- Ungeteilte **Aufmerksamkeit**: Vereinbaren Sie, dass Laptops, Smartphones und Tablets ausschließlich in den Pausen verwendet werden.
- Guter **Ort**: im Idealfall außerhalb Ihrer Firmenräume, um den Teilnehmenden Abstand zum Tagesgeschäft zu ermöglichen
- Passendes **Material**: Klebezettel, Boards zum Anpinnen und Beschreiben, Stifte
- Transparente **Struktur**: Sorgen Sie für eine Moderation und eine stets gut sichtbare Agenda mit grober Zeiteinteilung.
- Greifbare **Ergebnisse**: Vereinbaren Sie zu Beginn, welches konkrete Ergebnis in welcher Form am Ende der Veranstaltung vorliegen soll

---

[92] Vgl. The Grove Consultants International: The Cover Story Vision Canvas, kostenfreier Download unter https://www.designabetterbusiness.tools/tools/cover-story-canvas. Abrufdatum: 21.10.2023.
[93] Vgl. The Grove Consultants International: The Bold Steps Vision Canvas. http://www.designabetterbusiness.tools/tools/5-bold-steps-canvas. Abrufdatum: 28.08.23.

Führungsfeld #1.3: Strategie und Ziele

Die **Strategie** übersetzt Vision und Mission in bewältigbare Dimensionen, die dann in **Ziele** für die Organisationsbereiche »übersetzt« werden. Strategien und abgeleitete Ziele sind Steuerungsinstrumente für Führungskräfte und ihre Teams. Sind Ziele klar und gemeinsam getragen, wirken sie motivierend und handlungsleitend.

Führungskräfte sollten kurzfristiges von langfristigem Denken und operative von strategischen Zielen unterscheiden können. Außerdem ist es sehr hilfreich, wenn sie ihre Arbeit immer wieder auf einem strategischen Hintergrund reflektieren und die Ergebnisse in ihren Arbeitsalltag so einbauen, dass die operativen Führungsentscheidungen strategisch ausgerichtet sind.

Die Anforderungen an Führungskräfte haben sich in der digitalen und agilen Transformation in Bezug auf Strategie und Ziele grundlegend verändert. Im »Old Leadership« haben Führungskräfte langfristige Strategien entwickelt, um daraus Ziele für ihre Teams festzulegen. Diese wurden dann in einem Top-down-Ansatz an die Mitarbeiter kommuniziert und umgesetzt.

Next Generation Leadership verlangt jedoch von den Führungskräften erheblich mehr Flexibilität und Anpassungsfähigkeit. Die Geschwindigkeit des Wandels in der digitalen und agilen Transformation erfordert eine **kontinuierliche Überprüfung und Anpassung der Strategien und Ziele**.

Führungskräfte müssen im Sinne eines »adaptive Leadership« in der Lage sein, schnell auf neue Entwicklungen zu reagieren und ihre Strategien entsprechend anzupassen. Dies ist Teil der **Adaptionskompetenz**, einer Future-Leadership-Kompetenz, mit der die zunehmende Agilisierung aller betrieblichen Prozesse unterstützt werden kann.[94]

---

94   Siehe Abschnitt 2.5 Megatrends und Future-Leadership-Kompetenzen.

Zentrale Aufgaben (und Skills) in diesem Führungsfeld

1.3.1. Strategieentwicklung für den eigenen Bereich moderieren und strategische Ziele vereinbaren

1.3.2 Persönliche Ziele, Team- und Unternehmensziele abgleichen und Zielkonflikte klären

1.3.3 Unternehmensstrategie überzeugend und inspirierend ins Team kommunizieren

1.3.4 Strategien und Ziele kontinuierlich überprüfen und anpassen

Praxistipp für Führungskräfte:

→ Nutzen Sie SMARTe Ziele!

Mit dem Fundament aus Purpose, Vision und Mission sowie einem soliden Verständnis der Unternehmensstrategie können Sie Ihr Team mit minimaler Anleitung eigenständig Ziele entwickeln lassen. Ihre Einmischung sollte sich im Idealfall darauf beschränken, darauf zu achten,

- dass die Ziele vollständig abdecken, was Ihr Team am Ende des Jahres erreicht haben muss,
- dass die Anzahl der Ziele überschaubar ist (je weniger, desto besser) und
- dass die Formulierung der Ziele SMART ist, also
  - **S** – Spezifisch und konkret
  - **M** – Messbar
  - **A** – Ambitioniert
  - **R** – Realistisch
  - **T** – Timed (mit einem klaren Zeitplan hinterlegt)

Als Führungskraft ist es darüber hinaus Ihre Aufgabe, mit Ihrem Team festzulegen, was Sie im Verlauf des Jahres bewusst <u>nicht</u> tun werden. Häufig wird dieser Schritt ausgelassen und im Laufe der Zeit schleichen sich weitere Ziele ein, nicht selten über die Führungskraft selbst. Das führt zu Ressourcenkonflikten und Unklarheit für das Team. Bleiben Sie also nach Möglichkeit bei Ihren einmal definierten Zielen und sorgen Sie im Zweifelsfall dafür, dass neu hinzukommende Ziele bereits vorhandene Ziele ersetzen.

Führungsfeld #1.4: Business Development
Business Development bedeutet die systematische Neu- und Weiterentwicklung von Geschäftsfeldern. Es geht dabei vor allem darum, neue Markt- und Vertriebschancen zu erkennen und diese dann in konkrete Geschäftsmodelle und Strategien umzusetzen.[95]

Die **Lebenszyklen** von Produkten und Dienstleistungen sind, wie oben gesehen, in der digitalen Transformation deutlich kürzer geworden. Daher müssen Geschäftsmodelle laufend auf ihre Zukunftstauglichkeit überprüft werden. Früher konzentrierten sich Führungskräfte oft auf die Optimierung bestehender Geschäftsmodelle und Prozesse. In der digitalen und agilen Transformation ist es nun wichtiger, laufend neue Geschäftsfelder zu identifizieren und zu entwickeln, um wettbewerbsfähig zu bleiben.

Führungskräfte sollten in der Lage sein, Chancen und Potenziale in neuen Technologien und Märkten zu erkennen. Sie müssen heute praktisch in allen Branchen über ein zumindest **grundlegendes Verständnis für digitale Trends und Technologien** verfügen, um diese in ihre Geschäftsstrategie integrieren zu können.[96] Dies erfordert zumeist eine enge Zusammenarbeit mit internen und externen Experten, um innovative Ideen zu generieren und neue Geschäftsfelder zu erschließen.

Zukünftige Geschäftsfelder können **neue oder modifizierte Bereiche** sein. Es kann **einzelne Produkte und Dienstleistungen, einzelne Geschäftsfelder oder auch das Gesamtunternehmen** betreffen. Eine Transformation von Strukturen, Prozessen, Strategie und Kultur kann die Folge sein. Die Entwicklung neuer Geschäftsfelder erfordert Experimentieren und das laufende Ausprobieren neuer Ansätze. Führungskräfte müssen ihre Teams ermutigen, kreativ zu sein und mit »Creability«[97] neue Ideen zu entwickeln. Sie müssen ein Umfeld schaffen, in dem Innovationen gefördert und Fehler als Lernchancen betrachtet werden.

Zur **strategischen Geschäftsfeldentwicklung** (#1.4) benötigt es disruptive Innovationen, im operativen Management sind es Prozessinnovationen (#5.4), für beide braucht es den Mut zum Risiko und zum Scheitern (#5.3) sowie die Bereitschaft, aus Fehlern zu lernen (#6.4).

---

95   Vgl. Kraus & Partner: Business Development. https://www.kraus-und-partner.de/wissen-und-co/wiki/business-development-prozess-berater-beratung-prozesse. Abrufdatum: 21.10.2023.

96   Vgl. Dondi, M. et al. (McKinsey; 2021): Defining the skills citizens will need in the future world of work. Abrufdatum: 23.10.2023. »Digital« ist eine der vier zentralen Skill-Kategorien neben »Cognitive«, »Interpersonal« und »Self-Leadership«.

97   Vgl. Eppler, Martin/Hoffmann, Friederike/Pfister, Roland (2017): Creability. 2. Aufl., Schäffer-Pöschel.

Diese Führungsfelder hängen also eng zusammen, was sich auch im **Konstrukt der »Ambidextrie«** ausdrücken lässt. Die amerikanischen Management-Forscher Michael L. Tushman und Charles O'Reilly beschreiben mit **»Ambidextrous Leadership«** einen Führungsstil, der diesem Spagat Rechnung trägt. Es geht um die Fähigkeit zur »beidhändigen« Führung, welche im Kern darin besteht, im Idealfall **bahnbrechende Innovationen zu entwickeln und gleichzeitig das Kerngeschäft im Fokus zu halten.**[98]

Zentrale Aufgaben (und Skills) in diesem Führungsfeld

1.4.1 Aktuelle Geschäftsfelder laufend auf Zukunftstauglichkeit überprüfen

1.4.2 Geschäftsmodelle neu und weiterentwickeln

1.4.3 Disruptive Innovationen entdecken und entwickeln bei gleichzeitiger Stärkung des Kerngeschäfts durch Prozessinnovationen (Ambidextrous Leadership)

Praxistipp für Führungskräfte:

→ **Nutzen Sie die Business Model Canvas!**
Zur Entwicklung und Beschreibung von Geschäftsmodellen gilt das **Business Model Canvas**[99] nach Osterwalder und Pigneur als Standardformat. Das **Business Model Canvas** zerlegt das Geschäftsmodell in Segmente, die inhaltlich zusammenhängen, aber optisch übersichtlich getrennt nebeneinanderstehen. Auch gibt es eine Reihenfolge zur Erarbeitung der Segmente vor.

In ihrem Hand- und Arbeitsbuch »Business Model Generation« beschreiben Osterwalder und Pigneur die Vorgehensweise sehr anschaulich und bieten eine umfassende Einführung in das Thema.[100] Es gilt als Standardwerk zur Entwicklung von Geschäftsmodellen.

98 O'Reilly III, C.A./Tushmann, M.L. (2004): The Ambidextrous Organization, in: Harvard Business Review, 82 (4), S. 74–81.

99 Free Download unter http://www.designabetterbusiness.tools/tools/business-model-canvas. Abrufdatum: 28.08.2023.

100 Osterwalder, Alexander/Pigneur, Yves (2011): Business Model Generation. Ein Handbuch für Visionäre, Spielveränderer und Herausforderer. New York.

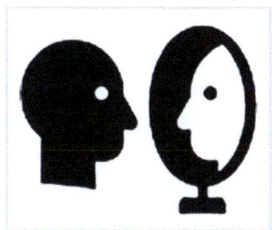

Reflexion

Nach Abschluss eines Führungsclusters folgt nun jeweils ein Übungsteil, welcher auch in Be6! Führungskräfte-entwicklungsworkshops eingesetzt wird. Da sich diese Übungen in der Regel direkt an die teilnehmenden Führungskräfte wendet und wir im Seminar üblicherweise das »Du« verwenden, sind dieser und die folgenden Reflexionsteile im »Du« formuliert.

Deine persönliche Reflexion zum Strategy Management (Auszug)[101]

Versetze Dich bitte beim Lesen der Reflexionsfragen gedanklich an Deinen Arbeitsplatz und in Deinen Führungsalltag. Notiere die möglichen Antworten im Arbeitsbereich.

- Kannst Du den **Purpose**, das Why Deines Unternehmens in max. zwei Sätzen ausdrücken?
- Wie sieht Deine persönliche **Vision** für Dein Arbeitsfeld und Dein Team aus?
- Ziehen alle an einem Strang? Oder: Wie gut gelingt es Dir, Deine persönliche Visionen mit Deinem Team und mit der Unternehmensvision zu synchronisieren?
- Wie lebst Du, wie lebt das Unternehmen die Themen **Strategie und Ziele**?
- Welche erfolgreiche Vorgehensweise hast Du für Ableitung der Unternehmensstrategie und der Ziele auf Deinen Arbeitsbereich gefunden? Wie bindest Du das Team ein?
- Wie gut ist es aus Deiner Sicht gelungen, die persönlichen Ziele, die Teamziele und die Unternehmensziele aufeinander abzustimmen?
- Was ist Dein Erfolgsrezept, wenn Zielkonflikte auftauchen?
- Wie würdest Du das **Geschäftsmodell** Deines Unternehmens/Deines Bereiches in wenigen Sätzen beschreiben? Hast Du den Mut, es auch infrage zu stellen?
- Welche neuen Geschäftsmodelle stellen eine latente Bedrohung für das aktuelle Geschäftsmodell Deines Unternehmens dar? Wie gehst Du damit um?

---

101   Diese und die in den folgenden Kapiteln zitierten persönlichen Reflexionsfragen stammen aus dem Audio-E-Learning »Reflexionsreise für Führungskräfte. Innehalten, reflektieren, wachsen.« Autorin: Christa-Marie Münchow © Haufe Akademie 2023, Infos und Buchung unter https://www.haufe-akademie.de/35531. Abrufdatum: 08.11.2023. Die Reflexionsfragen sind im E-Learning in der Du-Form verfasst und werden für die persönliche Selbstreflexion des Lesers hier so belassen. Wir wünschen Ihnen und Euch für diese Reflexionen spannende Einsichten und viel Erfolg in der Umsetzung ☺

Arbeitsbereich – Notizen zum Führungscluster Strategy Management:[102]

Welche Antworten leite ich **für mich persönlich** ab?

Welche Antworten leite ich **für mein Team/mein Arbeitsfeld** ab?

Welche Antworten leite ich **für unsere Organisation/unser Unternehmen** ab?

3.5.2 Führungscluster #2: Self Development – Sich persönlich weiterentwickeln

> *»Wer führen will, muss erst sich selbst führen können.«*
> (Pater Anselm Grün)

Das Führungscluster »**Self Development**« adressiert alle individuellen Fragen rund um die Persönlichkeit, das Selbstbild und die eigene Entwicklung und Karriere. »**Be yourself & grow!**« heißt der bestimmende Antrieb bzw. die **korrespondierende Haltung (Driver #2).**

Die Aufgaben im Führungscluster »Self Development« sind dabei für jede designierte Führungskraft **zweifach zu sehen**: Schaut sie auf sich selbst, geht es um ihr eigenes, individuelles Selbstmanagement und ihre persönliche Entwicklung. Agiert sie als positionierte Führungskraft, dann schaut sie auf die ihr anvertrauten Mitarbeiten-den und prüft anhand der folgenden Führungsfelder in diesem Cluster, wie sie **deren** Persönlichkeits- und Potentialentwicklung unterstützen kann. Dies ist dann Teil des

---

102 Dieser Arbeitsbereich ist Teil des Be6! Workbooks, welches in den Be6! Trainings verwendet wird. Die dort übliche Du-Form wurde für die persönliche Selbstreflexion des Lesers auch hier so belassen.

Führungsfelds #3.1: Führung von Mitarbeitenden im Führungscluster #3: People Empowerment.

Das erforderliche Kompetenzbündel im Führungscluster #2: »**Self Development**« bezeichnen wir zusammenfassend als **Selbstkompetenz** und fassen darunter im Wesentlichen:

- sich selbst führen, d.h. sich kennen und steuern,
- sich selbst adäquat einschätzen und auf die richtigen Projekte und Themen matchen,
- sich selbst organisieren und managen,
- sich selbst laufend den veränderten Rahmenbedingungen anpassen, d.h. beständig Neues lernen und sich weiterentwickeln.

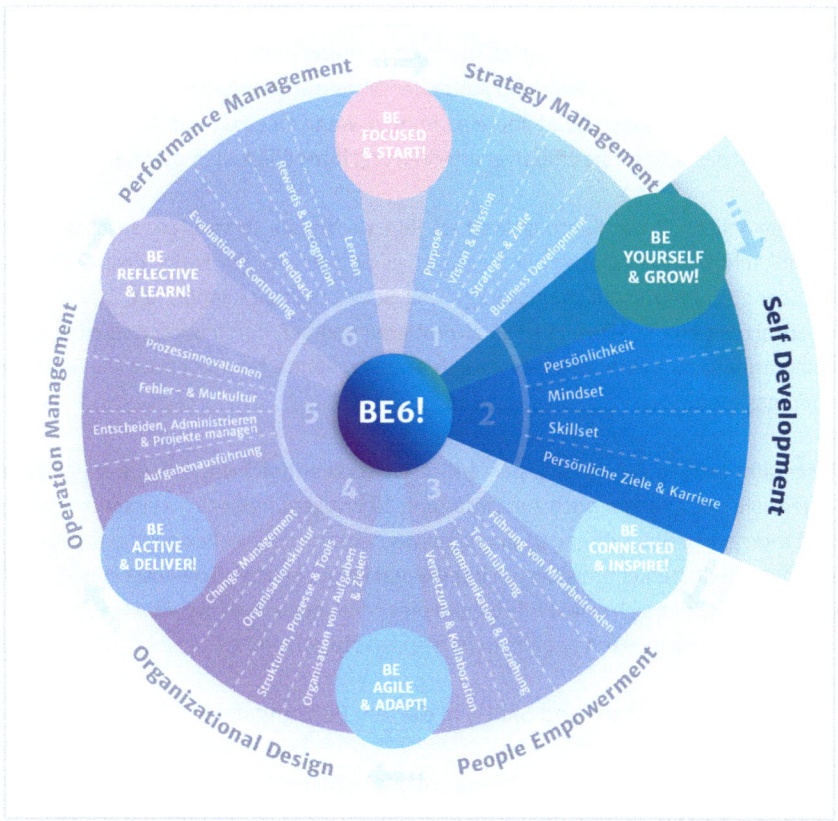

Abbildung 17: Führungscluster #2: Self Development im Be6! Leadership Framework[103]

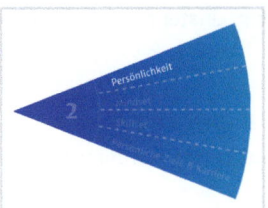

Führungsfeld #2.1: Persönlichkeit (und Passung)

Die **Persönlichkeit** einer Führungskraft spielt eine wichtige Rolle für deren Erfolg, noch wichtiger aber ist die **Passung** zum Aufgabengebiet und zur Organisation, in der sie tätig ist.

Die **Persönlichkeit einer Führungskraft** beeinflusst ihre Fähigkeit, effektiv zu führen und Ergebnisse zu erzielen. Bestimmte Persönlichkeitsmerkmale wie Kommunikationsfähigkeit, Empathie, Durchsetzungsvermögen und strategisches Denken können dazu beitragen, dass eine Führungskraft erfolgreich ist. Die Persönlichkeit einer Führungskraft kann auch ihre Fähigkeit beeinflussen, Beziehungen aufzubauen, Teams zu motivieren und Veränderungen zu managen.

Allerdings ist die **Passung zwischen der Führungskraft, dem Aufgabengebiet und der Organisation**, in der sie tätig ist, von noch größerer Bedeutung. Eine gute Passung bedeutet, dass die Werte, Ziele und Kultur der Organisation mit den Werten und Zielen der Führungskraft weitgehend übereinstimmen. Wenn eine Führungskraft gut zur Organisation passt, kann sie effektiver arbeiten und ihre Fähigkeiten optimal einsetzen.

Die Persönlichkeit der Führungskraft ist ihre **wichtigste Ressource**, sozusagen ihr Grundkapital, welches aber nur begrenzt verändert werden kann, deshalb ist es gut, die eigenen persönlichen Stärken und Schwächen zu kennen, die Stärken gut einzusetzen und die Schwächen zu akzeptieren und ggf. durch unterstützende Coachingformate zu bearbeiten oder durch entsprechende Kompetenzen im Team zu kompensieren.

Insgesamt geht es darum, sich **persönlich weiterzuentwickeln**, d.h. die angelegten Potenziale und Stärken auch zur Entfaltung zu bringen. Persönlichkeitsentwicklung und wirksame Selbstführung basieren auf wiederkehrender Reflexion und daraus gewonnener Selbsterkenntnis. Wer sich selbst gut kennt, kann sich bewusst steuern und entwickeln, sprich sich selbst führen und dies ist nicht nur nach Anselm Grün die entscheidende Voraussetzung dafür, Andere führen zu können.[104]

Zentrale Aufgaben (und Skills) in diesem Führungsfeld

2.1.1   Persönlichkeitstyp ermitteln, reflektieren und Erkenntnisse ableiten
2.1.2   Passung von Persönlichkeitstyp und aktueller Arbeitsaufgabe prüfen
2.1.3   Persönliche Entwicklungsfelder ableiten und sich unterstützen lassen

---

104   Vgl. Grün, Anselm (2010): Menschen führen – Leben wecken. München. S. 13.

Praxistipp für Führungskräfte:

→ Kennen Sie Ihren Persönlichkeitstyp und reflektieren Sie sich in ihrem Führungsalltag!
Sie möchten wissen, was Ihre Persönlichkeit ausmacht und warum Sie Dinge auf die Art und Weise angehen, wie Sie es tun? Mit einem **Persönlichkeitstest** können Sie Ihren eigenen Persönlichkeitstyp bestimmen und diese Erkenntnisse im Bezug zur aktuellen Aufgabe und Rolle in ihrem Führungsalltag reflektieren.

Vielleicht bietet Ihr Unternehmen im Rahmen der Personalentwicklung einen lizenzierten Persönlichkeitstest an oder kann Sie dazu beraten. Eine erste Orientierung kann Ihnen der »**16 Personalities**« geben, ein an den Myers-Briggs-Typenindikator (MBTI)[105] angelehnter, kostenfreier Persönlichkeitstest.[106] Ein kostengünstiger und empfehlenswerter stärkenorientierter Persönlichkeitstest ist das »**CliftonStrengths Talent Assessment**« von Gallup.[107]

Haben Sie Fragen zum Ergebnis oder haben Sie einen möglichen Entwicklungswunsch identifiziert, ist es von Vorteil, sich im Entwicklungsprozess durch interne und oder externe Stellen beraten zu lassen und sich ggf. durch Mentoring oder Coaching Unterstützung zu holen.

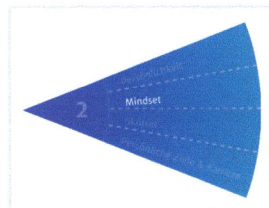

Führungsfeld #2.2: Mindset
Mit dem »**Mindset**« bezeichnen wir die Summe an Haltungen, Überzeugungen und Einstellungen einer Führungskraft. Es wird davon ausgegangen, dass unsere inneren Überzeugungen sich auf unsere Verhaltensweise und Entscheidungen in bestimmten Situationen auswirken und dass sie einen großen Einfluss auf den Erfolg oder Misserfolg der Führungsarbeit haben.

Das **Mindset oder die innere Haltung** einer Person ist wie eine Brille, durch die wir unsere Welt wahrnehmen. Das Mindset filtert und fokussiert, es lässt uns Möglichkeiten erkennen oder zeigt uns Schwierigkeiten. Es prägt unsere Entscheidungen und unser Handeln. Ein **positives und offenes Mindset** ermöglicht es einer Führungskraft,

---

105   Hintergrundinformationen finden sich auf https://www.galileo.tv/life/16-personality-myers-briggs-test-persoenlichkeitstest-typen/. Abrufdatum: 21.10.2023.

106   16 Personalities: Kostenloser Persönlichkeitstest. https://www.16personalities.com/de/kostenloser-personlichkeitstest. Abrufdatum: 21.10.2023.

107   https://www.gallup.com/cliftonstrengths/de/. Abrufdatum: 21.10.2023.

neue Ideen und Perspektiven zu erkennen und anzunehmen. Es fördert Kreativität, Innovation und die Bereitschaft, Risiken einzugehen. Eine Führungskraft mit einem **unterstützenden Mindset** schafft eine positive Arbeitsumgebung, in der Mitarbeiter motiviert und engagiert sind. Sie fördert Vertrauen, Offenheit und Zusammenarbeit.

Ein Mindset, das von Wachstum und Lernen geprägt ist, ein »**Growth Mindset**«, das Gegenteil wäre das »Fixed Mindset«. Dieses Konzept basiert auf den Arbeiten der Psychologin Carol Dweck.[108] Sie zeigt, wie die innere Denkweise und das Selbstbild (= »Mindset«) einer Person mit deren Definition von Erfolg und der Vorstellung von dem Weg zum Erfolg zusammenhängt.

Kurz: Ein Growth Mindset ist die Grundlage für die Führungskraft, sich **im Sinne des Drivers #2: »Be yourself & grow!«** (vgl. Abschnitt 3.4.2) kontinuierlich weiterzuentwickeln, und neue Fähigkeiten zu erwerben. Eine Führungskraft mit einem **Growth Mindset** ist bereit, Feedback anzunehmen und aus Fehlern zu lernen. Sie ist motiviert, sich selbst und ihr Team ständig zu verbessern.

Zentrale Aufgaben (und Skills) in diesem Führungsfeld

2.2.1 Werte, Glaubenssätze und Haltungen bewusst machen, reflektieren und zielorientiert entwickeln

2.2.2 Wertedialog mit dem Team führen

2.2.3 Passung des eigenen Mindsets zum Team und zur Vision prüfen

Praxistipp für Führungskräfte:

→ **Seien Sie ein Vorbild, indem Sie beständig an einem Growth Mindset arbeiten!**

- **Zeigen Sie selbst ein Growth Mindset**, indem Sie offen für neue Ideen und Perspektiven sind, Feedback annehmen, ständig lernen und sich kontinuierlich weiterentwickeln.
- **Teilen Sie Ihre eigenen Lern- und Wachstumserfahrungen** mit Ihren Mitarbeitenden, um sie zu ermutigen, dasselbe zu tun.
- Um sich selbst besser einzuordnen, kann eine **Analyse des eigenen Mindsets** (Fixed or Growth) mit einem kurzen kostenfreien Test durchgeführt wer-

---

108 Dweck, C. (2017): Mindset. Changing The Way You think To Fulfil Your Potential. Rev. Edition. London.

den. Der **IDRlabs Mindset Test (IDR-MT)**[109] ist ein »Growth Mindset or Fixed Mindset Test« in englischer Sprache und basiert ebenfalls auf den Arbeiten von Carol Dweck.

Führungsfeld #2.3: Skillset

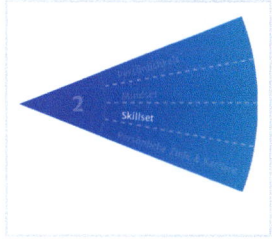

Das **Skillset** ist die Summe an persönlichen, fachlichen, methodischen und sozialen Fähigkeiten und Kompetenzen, inklusive dem impliziten und expliziten Wissen, welches eine Person benötigt, um effektiv in einer Führungsposition zu agieren, sprich die für die Leitung eines Teams oder einer Organisationseinheit erforderlich sind.

In der Philosophie des selbstorganisierten Lernens und Arbeitens im New Work der Zukunft ist der Mitarbeitende zuerst gefordert, und trägt selbst die Verantwortung für seine **Employability** und in diesem Fall für die Entwicklung seines individuellen Skillsets. Voraussetzung dafür ist natürlich, dass der Führungskraft ihr Anforderungsprofil bekannt ist, sodass sie sich darauf matchen und passende Entscheidungen ableiten kann. Die Führungskraft oder in der Spezialform der People Coach, ist der erste Unterstützer aus seinem direkten Umfeld.

Aus Sicht der Führungskraft nennen wir das »Skill-**Management**« und bedeutet, die Skillprofile der Teammitglieder zu kennen und zu managen, d.h. Fähigkeiten und Kompetenzen der Mitarbeitenden zu identifizieren, systematisch zu erfassen und im Hinblick auf die Anforderungen der Stellen zu bewerten. Die Ergebnisse einer Gap-Analyse zeigen grundsätzlich vier verschiedene Kombinationen mit vier unterschiedlichen Normstrategien, aus welchen die Führungskraft, ggf. mit Unterstützung der Personalentwicklung entsprechende Maßnahmen ableiten kann:[110]

109   IDRlabs (2023): Growth Mindset Test. https://www.idrlabs.com/growth-mindset-fixed-mindset/test.php. Abrufdatum: 22.10.2023.
110   Vgl. Beck, Simon (2015): Skill-Management. Konzeption für die betriebliche Personalentwicklung. Wiesbaden. S. 150.

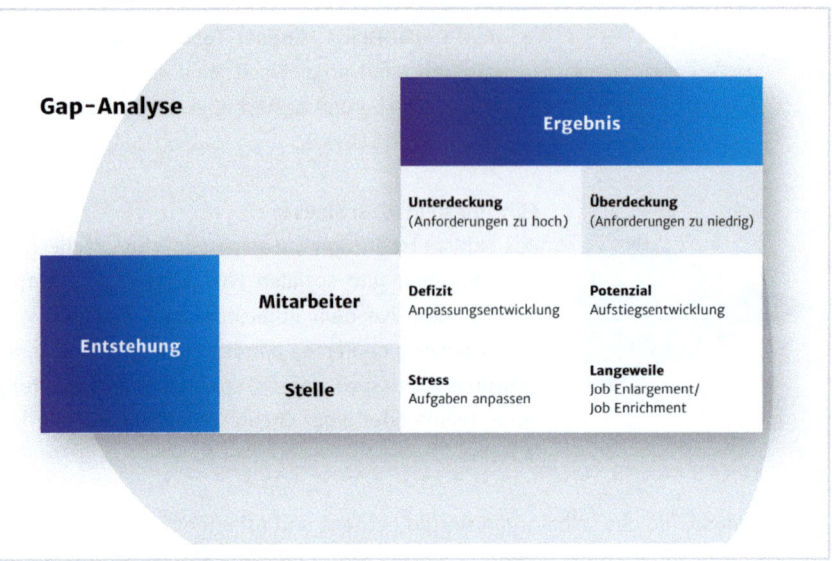

Abbildung 18: Ergebnismatrix der Gap-Analyse mit Norm-Strategien[111]

Zentrale Aufgaben (und Skills) in diesem Führungsfeld

2.3.1 Persönliche, fachliche und soziale Kompetenzen sowie implizites und explizites Wissen analysieren, reflektieren und zielorientiert entwickeln

2.3.2 Skillset insgesamt auf Zukunftsfähigkeit und Employability prüfen und entwickeln

2.3.3 Persönliche Kompetenzentwicklung in betrieblichen Alltag integrieren und sich off-the-job weiterbilden

2.3.4 Passende Lern- und Entwicklungschancen identifizieren und wahrnehmen

---

111 Quelle: Eigene Darstellung in Anlehnung an Beck, Simon (2015): Skill-Management. Konzeption für die betriebliche Personalentwicklung. Wiesbaden. S. 150.

Praxistipp für Führungskräfte:

→ **Nutzen Sie ein Skill-Management-System für Ihr Team!**
Systematisches **Skill-Management für Ihr Team,** insbesondere **Skill-Inventory** und **Skill-Entwicklung** kann durch die Verwendung von **Skill-Management-Software** wie z. B. SAP SuccessFactors, Cegid Talentsoft oder Persis unterstützt werden.[112]

Zuerst erstellen Sie ein **Skill-Inventory** ihres Teams. Dazu erfassen und dokumentieren Sie mit Unterstützung entsprechender IT-Systeme die vorhandenen Fähigkeiten und Kompetenzen der Teammitglieder, z. B. in Form von Selbstbewertungen, Leistungsbeurteilungen, durch Feedbackgespräche sowie durch formale Zertifizierungen und Qualifikationen. Sie können das Skill-Inventory z. B. in Form einer Team-Skill-Matrix anlegen, welche Sie zusammen mit dem Team erstellen und pflegen.[113] Danach werden im Rahmen der **Skill-Entwicklung** Maßnahmen zur Entwicklung der benötigten Fähigkeiten (Anpassung) oder zur Ausschöpfung der erkannten Potenziale (Weiterentwicklung) besprochen, geplant und umgesetzt. Dies kann durch interne oder externe Weiterbildungen, Mentoring, Coaching, Job-Rotation u.v.m. erfolgen.

Idealerweise liegt die Verantwortung für die Skill-Entwicklung innerhalb des strategischen Rahmens und der vereinbarten Ziele **beim Mitarbeitenden selbst.** Ein ideales Tool für die agile Kompetenzentwicklung von Führungskräften und Mitarbeitenden ist **sparks**, eine mobile Lösung rund um Future Skills.[114] Dank personalisierter Empfehlungen und unterschiedlichen, interaktiven Formaten steuern Mitarbeiterinnen und Mitarbeiter ihre Weiterbildung selbst.

Führungsfeld #2.4: Persönliche Ziele und Karriere (und Gesundheit)

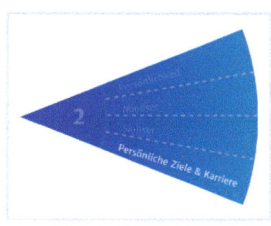

1. Definition
Persönliche Ziele und Karriere sind die individuellen Leitplanken für den Einzelnen. Sie helfen sowohl dem Mitarbeitenden als auch der Führungskraft, ihren eigenen Weg zu gehen, persönliche Ressourcen zielgerichtet einzusetzen und die individuelle Entwicklung selbstbewusst und selbstorganisiert zu verfolgen.

---

112 Vgl. https://www.hr-software-vergleich.de/skill-und-kompetenzmanagement/. Abrufdatum: 22.10.2023.
113 Eine Anleitung zur Erstellung einer agilen Team-Skill-Matrix findet sich in Häusling, André/Römer, Esther et al. (2018): Praxisbuch Agilität. Freiburg. S. 150–152.
114 Vgl. https://www.haufe-akademie.de/digital-suite/sparks. Abrufdatum: 22.10.23.

Kenne ich meine persönlichen Ziele, von kurzfristigen Projekterfolgen bis zu langfristigen Meilensteinen in der Karriere, sind sie mir bewusst, dann kann ich sie ansteuern und mit den Unternehmenszielen und meinem Businesserfolg abgleichen. So lässt sich eine gute Balance zwischen Unternehmenszielen, Teamzielen und persönlichen Zielen sicherstellen.

Aus Sicht des Mitarbeitenden bzw. der Führungskraft **in ihrer Rolle als Geführte** sind persönliche Ziele und Karriereziele motivierend und sinnstiftend. Sie geben ihrer Arbeit einen individuellen Zweck und eine Richtung, auf die sie hinarbeiten können. Wenn Menschen in ihrer beruflichen Tätigkeit ihre persönlichen Ziele erreichen, sind sie erfüllt und motiviert, ihre Aufgaben effektiv zu erfüllen.

Führungskräfte in ihrer Führungsrolle wiederum haben eine Vorbildfunktion für ihre Mitarbeitenden. Indem sie ihre persönlichen (Karriere-)Ziele verfolgen und erreichen, zeigen sie ihrem Team, dass persönliches Wachstum und beruflicher Erfolg möglich sind. Dies motiviert und inspiriert die Teammitglieder, ihre eigenen Ziele ebenfalls proaktiv und in Synchronisierung mit den Team- und Unternehmenszielen zu verfolgen.

Im Weiteren ist es innerhalb **der Transformation zum Next Generation Leadership** die besondere Aufgabe der Führungskräfte, ihren Mitarbeitenden bei der Planung und Gestaltung ihrer beruflichen Laufbahn und der **Sicherstellung der Employability** zu unterstützen. Employability oder »Beschäftigungsfähigkeit« bezieht sich auf die Fähigkeit einer Person, einen Arbeitsplatz zu finden, zu behalten und sich in ihrer Karriere weiterzuentwickeln. Es umfasst die Kombination von Fähigkeiten, Kenntnissen, Erfahrungen und persönlichen Eigenschaften, die es einer Person ermöglichen, in einer sich ständig verändernden Arbeitswelt erfolgreich zu sein.[115]

Im Thema **Gesundheit** sollten Führungskräfte im Rahmen ihrer gesetzlichen Fürsorgepflicht und aus einer sozialen Verantwortung heraus immer sicherstellen, dass Arbeitsbedingungen und -belastungen so gestaltet sind, dass sie die physische und psychische Gesundheit der Mitarbeiter nicht beeinträchtigen. Andererseits können und sollten sie in Bezug auf Gesundheit und Wohlbefinden ihrer Mitarbeitenden ebenfalls Vorbilder sein. Indem sie gesunde Gewohnheiten praktizieren und ein ausgewogenes Verhältnis zwischen Arbeit und Privatleben demonstrieren, können sie ihre Mitarbeiter dazu ermutigen, dasselbe zu tun. Dies fördert eine positive Unternehmenskultur und erhöht langfristig auch die Produktivität und Performance, da die Mitarbeitenden motiviert sind, in ihrer Leistungserfüllung auf ihre Gesundheit zu achten.

---

115 Vgl. Blancke, Susanne et al. (2000): Employability als Herausforderung für Politik, Wirtschaft und Individuum: Konzept und Literaturstudie. Tübingen. S. 8–12.

Zentrale Aufgaben (und Skills) in diesem Führungsfeld

2.4.1 Persönliche kurzfristige Ziele (Businesserfolg) und langfristige Ziele (Karriere) laufend reflektieren

2.4.2 Persönliche Kompetenzen und Potenziale im Sinne des Self-Talent-Managements einordnen und entwickeln

2.4.3 Persönliche Employability durch Verfolgen von Jobzielen und Job Crafting sicherstellen

2.4.4 Persönliche Gesundheit nachhaltig erhalten und Resilienz aufbauen

Praxistipp für Führungskräfte:

→ **Nutzen Sie Journaling zur Reflexion Ihrer persönlichen Ziele!**

Persönliche Ziele, seien sie kurz- oder langfristig, werden besser erreicht, wenn sie laufend reflektiert werden (siehe Skill #2.4.1 oben). Eine populäre Form der Selbstreflexion ist das **Journaling**.

Oft mit dem Schreiben eines Tagebuches verglichen, ist es aber weitaus mehr: »Journaling ist eine Form des täglichen Schreibens, bei der ich mich tief mit den eigenen Gedanken und Gefühlen auseinandersetze und diese bewusst reflektiere.«[116] Es kultiviert Reflexion, Achtsamkeit, Dankbarkeit und Planung in einer festen Routine und ist sehr wirksam und ohne viel Aufwand zu implementieren. Zeit und Ort sind egal und es reichen schon wenige Minuten am Tag, um erste Erfolge zu fühlen. Durch das **regelmäßige Reflektieren anhand weniger Fragen zu Beginn und am Ende jedes Tages** kommen Sie schnell zu den Themen, die für Sie wirklich wichtig sind.

Beantworten Sie für sich selbst schriftlich z. B. **jeden Morgen** die Fragen:

- Worauf freue ich mich heute?
- Was ist mein Fokus und was will ich heute unbedingt erreichen?

Jeden Abend reflektieren Sie dann den Tag durch die Fragen:

- Für welche drei Dinge bin ich heute wirklich dankbar?
- Was habe ich heute erkannt oder gelernt?
- Was ist mir heute leichter gefallen und was will ich morgen besser machen?

---

116 Vgl. Reinke, Marcus (2022): Die neue Rolle als Führungskraft. Modul 1 Fernlehrgang New Leadership der Haufe Akademie, S. 41.

Deine persönliche Reflexion zum Führungscluster Self Development

Versetze Dich bitte beim Lesen der Reflexionsfragen gedanklich an Deinen Arbeitsplatz und in den Führungsalltag. Notiere mögliche Antworten im Arbeitsbereich.

- Wie gut kennst Du Dich selbst auf einer Skala von 1–10?
- Wie gut passt Deine **Persönlichkeit** zu Deinen Aufgaben als Führungskraft?
- Wo stehst Du Dir selbst im Weg? Was nervt Dich an Dir?
- Welche Wege der Persönlichkeitsentwicklung (z. B. Coaching) nimmst Du für Dich in Anspruch? Was könnte es für weitere Möglichkeiten für Dich geben? Was würde Dir guttun?
- Kennst Du die Werte, die Dich leiten?
- Mit welcher inneren **Haltung** hast Du gute Erfahrungen gemacht?
- Welches **Mindset**, welche Haltung würdest Du gerne in Deinem Team etablieren?
- Bist Du mit Deinem **Skillset** zukunftsfähig aufgestellt? Welche Skills fehlen Dir?
- Was sind Deine **persönlichen Ziele?** Hast Du einen Karriereplan?
- Wie behältst Du diese Ziele und Karrierewünsche im Auge?

Arbeitsbereich – Notizen zum Führungscluster Self Development:

Welche Antworten leite ich **für mich persönlich** ab?

Welche Antworten leite ich **für mein Team/mein Arbeitsfeld** ab?

Welche Antworten leite ich **für unsere Organisation/unser Unternehmen** ab?

3.5.3 Führungscluster #3: People Empowerment – Mitarbeitende und Teams führen und stärken

> »*People are more difficult to work with than machines.*
> *And when you break a person, he can't be fixed.*«
> (Rick Riordan)

Das Führungscluster »**People Empowerment**« ist der Kern der klassischen Mitarbeiterführung und beinhaltet alle Aspekte, welche die Führung von Einzelnen und Teams, die Kommunikations- und Beziehungsgestaltung sowie die Vernetzung der Geführten betreffen. »Empowerment« bedeutet die bestmögliche und vertrauensvolle Unterstützung der Mitarbeitenden in deren Selbstführung und Selbstorganisation. Besonders wichtig dabei ist die Maximierung der individuellen und dezentralen Handlungs- und Entscheidungsspielräume.

»Be connected & inspire!« heißt der bestimmende Antrieb bzw. die **korrespondierende Haltung (Driver #3).**

Das erforderliche Kompetenzbündel im Führungscluster #3: »**People Empowerment**« bezeichnen wir zusammenfassend als **Sozialkompetenz** und fassen darunter im Wesentlichen:
* Andere und das Team führen, d.h. die Führungsbeziehung(en) mit Wertschätzung und der Begegnung auf Augenhöhe gestalten,
* kommunizieren und Konflikte managen,
* kompetente und vielfältige Teams zusammenstellen, aufbauen und zur übergreifenden Zusammenarbeit befähigen und vernetzen.

Führungsfeld #3.1: Führung von Mitarbeitenden
Die Führung von Mitarbeitenden ist die Führung im engeren Sinn, es ist eine 1:1-Beziehung und umfasst die Phasen von der Einstellung über die Entwicklung bis zum Austritt. Das erste Ziel ist somit das bestmögliche Matching von Person und Stelle im **Onboarding** und die laufende Verbesserung der Passung durch Coaching und Entwicklung.

Das zweite Ziel ist die **laufende Unterstützung und Begleitung des Mitarbeitenden**, ggf. bis zum Offboarding. New Leadership will die traditionellen Führungsansätze erweitern und fördert ausdrücklich eine moderne, menschenzentrierte Führungskultur und ein **aktives 1:1 People Empowerment durch die dafür positionierten Führungskräfte und People Coaches.** Im Kern bedeutet 1:1 Empowerment die individuelle Befähigung und persönliche Unterstützung der Teammitglieder zum selbstverantwortlichen und selbstorganisierten Arbeiten durch offene, transparente und empathische Kommunikation, durch den Einbezug der Mitarbeitenden in Entscheidungsprozesse und durch regelmäßiges empathisches Coaching, um deren individuelle Stärken zu fördern und ihr Potenzial auszuschöpfen, aber auch um sie in schwierigen Entwicklungsprozessen und Krisensituationen zu unterstützen.

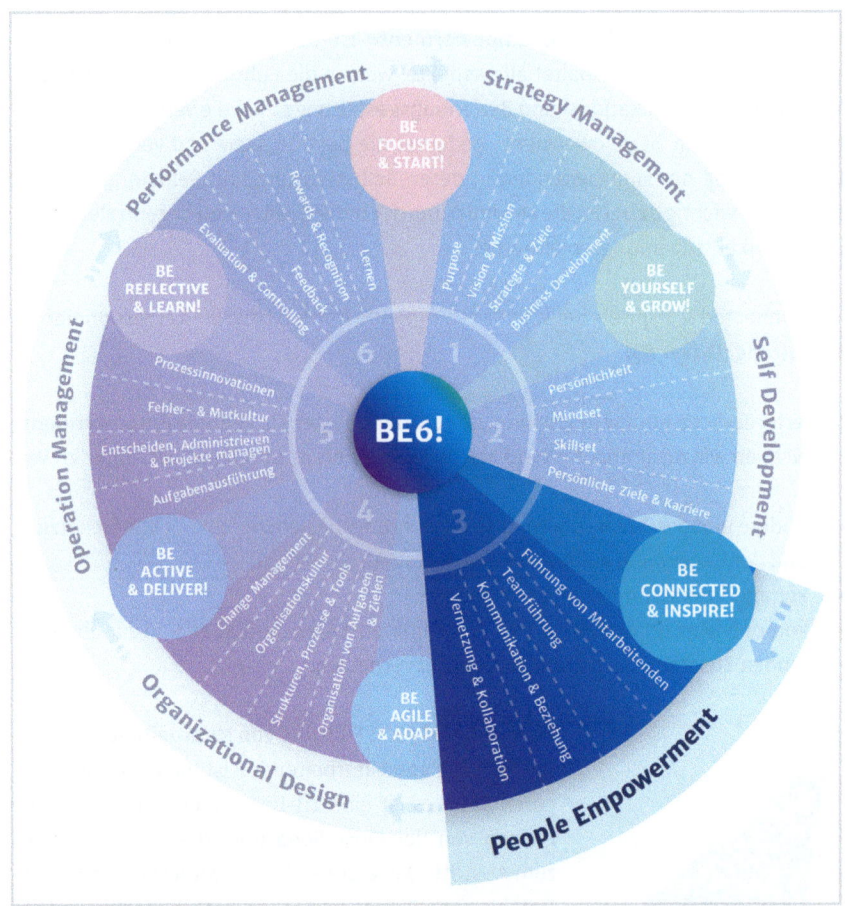

Abbildung 19: Führungscluster #3: People Empowerment im Be6! Leadership Framework[117]

Es geht im New Leadership also vor allem um die **Unterstützung der Mitarbeitenden bei deren Selbstmanagement, Selbstorganisation und persönlicher Entwicklung, d.h. um deren Self Development.** Da dieses im Be6! Leadership Framework ein eigenes Führungscluster darstellt, kann die Führungskraft hier die Perspektive des Füh-

---

117   Quelle: Eigene Darstellung.

renden einnehmen und anhand der Führungsfelder #2.1–#2.4 im Führungscluster #2: »Self Development« prüfen, wie sie ihre Mitarbeitenden in den verschiedenen Feldern am besten unterstützen und coachen kann. Teilweise wurde im Führungscluster #2 die Rolle der Führungskraft schon mitgedacht. So wurde z.B. im Führungsfeld #2.3 die Führungsaufgabe der Passung des Skillsets von Mitarbeitenden und Stellen bereits als »Skill Management« beschrieben. Ebenso wurden im Führungsfeld #2.4 die Aufgaben in der Wahrnehmung der Fürsorgepflicht beschrieben.

Dieser Perspektivenwechsel vom Geführten im Führungscluster #2 zum Führenden im Führungscluster #3 drückt sich auch in den folgenden zentralen Aufgaben und Skills in diesem Führungsfeld aus:

Zentrale Aufgaben (und Skills) in diesem Führungsfeld

3.1.1   Passung von Persönlichkeit, Mindset, Skillset und Ziele des Mitarbeitenden bzw. Bewerbers mit den Aufgaben der Stelle prüfen, entsprechend entscheiden und ansprechen (können)

3.1.2   Mitarbeitende in einem professionellen Rahmen on- und offboarden

3.1.3   Geführte in der Umsetzung und Verfolgung von Business- und Karrierezielen beraten und coachen

3.1.4   Mitarbeitende im Rahmen des »Individuellen Talent Management« in deren Kompetenzentwicklung beraten und coachen (Persönlichkeit, Mind- & Skillset)

3.1.5   Geführte in Krisensituationen unterstützen und Fürsorgepflicht wahrnehmen (Gesundheit, Resilienz, Mobbing usw.)

Praxistipp für Führungskräfte:

→ **Aktives Zuhören trainieren!**
Zuhören ist eine wichtige Fähigkeit, um z.B. ein Gespräch mit einem Mitarbeitenden in einer **coachenden Haltung** zu führen. Unser Gehirn kann dabei entweder empfangen oder senden. Wenn wir im Gespräch gedanklich bereits weiter sind oder innerlich schon eine Antwort formulieren, senden wir bereits – und können dann nicht mehr alles empfangen. Das Gegenüber bekommt das Gefühl, wir hören nicht richtig zu, uns entgehen wichtige Informationen oder Kommunikationssignale und wir treffen möglicherweise falsche Entscheidungen.

Wer also seinen Mitarbeitenden wirklich **zuhört**, erfährt mehr und kann so bessere Entscheidungen treffen. Der Gesprächspartner bekommt das Gefühl, respektiert und wertgeschätzt zu werden. **Aktiv zuzuhören** bedeutet aber nicht, zu schweigen. Gute Zuhörer führen die Kommunikation mit Fragen. Sie wiederholen mit eigenen Worten, was sie verstanden haben bzw. erkundigen sich, wenn sie etwas nicht verstanden haben.

Die **wichtigsten Aspekte des aktiven Zuhörens** sind:[118]

- **Ausreden lassen!** Geben Sie Ihrem Gegenüber den Raum, den Gedanken zu Ende auszusprechen, ohne ungeduldig zu werden.
- **Nicht dazwischenreden!** Unterbrechen Sie den Gedankenfluss des Anderen nicht, bemühen Sie sich, Ihre Überlegungen zurückzuhalten und später auszusprechen.
- **Bestätigen** und signalisieren Sie dem Gegenüber **verbal und nonverbal** und auf einer wertschätzenden Art und Weise, dass Sie zuhören und ganz beim Anderen sind.
- **Zusammenfassen des Gehörten.** Eine gute Möglichkeit ist, zusammenzufassen, was Sie verstanden haben. Das Gegenüber merkt zum einen, dass Sie zugehört haben, kann aber auch Dinge richtigstellen, die nicht richtig angekommen sind.
- **Hören, ohne über die eigene Antwort nachzudenken.** Formulieren Sie oft bereits eine Antwort, bevor die andere zu Ende gesprochen hat? Wir meinen oft schon zu wissen, was der andere noch sagen will oder glauben, der eigene Beitrag wäre so wichtig, dass er sofort geäußert werden müsste.
- **Sich im Denken und Fühlen für den andere öffnen.** Es ist wichtig, beim Zuhören offenzubleiben, und immer wieder die Perspektive des anderen einzunehmen.

Übung: Beobachten Sie in den nächsten Wochen Ihre Fähigkeit, zuzuhören. Gelingt es Ihnen gut? Oder schweifen Sie ständig ab? Formulieren Sie immer schon im Geiste Ihre Antwort? Unterbrechen Sie die anderen? Durch die Beobachtung und Reflexion Ihres eigenen Verhaltens können Sie nach und nach zu einem besseren Zuhörer werden!

Führungsfeld #3.2: Teamführung
Teamführung ist eine **1:n-Beziehung**, eine auf das Team als Ganzes bezogene Führungsleistung. Sie zielt darauf ab, das Team in der Zusammenarbeit so zu entwickeln, dass Persönlichkeiten, Kompetenzen und Aufgaben möglichst gut zusammenpassen und das Zusammenspiel optimal funktioniert. Zu den wesentlichen Führungsaufgaben zählen die Verteilung von Aufgaben entsprechend den Stärken und individuellen Kompe-

---

118 Vgl. Schröer, Anja (2022): Coaching Basics im Leadership. Modul 8. Fernkurs Leadership der Haufe Akademie. S. 30–31.

tenzen der Teammitglieder, die Stärkung der Teamkultur und das Management von Konflikten.

Aufgrund der veränderten Anforderungen in der agilen und digitalen Transformation steigen auch die Anforderungen an die Teamführung.[119] **Teamführung im Rahmen von People Empowerment** ist **Team Empowerment**. Die Aufgaben der Teamführung haben im New Leadership an Bedeutung gewonnen, die der individuellen Führung in der 1:1-Beziehung sind eher zurückgetreten. Warum ist das so und welche Führungsaufgaben sind im Team-Empowerment gefragt?

- In einer **zunehmend komplexen Arbeitswelt** sind viele Aufgaben und Projekte zu komplex, um von einer einzelnen Person allein bewältigt zu werden. Die Führungskraft schafft die erforderlichen Voraussetzungen und unterstützt das Team darin, deren unterschiedliche Fähigkeiten und Perspektiven zu kombinieren, um komplexe Probleme effektiver anzugehen.
- Die **Kollaboration und Vernetzung** innerhalb eines Teams oder zwischen verschiedenen Teams wird immer wichtiger. Es bedarf einer kooperativen bzw. kollaborativen Führung, die die Zusammenarbeit und den Austausch fördert.
- In modernen Arbeitsumgebungen wird zunehmend Wert auf **Selbstorganisation und Eigenverantwortung** gelegt. Die Führungskraft empowert das Team darin, eigenständig Entscheidungen treffen zu können, Verantwortung für ihre Arbeit zu übernehmen und sich im Sinne teambasierter Führung im Rahmen definierter Grenzen auch selbst führen zu können.
- **Diversität und Inklusion:** Teams bestehen heute oft aus Mitgliedern mit unterschiedlichen Hintergründen, Erfahrungen und Perspektiven. Eine teambasierte Führung sieht die Chancen darin und ermöglicht es dem Team, diese Vielfalt besser zu nutzen und somit ein inklusives Arbeitsumfeld und eine inklusive Teamkultur zu schaffen.

Zentrale Aufgaben (und Skills) in diesem Führungsfeld

3.2.1 Das Team aufgaben- und kompetenzgerecht zusammenstellen weiterentwickeln (Team Building)

3.2.2 Teamperformance ansprechen und ggf. unterstützen

3.2.3 Teamkultur fördern und Teamkonflikte moderieren

---

119 Laut einer aktuellen Studie erwarten 80 % der Führungskräfte, dass die Anforderungen an Teamführung weiter steigen. Vgl. https://ifidz.de/fuehrung-fuehren-auf-distanz-alpha-collaboration-studie/. Abrufdatum: 07.11.2023.

Praxistipp für Führungskräfte:

→ **Erstellen Sie eine Teamcharta!**
Eine **Teamcharta** ist eine visuelle Übersicht, die zeigt, wofür das Team steht und wie es arbeitet. Es enthält die gemeinsamen Ziele, Strategien und Prozesse, die es dem Team ermöglichen, seine Projekte geschlossen anzugehen. Eine Teamcharta wird gemeinsam erstellt und dient dem Team als individuelle, einheitliche und transparente Vision und Informationsquelle.

Das Team des Softwareherstellers asana schlägt folgendes **Vorgehen zum Verfassen einer Teamcharta** vor und stellt dafür umfangreiche Vorlagen und Praxistipps bereit:[120]

1. Erklären Sie den **Zweck (Purpose)** Ihres Teams (siehe Führungsfeld #1.1), am besten reduziert auf einen Satz, als »Mission Statement« oder »Nordstern« für Ihr Team.
1. Umreißen Sie die **Teamstruktur**, z. B. im Rahmen einer Teamentwicklungsmaßnahme.
2. Erörtern Sie **Budget- und Ressourcenstrategien**.
3. Erklären Sie den/die **Workflow(s)** des Projekts.
4. Definieren Sie, was **Erfolg** für Sie bedeutet, ggf. unterstützt vom Feedback von Kunden und Stakeholdern.
5. Legen Sie **Kommunikationsnormen** fest.
6. Stellen Sie **Grundregeln und Schritte zur Konfliktlösung** auf.
7. **Überprüfung und Genehmigung** durch alle Teammitglieder wird regelmäßig wiederholt.

Führungsfeld #3.3: Kommunikation und Beziehung
Kommunikation und Beziehung sind die Basis der Führung und Schlüsselthemen für eine gute Zusammenarbeit auf allen Ebenen im Old oder im New Leadership.

Grundlage einer guten **Führungsbeziehung** und darauf aufbauender Kommunikation, z. B. in **regelmäßigen Mitarbeitergesprächen**, ist ein echter **Kontakt**, d. h. Führungskräfte sind präsent und für ihre Mitarbeitenden ansprechbar. Außerdem sollten Führungskräfte im New Leadership über hohe **Empathie und emotionale Intelligenz** verfügen. Führungskräfte mit hoher emotionaler Intelligenz sind in der Lage, ihre eigenen Emotionen und auch die Bedürfnisse und Gefühle ihrer Mitarbeitenden

---

120 Vgl. https://asana.com/de/resources/team-charter-template. Abrufdatum: 22.10.2023.

zu erkennen und darauf adäquat einzugehen. Die **empathisch gelebte Emotionalität** der Führungskraft **stärkt den Teamspirit** und die Motivation der Mitarbeitenden und **erhöht so auch deren Engagement und Performance.**

Eine **professionelle Kommunikation** ist ein weiterer unverzichtbarer Bestandteil im New Leadership. Nicht nur Führungskräfte, sondern alle Mitarbeitende sollten in der Lage sein, Botschaften und Informationen klar und effektiv zu kommunizieren, sowohl verbal als auch schriftlich. Besonders Führungskräfte sind in ihrer Vorbildrolle aufgefordert, **Ziele und Erwartungen** immer offen zu kommunizieren und kontinuierlich **Feedback** zu geben und einzufordern.

In einer guten Führungsbeziehung zum Einzelnen oder auch zum Team insgesamt lassen sich auch Konflikte leichter bearbeiten. Für ein gutes **Konfliktmanagement** sollte die Führungskraft die Fähigkeiten entwickeln, Konflikte früh zu erkennen, verschiedene Standpunkte zu verstehen, Kompromisse zu finden und Win-Win-Lösungen zu schaffen.

Zentrale Aufgaben (und Skills) in diesem Führungsfeld

3.3.1   Kontinuierlich offene und konstruktive Mitarbeiter- und Teamgespräche führen

3.3.2   Präsenz und Kontakt sicherstellen

3.3.3   Spirit und Motivation durch gelebte Begeisterung und Emotionalität herstellen und stärken

3.3.4   Konflikte durch professionelle Kommunikation managen und klären

Praxistipp für Führungskräfte:

→ **Nutzen Sie vermehrt »Stand-up-Meetings«!**
Für den **kurzen** und **täglichen Austausch im Team** bietet sich das Format »**Daily Stand-up**« aus dem Scrum-Framework an:[121]

Das Team stellt sich für **maximal 15 Minuten** (!) zusammen und jedes Mitglied beantwortet für die interne Abstimmung nur drei Fragen:
1.   Was habe ich seit gestern (bzw. seit dem letzten Stand-up) zum Erreichen unseres Teamziels getan?

121   Vgl. Sohrab Salimi: Das Daily Standup: Definition, Ablauf & 1 Pro-Tipp. https://www.agile-academy.com/de/scrum-master/daily-standup-definition-ablauf-tipps/. Abrufdatum: 23.10.2023.

2. Was werde ich heute (bzw. bis zu unserem nächsten Stand-up) zum Erreichen unseres Teamziels tun?

3. Welche Hindernisse halten mich bzw. uns davon ab, unser Teamziel zu erreichen?

Als tägliches Ritual, gerne mit einem Kaffee, sind Daily Stand-ups enorm wertvoll – besonders dann, wenn es ein gemeinsames Ziel gibt und das Team auf die Zusammenarbeit und den Austausch angewiesen ist.

Führungsfeld #3.4: Vernetzung und Kollaboration

Vernetzung und Kollaboration bilden das vierte Führungsfeld im Bereich People Empowerment, wobei sich die beiden gegenseitig bedingen und verstärken. Gute **formelle und informelle Netzwerke** im Team und im Unternehmen sind die Grundvoraussetzung für eine gelingende interne oder bereichsübergreifende Zusammenarbeit. Dies gilt analog und virtuell, in Präsenz oder remote. Gute Kollaboration wiederum fördert die Vernetzung.

Vernetzung und Kollaboration haben in der zunehmend komplexen Arbeitswelt laufend an Bedeutung gewonnen, denn sie bilden die **Grundlagen für das bereichs- und hierarchieübergreifende, agile Arbeiten**. Entsprechende **Skills, Tools und Netzwerkkompetenzen** werden für alle Beteiligten immer wichtiger.

Next Generation Leaders sollten in der Lage sein, **in ihrem Umfeld** mit verschiedenen Stakeholdern zusammenzuarbeiten und mit hoher Kommunikations- und Überzeugungsfähigkeit Allianzen zu schmieden, um gemeinsame Ziele zu erreichen. **Nach innen** implementieren sie Strukturen für eine optimale Zusammenarbeit ihrer Teammitglieder, unterstützen die bereichsübergreifende Vernetzung der Teams, stellen das Teilen von Wissen und Informationen sicher und fördern die Nutzung adäquater Kollaborationstools.

Zentrale Aufgaben (und Skills) in diesem Führungsfeld

3.4.1 Vernetzung der Mitarbeiter nach innen und außen unterstützen

3.4.2 Tools zur (virtuellen) Zusammenarbeit bereitstellen und Kollaboration fördern

3.4.3 Formelle und informelle Netzwerke und Verbindungen beachten, analysieren und ggf. Zielkonflikte ansprechen

Praxistipp für Führungskräfte:

→ **Probieren Sie WOL (Working Out Loud)!**
Ein erfolgreicher Ansatz, um **sich mit Peers zu vernetzen und** im Büro **aktiv mit anderen zu lernen,** ist die **Peer-Coaching-Methode** »Working out Loud«[122] von John Stepper.[123] Hinter der WOL-Methode steht die Idee, über Vernetzung und Kollaboration mit Peers und Kollegen das immense Wissen unserer heutigen Arbeitswelt mit anderen Menschen zu teilen. Jeder gibt und erhält Wissen. Dies geschieht in »Working out Loud«-Gruppen, meist WOL-Circles genannt.

Ein **WOL-Circle** besteht grundsätzlich aus einer kleinen **Gruppe von drei bis fünf Personen.** Jede Person definiert zu Beginn ein **individuelles Ziel,** an dem dann gemeinschaftlich gearbeitet werden kann. Dieses Lernziel unterscheidet sich je nach Zweck und Inhalt der Gruppe. Um diese Ziele erreichen zu können, treffen sich die Mitglieder laut den **WOL Circle Guides** über einen Zeitraum von insgesamt 12 Wochen einmal pro Woche für eine Stunde, kann und wird auch meistens individuell an eine Gruppe angepasst. Das Treffen muss nicht immer physisch stattfinden, auch virtuelle Meetings über Tools wie Zoom sind möglich, wobei sich für die ersten Treffen die Präsenzform anbietet, um den Gruppenzusammenhalt zu stärken. In diesen Treffen teilen die Mitglieder ihr Wissen und ihre Ansichten und versuchen so, sich gegenseitig zu helfen, die Ziele zu erreichen.[124]

Deine persönliche Reflexion zum Führungscluster People Empowerment
Versetze Dich bitte beim Lesen der Reflexionsfragen gedanklich an Deinen Arbeitsplatz und in den Führungsalltag. Notiere mögliche Antworten im Arbeitsbereich.

Führung von Mitarbeitenden (1:1)

* Wie wirkt sich aus Deiner Sicht ein professionelles On- und Offboarding auf die Zusammenarbeit aus?
* Wie förderst Du die Passung der Persönlichkeit, der Denkweise, der Fähigkeiten der Teammitglieder mit deren Zielen und Aufgaben?
* Wie gehst Du vor, wenn es noch nicht passt?

122   Für Hintergrundmaterial und zum Finden eines WOL-Circles siehe https://www.workingoutloud.com/. Abrufdatum: 22.10.2023.
123   Stepper, John (2020): Working Out Loud: Wie Sie Ihre Selbstwirksamkeit stärken und Ihre Karriere und Ihr Leben nach eigenen Vorstellungen gestalten. München.
124   Mehr dazu findet sich in https://asana.com/de/resources/working-out-loud. Abrufdatum: 22.10.2023.

- Wie gelingt es Dir, im Alltag von den Teammitgliedern mitzubekommen, wo sie stehen, und wie Du sie in Ihrer Entwicklung unterstützen und inspirieren kannst?
- Wie viel Zeit hast oder nimmst Du Dir für die Kompetenzentwicklung der Menschen?
- Werden Deine Mitarbeitenden selbst aktiv, um ihre Kompetenzen weiterzuentwickeln?
- Wie zufrieden bist Du mit der Umsetzung der Fürsorgepflicht in den Themen Gesundheit, Resilienz, Arbeitsbelastung? Was wünschst Du Dir dazu vom Unternehmen?
- Wie unterstützt Du Teammitglieder in Krisensituationen?

Teamführung (1:n)
- Auf einer Skala von 1–10: Wo siehst Du Dein Team da?
- Wodurch gelingt es Dir bisher schon, das Team so zu entwickeln, dass eine gute Zusammenarbeit und positiver Teamspirit gelebt wird?
- Wofür bräuchtest Du neue Ansätze und Lösungen?
- Wie könntest Du die Teamkultur weiterentwickeln? Welche Erfahrungen hast Du mit Teambuilding gesammelt?
- Wie gehst Du und wie geht das Team mit Teamkonflikten um?
- Welche Moderationsmethoden setzt Du für die Moderation von Konflikten im Team ein?

Kommunikation und Beziehung
- Wie gestaltest Du Deine 1:1-Kommunikation mit Deinen Mitarbeitenden?
- Herrscht im Teammeeting ein offener und konstruktiver Austausch?
- Wie gut gelingt es Dir, für Dein Team präsent zu sein?
- Gibt es für alle Teammitglieder angemessen Gelegenheiten, miteinander in Kontakt zu sein?
- Welche Rituale nutzt das Team für positive Beziehungsgestaltung?
- Wie ist der Umgang mit Beziehungskonflikten?
- Was hast Du erlebt, wie trotz remote-hybrider Zusammenarbeit der Teamzusammenhalt gut funktioniert? Was hat dazu beigetragen und was möchtest Du beibehalten?
- Woran merkst Du, dass die Beziehungen zueinander beeinträchtigt sind?
- Wie wirkt sich das aus und was könnte da helfen?

Vernetzung und Kollaboration
- Welche Bedeutung hat für Dich gemeinsame Begeisterung, Spaß und das zulassen von Emotionalität in der Zusammenarbeit?
- Wenn Du ins Team schaust, wie gut sind die Teammitglieder miteinander sowie in und außerhalb der Organisation vernetzt?

- Wie kann sich eine gute team- und bereichsübergreifende Vernetzung auf die Kompetenzentwicklung und die Zusammenarbeit auswirken?
- Wie transparent sind die Verbindungen und wie gehst Du mit Zielkonflikten um, die daraus entstehen können?
- Welche Tools, Methoden und technischen Möglichkeiten funktionieren in der, auch virtuellen, Zusammenarbeit gut, um Kollaboration zu fördern?
- Wo gibt es aus Deiner Sicht noch Verbesserungsbedarf?

Arbeitsbereich – Notizen zum Führungscluster People Empowerment:

Welche Antworten leite ich **für mich persönlich** ab?

Welche Antworten leite ich **für mein Team/mein Arbeitsfeld** ab?

Welche Antworten leite ich **für unsere Organisation/unser Unternehmen** ab?

3.5.4   Führungscluster #4: Organizational Design – Die Organisation gestalten

> »Organisation ist ein Mittel, die Kräfte des einzelnen zu vervielfältigen.«
> (Peter F. Drucker)

Das Führungscluster »**Organizational Design**« beschreibt alle Aspekte der Organisationsgestaltung und -entwicklung. Dazu gehört die Gestaltung der betrieblichen Prozesse und Strukturen einschließlich der eingesetzten Tools und Technologien, die Kulturentwicklung sowie alle Fragen der Transformation und des Wandels.

Im Begriff »Organisation« steckt die griechische Wurzel »organon«, was so viel bedeutet wie »Hilfsmittel, Werkzeug«. Die Organisation ist Mittel zum Zweck, oder um mit Peter Drucker zu sprechen, ein Mittel zur Vervielfältigung meiner Kräfte, oder wie man es heute ausdrücken mag, zur Skalierung von Ressourcen. So verstanden sind viele gängige Vorstellungen von komplexen Strukturen, mit denen Organisationen assoziiert werden, überholt.

Das eigentliche Potenzial der Organisation lässt sich dann entfalten, wenn sie als Multiplikator der Ressourcen einer Führungskraft wirkt. Diese Ressourcen aus Sicht der Führungskraft sind in den bisher dargestellten Führungsclustern abgebildet: **#1 Unsere Strategie** im weitesten Sinne – vom Purpose bis zum Geschäftsmodell, **#2 ich selbst als Führungskraft** von der Persönlichkeit bis zu den eigenen Zielen und **#3 meine »Leute«,** vom Einzelnen bis zum vernetzten Team.

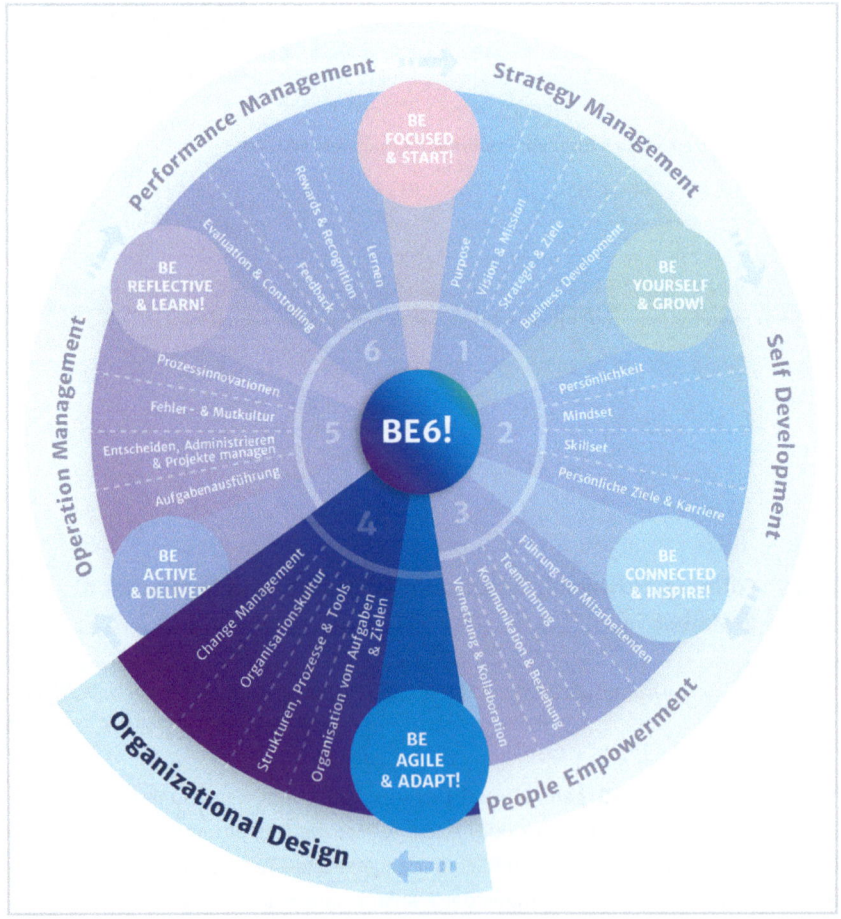

Abbildung 20: Führungscluster #4 Organizational Design im Be6! Leadership Framework[125]

---

125   Quelle: Eigene Darstellung.

Die Führungsaufgabe ist es nun, **das Zusammenspiel dieser Ressourcen zum Zweck der Zielerreichung optimal zu organisieren**, d.h. eine adäquate Organisation aufzusetzen, zu gestalten und beständig anzupassen und weiterzuentwickeln. Tools und Technologien werden als organisatorische Ressourcen mitbetrachtet. Um diese **zentrale gestalterische Führungsaufgabe** zu betonen, heißt das Führungscluster deshalb auch »Organizational Design«. »**Be agile & adapt!**« heißt der bestimmende Antrieb bzw. die **korrespondierende Haltung (Driver #4)**.

War diese Aufgabe immer schon eine zentrale Führungsaufgabe, so zeigt doch die agile und digitale Transformation zu einem neuen Zeitalter von Führung und Zusammenarbeit in besonderer Weise, vor welchen Herausforderungen Führungskräfte **in der Transformation zum Next Generation Leadership stehen. Hier benötigen wir grundlegend neue** Organisationsformen und -designs, wie zum Beispiel Shared-Leadership-Konzepte, partizipative Organisationskulturen und hybride Organisationsformen, welche neue Denk- und Handlungsstrukturen erfordern und jahrzehntelang eingeübte Unternehmenspraxis abschaffen. Führungskräfte haben die Aufgabe, den Organizational Change verständlich zu machen, Stakeholder zu überzeugen und Sparringspartner für die Veränderung zu sein.[126]

Das erforderliche Kompetenzbündel im Führungscluster #4 »**Organizational Design**« bezeichnen wir zusammenfassend als **Organisations- und Methodenkompetenz** und verstehen darunter im Wesentlichen:
- die Organisation und ihre Kultur »spüren« und beeinflussen,
- die Organisation in Struktur und Prozessen (um-)gestalten,
- kreativ denken, methodische Ansätze finden und alternative Lösungs- und Gestaltungsmöglichkeiten entwickeln,
- analoge und digitale Führungstools und -methoden an die Organisation anpassen und einsetzen.

---

126 Vgl. Stöger, Roman (2017): Strategieentwicklung für die Praxis. Navigieren, verändern und umsetzen. Stuttgart, S. 265–278.

Führungsfeld #4.1: Organisation von Aufgaben und Zielen
Die Organisation ist wie ausgeführt kein Selbstzweck, sondern Werkzeug und Hilfsmittel, um Aufgabenstellungen und Ziele schneller und effizienter zu erfüllen bzw. zu erreichen. Die erste Führungsaufgabe im Bereich der Organisation ist die grundlegende und **klare Zuordnung und Kommunikation der aus der Strategie abgeleiteten Aufgaben und Ziele zu den Mitarbeitenden und Teams.** Dafür **wird ein eindeutiger Rahmen, ein Organisationsdesign benötigt. Nur so lassen sich** Unternehmenszweck und Strategie erfolgreich umsetzen.

Die Zuordnung von operativen Zielen und Aufgaben auf die Mitarbeitenden kann auf verschiedene Weisen erfolgen und ist abhängig von der Unternehmenskultur, der Organisationsstruktur und individuellen Anforderungen. Die Zuordnung reicht dabei von einer hierarchischen Zuteilung durch die Führungskräfte (top-down) über das Führen mit Zielen (MbO) anhand von Zielvereinbarungen im Mitarbeitergespräch bis hin zur selbstgesteuerten Auswahl von Aufgaben und Zielen durch den Mitarbeitenden (bottom-up):

- **Kompetenzbasierte Zuordnung** der Ziele und Aufgaben anhand der individuellen Stärken und fachlichen Skills des Mitarbeitenden, um sicherzustellen, dass diese die Aufgaben effektiv erledigen und die Ziele erreichen können.
- **Teambasierte Zuordnung:** Ziele und Aufgaben werden in Teams verteilt, wobei die Teammitglieder ihre jeweiligen Verantwortlichkeiten übernehmen. Dies fördert die Zusammenarbeit und ermöglicht eine effiziente Nutzung der Ressourcen und Fähigkeiten im Team.
- **Projektbasierte Zuordnung:** Ziele und Aufgaben werden im Rahmen von Projekten zugewiesen, bei denen Mitarbeitende aus unterschiedlichen Fachgebieten zusammenarbeiten, um ein gemeinsames Ziel zu erreichen. Die Zuordnung erfolgt entsprechend den Anforderungen des Projekts und den individuellen Fähigkeiten der Mitarbeiter.
- **Selbstorganisierte Zuordnung:** Mitarbeitende haben die Möglichkeit, ihre eigenen Ziele und Aufgaben auszuwählen oder sich selbst für bestimmte Projekte oder Initiativen einzubringen. Dies fördert die Eigenverantwortung und Motivation der Mitarbeitenden.
- **Agile Methoden:** In agilen Arbeitsumgebungen, die z. B. Scrum oder Kanban anwenden, werden Ziele und Aufgaben in Form von User Stories oder Tickets erstellt und dann vom Team gemeinsam priorisiert und zugewiesen. Diese Methode ermöglicht eine flexible Anpassung der Aufgabenverteilung je nach Bedarf und Fortschritt des Projekts.

Zielformulierung und Aufgabenorganisation haben sich durch die digitale Transformation rapide verändert. Führungskräfte müssen Ziele **offener und in kürzeren Zeitrahmen** gestalten und steuern oder sie geben die Formulierung und Zuordnung von operativen Zielen wie gesehen teilweise oder ganz in die **Selbststeuerung der Mitarbeiter und Teams**. Die Einführung von cross-funktionalen Teams und agilen Strukturen in Organisationen erfordert aber nicht weniger, sondern **mehr Klarheit und Transparenz** in den Rollen, in der Zuweisungen von Aufgabenpaketen und in der Priorisierung von Aufgaben.

Abgebildet sind diese Anforderungen in neuen agilen Zielsystemen wie z. B. den OKRs, welches sukzessive das früher übliche Führen mit Zielvereinbarungen (MbO) mit seinen kaskadierenden Zielen ablöst. Erhoffte man sich im MbO durch das Herunterbrechen übergeordneter Unternehmensziele in kleinere Ziele auf Abteilungs- oder Teamebene eine Verbindung zwischen den verschiedenen Ebenen des Unternehmens und eine Ausrichtung der Ziele auf die Gesamtstrategie, so wird dies aufgrund der Komplexität und der rasanten Veränderungen im Umfeld in vielen Firmen immer schwieriger und sie gehen zu OKRs über.

OKRs (Objectives and Key Results) ist ein Managementsystem zur zielgerichteten Mitarbeiterführung[127], welches von Google seit 2005 populär gemacht wurde[128] und inzwischen von vielen modernen Unternehmen verwendet wird. Es werden klare und messbare Ziele (Objectives) definiert, die mit spezifischen Ergebnissen (Key Results) verbunden sind. Diese Ziele werden nicht nur einmal jährlich in einem Mitarbeiterjahresgespräch, sondern laufend überprüft und aktualisiert, um sicherzustellen, dass sie den sich ändernden Bedürfnissen des Unternehmens gerecht werden.

Zentrale Aufgaben (und Skills) in diesem Führungsfeld

4.1.1   Aufgaben und Kompetenzen der Mitarbeitenden abgleichen

4.1.2   Operative Ziele aus strategischen Rahmen ableiten und managen

4.1.3   Ziele und Erwartungen klar kommunizieren

4.1.4   Agile Zielsysteme (z. B. OKR) bereitstellen

---

127   Schmid-Gundram, Ralf (2014): Konzeption. Controlling-Praxis im Mittelstand. Springer Fachmedien Wiesbaden, S. 81–143.
128   Klau, Rick (2012): How Google sets goals: OKRs. medium.com, https://library.gv.com/how-google-sets-goals-okrs-a1f69b0b72c7. Abrufdatum: 06.10.2023.

Praxistipp für Führungskräfte:

→ **Nutzen Sie Delegation Poker!**
Unter Delegation wird die dauerhafte Übertragung von Aufgaben, Kompetenzen und Verantwortung an nachgeordnete Stellen verstanden.[129] Doch wie schaut Delegation in New Work aus, wenn Führung unter Umständen auf mehrere Personen verteilt wird? Wenn es nicht mehr die eine Person gibt, die an andere delegiert? Einen ersten spielerischen Ansatz und eine agile Vorgehensweise bietet das von **Jürgen Appelo** im Jahr 2010[130] erstmals vorgestellte »**Delegation Poker**«[131]

Delegation Poker ist ein Spiel, um Verantwortlichkeiten und Entscheidungsbefugnisse zu klären – im Sinne von »Entscheide, wer entscheidet«. Ein agil geführtes Team diskutiert, wie viel Führung für die Bewältigung von Aufgaben notwendig ist und legt dann gemeinsam den Delegationsgrad innerhalb von sieben Abstufungen fest. Die Stufen bewegen sich zwischen zwei Polen: Von kompletter Entscheidung durch die Führungskraft (Stufe 1) bis zu vollständiger Delegation (Stufe 7) und beinhalten:

- **Verkünden** (Tell): Die Führungskraft entscheidet und teilt dem Team ihr Votum mit.
- **Verkaufen** (Sell): Die Führungskraft entscheidet und überzeugt das Team über die Richtigkeit ihrer Entscheidung.
- **Befragen** (Consult): Die Führungskraft bittet das Team um eine Einschätzung und entscheidet anschließend.
- **Einigen** (Agree): Die Führungskraft und das Team diskutieren und entscheiden auf Basis eines Konsenses.
- **Beraten** (Advise): Das Team bittet die Führungskraft um eine Einschätzung und entscheidet anschließend.
- **Erkundigen** (Inquire): Die befugten Personen des Teams entscheiden und informieren dann die Führungskraft.
- **Delegieren** (Delegate): Die befugten Personen des Teams entscheiden, ohne die Führungskraft zu informieren.

Eine gute, detaillierte Darstellung zur Durchführung des Delegation Poker gibt Andreas Diehl.[132]

---

129 Lippmann, Eric/Pfister, Andres/Jörg, Urs (2019): Handbuch Angewandte Psychologie für Führungskräfte. Führungskompetenz und Führungswissen, 5. Auflage, Berlin, S. 702.

130 Appelo, Jurgen (2010): Management 3.0. Leading Agile Developers, Developing Agile Leaders. New York.

131 Jurgen Appelo fasst in folgendem Video die wichtigsten Punkte des Delegation Poker zusammen: https://www.youtube.com/watch?v=VZF-G7MCSG4. Abrufdatum: 22.10.2023.

132 Diehl, Andreas (2021): Delegation Poker – Spielerisch zu mehr Selbstorganisation und schnelleren Entscheidungen. https://digitaleneuordnung.de/blog/delegation-poker/. Abrufdatum: 22.10.2023.

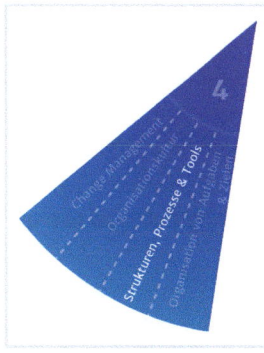

Führungsfeld #4.2: Strukturen, Prozesse und Tools
Die Organisation ist im Weiteren wesentlich bestimmt
durch die eingeführten und gelebten professionellen
Strukturen, Prozesse und Tools. Die Aufbauorganisation, das sind die (Infra-)Strukturen, das festgelegte
Netzwerk an Leitungsbahnen, auf denen Prozesse mit
einer bestimmten Logik ablaufen (Ablauforganisation)
und mithilfe bestimmter Organisationswerkzeuge
(Tools) die Aufgaben bearbeitet und Leistungen erstellt
werden. Zusammen nennen wir das Gebilde eine Organisationsarchitektur, oder kurz »Organisation«.

Ein gelungenes Organisationsdesign unterstützt die Aufgabenausführung und die
Zielerreichung durch die passenden Strukturen, Prozesse und Tools.

Neue Umweltbedingungen erfordern das Überdenken alter Strukturen und Prozesse,
brauchen neue Werkzeuge und insgesamt neue Organisationsformen. Wie gelingt es,
eigenverantwortliche und selbstgesteuerte Teams zu »führen«? Welche Prozesse lassen sich in Organisationen optimieren, evtl. sogar neu denken und modellieren? Welche neuen Tools helfen dabei? (z. B. BPM, Agile PM, Delegation usw.)

Zentrale Aufgaben (und Skills) in diesem Führungsfeld

4.2.1 Strukturen und Prozesse aufgaben- und zielorientiert verstehen, gestalten, hinterfragen und ggf. in Richtung Agilität verändern

4.2.2 Weitestgehende Selbstorganisation von Individuen und Teams ermöglichen und fördern

4.2.3 Führungsaufgaben und Entscheidungsprozesse im Team aufteilen und
delegieren

424. Moderne, digital unterstützte Arbeitswerkzeuge (»New Work Tools«) bereitstellen und nutzen

Praxistipp für Führungskräfte:

→ **Nutzen Sie digital unterstützte Tools für New Leadership in ihrer vollen Funktionalität!**

- **Kommunikationstools,** z. B. **Microsoft Teams,** welches alle verfügbaren Microsoft Apps in einer Anwendung bündelt und die Kommunikation in einer Organisation in Form von Gruppen und Kanälen strukturiert. **Slack** ist wie ein Internet-Forum aufgebaut und unterstützt den schnellen, informellen Austausch im Team.
- **Visualisierungstools,** z. B. **Miro oder Mural,** welche als zoombare, kollaborative Online-Whiteboards genutzt werden können. Sie ersetzen Flipchart und Whiteboard im virtuellen Meeting und verfügen über unzählige hilfreiche Features für die digitale Zusammenarbeit. Mit **OneNote** können gemeinsame Notizen kollaborativ verwendet werden. Die Anwendung verfügt über zahlreiche Möglichkeiten, die Notizen zu strukturieren und erleichtert durch seine Übersichtlichkeit die weitere Arbeit für virtuelle Teams.
- **Planungstools,** z. B. **Kanban-Tools** wie **Jira, Kanbo** oder **Microsoft Planner,** die es Teams ermöglichen, ihre geplante Arbeit in Form eines Kanbans zu strukturieren.

Führungsfeld #4.3: Organisationskultur

Die **Organisationskultur**[133] beschreibt nach Schein[134] Artefakte, kollektive Werte und die Grundannahmen einer Organisation. Sie ist ein Muster gemeinsamer Grundprämissen, welches die Gruppe bei der Bewältigung ihrer Probleme externer Anpassung und interner Integration erlernt hat, das sich bewährt hat und somit als bindend gilt, und das daher an neue Mitglieder als rational und emotional korrekter Ansatz für den Umgang mit Problemen weitergegeben wird.[135]

Die Organisationskultur auf Unternehmens-, Bereichs- oder Teamebene zeigt, wie die Organisationsmitglieder zusammenarbeiten und wie Führung im Unternehmen bzw. in der betrachteten Organisationseinheit tatsächlich gelebt wird. Sie wirkt als Rahmenmodell für das »normale Verhalten« im Unternehmen und ist deshalb auch ein wich-

---

133 Hier synonym zum Begriff der »Unternehmenskultur« zu verwenden.
134 Schein, Edgar H. (1985): Organizational Culture and Leadership. A Dynamic View. San Francisco.
135 Vgl. ebd., S. 25.

tiges Gestaltungselement der Unternehmens- und Organisationsentwicklung. Eine Organisationskultur ist jedoch ein eher zähflüssiges soziologisches Konstrukt, denn sie entsteht durch die geteilten Erfahrungen aller Unternehmensangehörigen über einen langen Zeitraum und kann daher auch nur sehr langsam gezielt verändert werden.

Eine **Kulturentwicklung** geschieht meist im Rahmen des **Change Management**, z. B. über die Entwicklung gemeinsamer Visionen oder der Formulierung gemeinsamer Unternehmenswerte in einem Leitbild. Führungskräfte sind dabei wichtige Stakeholder und werden aufgrund ihrer Vorbildfunktion in diese Projekte meist als Botschafterinnen und Katalysatoren eingebunden. Zu weiteren Beispielen sei auf das nächste Führungsfeld #4.4 (Change Management) unten verwiesen. Führungskräfte können jedoch auch für ihren eigenen Verantwortungsbereich einen eigenen Kulturprozess aufsetzen, z. B. zur Verbesserung der Team- oder Bereichskultur, sollten dabei aber darauf achten, dass die angestrebte Sollkultur mit der Unternehmenskultur bzw. mit den dort verfolgten Zielen abgeglichen ist.

Zentrale Aufgaben (und Skills) in diesem Führungsfeld

4.3.1   Erwünschte Organisationskultur definieren und passende Maßnahmen zur Entwicklung einer Soll-Kultur umsetzen

4.3.2   Passende Formate zur Entwicklung der Organisationskultur einsteuern

4.3.3   Teamkultur(en) mit der Unternehmenskultur abgleichen und synchronisieren

Praxistipp für Führungskräfte:

→ **Verbessern Sie Ihre Teamkultur!**

- **Schaffen Sie Klarheit:** Entwickeln und kommunizieren Sie eine klare Vision und Mission für das Team. Alle Mitarbeitenden sollten verstehen, wofür das Team steht und welche Ziele es verfolgt. Nutzen Sie dafür z. B. eine → **Teamcharta** (siehe den Praxistipp im Führungsfeld #3.2) oder die **Culture Map** von Alex Osterwalder (2015).[136]

- **Seien Sie Vorbild:** Als Führungskraft sind Sie immer Kulturstifter und sollten deshalb als Vorbild für die gewünschte Teamkultur auftreten, d. h. Werte und Verhaltensweisen verkörpern, die sie von ihren Teammitgliedern erwarten.

---

136   Vgl. Osterwalder, Alex (2015): The Culture Map. A systematic & intentional tool for designing great company culture. https://www.strategyzer.com/library/the-culture-map-a-systematic-intentional-tool-for-designing-great-company-culture. Abrufdatum: 22.10.2023.

- **Kommunizieren Sie regelmäßig, offen und dialogisch** über die Organisationswerte und -normen. So stellen Sie sicher, dass alle Mitarbeitenden verstehen, was von ihnen erwartet wird. Ermöglichen Sie ihnen, Prozesse mitzugestalten und ihre Ideen und Bedenken einzubringen.
- **Rekrutieren Sie gezielt:** Als Führungskraft haben Sie hohen Einfluss auf den Einstellungsprozess und sollten sicherstellen, dass neue Teammitglieder zur Kultur passen.
- **Geben Sie laufend Feedback:** Anerkennen und belohnen Sie gewünschtes Verhalten im Team, sprechen Sie unerwünschtes Verhalten konstruktiv an und geben Sie Hinweise zur Veränderung.
- **Gehen Sie Konflikte proaktiv an:** Als Führungskraft sollten Sie Konflikte oder Unstimmigkeiten in Bezug auf die Teamkultur und das erwünschte Verhalten im Team gezielt angehen. Konflikte sollten offen und fair in einer Atmosphäre »psychologischer Sicherheit«[137] gelöst werden.
- **Entwickeln Sie Ihr Team** und organisieren Sie Schulungen und Workshops, um gemeinsam Werte und Normen für das Team zu vereinbaren und Maßnahmen zur Umsetzung von adäquatem Verhalten im Teamalltag zu diskutieren und zu verankern.

Führungsfeld #4.4: Change Management

Unter **Change Management** – oder Veränderungsmanagement – als Führungsaufgabe sind alle Maßnahmen und Tätigkeiten zusammengefasst, die eine umfassende, meist bereichsübergreifende und inhaltlich weitreichende Veränderung von Strategien, Strukturen, Systemen, Prozessen oder Verhaltensweisen in einer Organisationseinheit bewirken sollen. Seien es Software-Einführungen, M&A-Projekte, Umstrukturierungen in der Organisation, Kulturentwicklung oder Einführung agiler Arbeitsweisen, Change Management ist das zentrale Instrument für Transformationen jeglicher Art in Organisationen.

Change Management braucht es in Zeiten laufender Veränderung mehr als je zuvor, denn die Unternehmen müssen sich ebenfalls kontinuierlich anpassen. Change-Management-Projekte sind somit ein ständiger Begleiter in der Führungsarbeit. Oft laufen mehrere Change-Projekte parallel und wollen mit dem Alltagsgeschäft unter einen Hut gebracht werden. Die Mitarbeitenden wollen den Change verstehen, wollen mitgenommen und zur Veränderung befähigt werden, sei es in Teammeetings on-the-job oder durch Schulungen und Workshops off-the-job. Im **Next Generation Leader-**

---

137   Vgl. Edmondson, Amy (2018): The Fearless Organization. Creating Psychological Safety in the Workplace for Learning, Innovation, and Growth. New York.

ship sind Partizipation und Befähigung der Change-Empfänger eine der wichtigsten Voraussetzungen für erfolgreiche Transformationsprozesse. Aber Change kostet Aufmerksamkeit und Energie. Daher ist auch die Resilienz der Organisation und seiner Menschen ein Erfolgsfaktor.

Zentrale Aufgaben (und Skills) in diesem Führungsfeld

4.4.1   Bewusstsein für laufende Veränderungsdynamik und Notwendigkeit für Anpassungsbedarfe bei den verschiedenen Stakeholdern erzeugen

4.4.2   Agile Change-Architekturen aufsetzen und implementieren

4.4.3   Kultur unterstützen, die sich durch Offenheit für Veränderungen auszeichnet

4.4.4   Veränderungsprozesse zur Umsetzung eines neuen (agilen) Organisationsdesigns aufsetzen, steuern und kollaborativ vorantreiben

4.4.5   Die Resilienz der Organisation und ihrer Mitarbeitenden stärken

Praxistipp für Führungskräfte:

→ Nutzen Sie agiles Change Management!
Der agile Change-Management-Ansatz verwendet wenig Meilensteine und eher kleine »Nutzenpakete«. Ähnlich dem OKR-Prinzip wird auch hier gefragt: Was sind kleine Zielerreichungen, die einen Mehrwert bringen, um schnelle Erfolge zu erkennen? Außerdem wird hier verstärkt mit agilen Methoden wie Kanban, Dailys, Retrospektiven und Reviews gearbeitet. Diese Organisations- und Kommunikationsformate dienen der schnellen und flexiblen Abstimmung und beabsichtigen eine noch schnellere Reaktion im Veränderungsprojekt.

Folgende »agile« Denkansätze unterstützen agile Change-Projekte:[138]
- **Richten Sie Mechanismen ein,** die es ermöglichen, die Stimmung der Mitarbeitenden und der Interessengruppen zeitnah zu erfassen. Dann kann auf veränderte Anforderungen reagiert werden, auch wenn sich diese erst spät im Prozess ergeben.
- **Haben Sie den Mut,** eine Veränderungsinitiative zu modifizieren oder sogar die dahinter liegende Vision selbst, um sicherzustellen, dass die Arbeit weiterhin relevant ist und einen Nutzen bringt.

---

138   Vgl. Schilling, Roman (2022): Leading Change. Modul 4 im Fernkurs Leadership der Haufe Akademie.

- **Führen Sie agile Praktiken ein**, wie z.B. tägliche Stand-ups/Dailys, die eine kontinuierliche Koordination und Bewertung neuer Variablen ermöglichen, sobald diese auftauchen.
- **Nutzen sie informelle Kommunikationskanäle**, um Mitarbeitende über die Strategie und die Anforderungen an sie zu informieren.
- **Nutzen Sie »Sprints«**, die zu minimal lebensfähigen Change-Management-Ressourcen führen, die getestet und weiterentwickelt werden können, um weiterhin relevant zu sein.
- **Testen Sie frei verfügbare Tools und Canvases**, welche die Planung und Durchführung eines Change Projektes unterstützen, z.B. die **Lean-Change-Canvas**[139] von Jeff Anderson. Durch sie wird sichergestellt, dass der Change vollständig und strukturiert bearbeitet wird und keine Aspekte offenbleiben.

Deine persönliche Reflexion zum Führungscluster Organizational Design
Versetze Dich bitte beim Lesen der Reflexionsfragen gedanklich an Deinen Arbeitsplatz und in den Führungsalltag. Notiere mögliche Antworten im Arbeitsbereich.

Organisation von Aufgaben und Zielen
- Wie gut gelingt es Dir, auch unterjährig Deine operativen Ziele mit dem strategischen Rahmen abzustimmen? Welche Systeme und Vorgehensweisen unterstützen Dich dabei?
- Und wie gehst Du mit Zielkonflikten um?
- Nutzt Du bereits ein offenes Zielmanagementsystem wie z.B. OKR, um das agile Arbeiten zu unterstützen?
- Wie verbindest Du in Deinem Zielsystem die Unternehmensziele mit den Zielen des Teams und der Mitarbeitenden?

Strukturen, Prozesse und Tools
- Wie gut unterstützen die Strukturen und Prozesse Dein Team bei ihren Aufgaben?
- Sind die bisherigen Prozesse, Strukturen und Tools noch zukunftsfähig?
- Bei welchen Aufgaben arbeitet Dein Team bereits weitestgehend selbstorganisiert?
- Welche Faktoren machen das Team dabei erfolgreich?
- Wo würdest Du Dir mehr Selbstorganisation im Team wünschen?
- Welche Führungsaufgaben hast Du bereits im Team delegiert?
- Gibt es noch Möglichkeiten weitere Führungsaufgaben im Team aufzuteilen?

---

139 Vgl. https://canvanizer.com/new/lean-change-canvas. Abrufdatum: 22.10.2023.

- Wie gut unterstützen die bereitgestellten Arbeitswerkzeuge und digitalen Tools die Arbeitsprozesse? Wenn Du Dein Team dazu fragen würdest, was würden die Teammitglieder antworten?

Organisationskultur
- Welchen Einfluss hat aus Deiner Sicht die Organisationskultur auf die Zusammen-arbeit?
- Wenn Du an die Organisationskultur Deines Unternehmens denkst, wie zahlt die Kultur auf den Unternehmenserfolg ein?
- Was würdest Du aus Deiner Sicht verändern oder weiterentwickeln wollen?
- Wie würdest Du auf Teamebene eine gute Teamkultur definieren?
- Hast Du mit dem Team schon das Thema Kultur in einem Workshop bearbeitet?
- Was ist gut gelaufen? Wie hat sich das in der Folgezeit ausgewirkt? Wo gab es Schwierigkeiten?

Change Management
- Wie setzt Du bisher Change-Projekte auf und steuerst sie?
- Welche Erfolgsfaktoren hast Du entdeckt?
- Was läuft bisher bei Change-Projekten nicht rund?
- Welche Unterstützung oder welches Wissen könnte Dir und dem Team helfen?
- Was kannst Du in der Führung tun, um die Resilienz der Mitarbeitenden zu stärken?
- Welche Strukturen, Prozesse oder Rituale können dabei hilfreich sein?
- Wie gehst Du konstruktiv mit den im Change auftretenden Emotionen um? Wie kann die Teamkultur dabei helfen?

Arbeitsbereich – Notizen zum Führungscluster Organizational Design:

Welche Antworten leite ich **für mich persönlich** ab?

Welche Antworten leite ich **für mein Team/mein Arbeitsfeld** ab?

Welche Antworten leite ich **für unsere Organisation/unser Unternehmen** ab?

3.5.5 Führungscluster #5: Operation Management – Den Betrieb führen

> »The difference between setting goals and making them a reality is action.«
> (unbekannt)

Das Führungscluster »**Operation Management**« umfasst in unserem Verständnis alle Aspekte, die sich mit der eigentlichen Durchführung der Arbeitsprozesse beschäftigen. Operation Management plant, steuert und überwacht alle operativen Aktivitäten eines Unternehmens und hat zum Ziel, die Effizienz und Effektivität der operativen Prozesse zu maximieren.

Führungskräfte spielen im Operation Management eine entscheidende Rolle bei der Gewährleistung eines effizienten und erfolgreichen Betriebs. Im Rahmen der Transformation zum Next Generation Leadership ist das zunehmende »Enabling« der Mitarbeitenden die zentrale Führungsaufgabe. Das Ziel ist, dem Team die Freiheit zur Eigeninitiative zu ermöglichen und sie dafür zu befähigen. Dies zeigt sich hier in zwei Schwerpunkten: zum einen in der **Maximierung der Handlungs- und Entscheidungsspielräume** in der Aufgabenausführung und zum anderen die **Bereitstellung von unterstützenden und motivierenden Ressourcen, Prozessen und Systemen**, die für die Produktion und Leistungserstellung erforderlich sind.

Weitere **grundlegende Aufgaben und Verantwortlichkeiten im Operation Management** wie Planung, Beschaffung, Produktion, Logistik, Qualitätsmanagement, Prozessoptimierung sind in den folgenden Führungsfeldern integriert.

»**Be active & deliver!**« heißt der bestimmende Antrieb bzw. die **korrespondierende Haltung (Driver #5).** Das erforderliche Kompetenzbündel im Führungscluster #5: »**Operation Management**« bezeichnen wir zusammenfassend als **Veränderungs- und Umsetzungskompetenz** und fassen darunter im Wesentlichen:

- neue Umfeldbedingungen erfassen und Aufgabenausführung im Rahmen der vorhandenen Ressourcen anpassen und operationalisieren,
- Probleme und Hindernisse in der Umsetzung identifizieren, analysieren und (auf-) lösen,
- Verbesserungspotenziale proaktiv und kontinuierlich identifizieren und ausschöpfen,

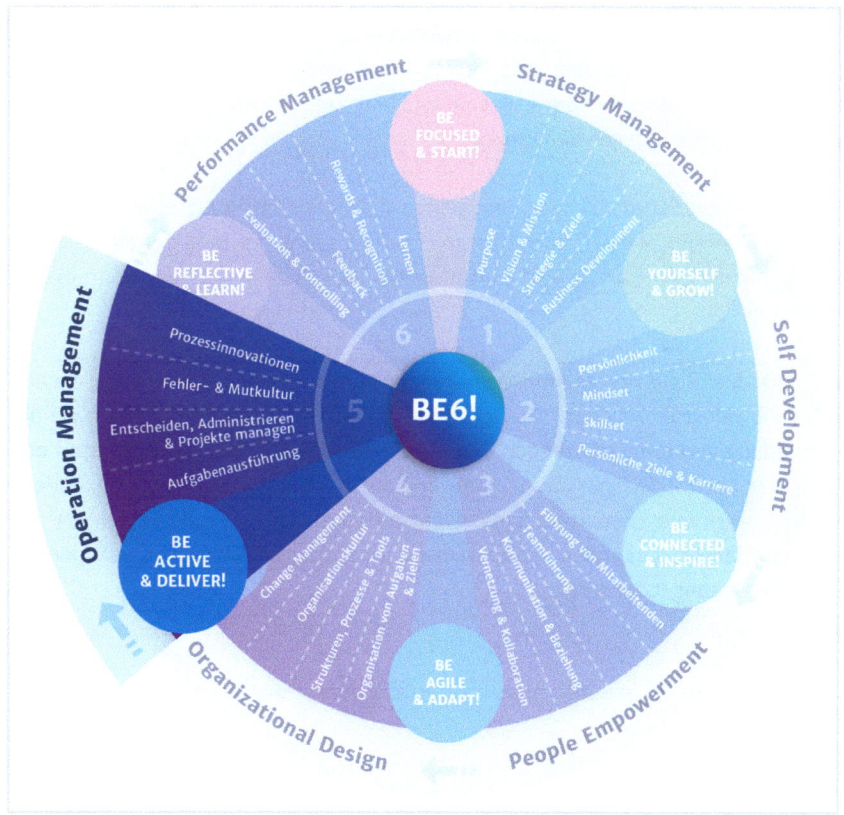

Abbildung 21: Führungscluster #5: Operation Management im Be6! Leadership Framework[140]

---

140 Quelle: Eigene Darstellung.

- Ziele und Strategien entwickeln, um die Effizienz und Rentabilität der operativen Prozesse zu verbessern,
- Veränderungen proaktiv einleiten und managen,
- Macherqualitäten mit Mut und Risikobereitschaft (»Just-do-it«-Mentalität) zeigen.

Führungsfeld #5.1: Aufgabenausführung

Viele manuelle Aufgaben werden heute digital und automatisiert ausgeführt. Durch den Einsatz von künstlicher Intelligenz werden auch die Koordination, Steuerung und Überwachung der Arbeitsprozesse zunehmend automatisiert.[141] Wenn wir also hier von **Aufgabenausführung** sprechen, so handelt es sich hier um solche Tätigkeiten, die sich bisher der Automatisierung im Rahmen der digitalen Transformation entzogen haben und die noch von Menschen, also den Mitarbeitenden ausgeübt werden. Diese sind **im Rahmen ihrer Selbstführung im Team** für alle grundlegenden operativen Managementprozesse in ihrem Arbeitsbereich selbst verantwortlich. Sie planen, beschaffen, managen ihre Ressourcen, koordinieren und überwachen den Produktionsprozess oder die Leistungserfüllung und beurteilen das Endergebnis selbst und verbessern ggf. den Prozess.

Auch wenn viele Führungskräfte, besonders auf der ersten Führungsebene (Gruppen- oder Teamleiterin, Meister) noch operativ im »Tagesgeschäft« mitarbeiten, so haben sie doch in diesem Führungsfeld eine andere Rolle, sobald sie sich den Führungshut aufsetzen.

Sie haben hier neben der **teamübergreifenden Koordination und Steuerung** die Aufgabe, die Selbstführung der Mitarbeitenden in ihrer Aufgabeerfüllung durch die **Bereitstellung von unterstützenden und motivierenden Ressourcen, Prozessen und Systemen** bestmöglich zu gewährleisten und deren Handlungsspielräume so laufend zu verbessern und zu maximieren. Die dritte Hauptaufgabe ist die Begleitung und Stärkung der Mitarbeitenden im Sinne einer unterstützenden fachlichen oder persönlichen Begleitung (**Coaching**).

---

141 Vgl. AI:MAG (2023): Führen und geführt werden – von künstlicher Intelligenz. https://aimag.one/fuehren-und-gefuehrt-werden-von-kuenstlicher-intelligenz/. Abrufdatum: 08.10.2023.

Zentrale Aufgaben (und Skills) in diesem Führungsfeld

5.1.1 Kontinuierliche Aufgabenausführung sicherstellen

5.1.2 Durchführung von Aufgaben erleichtern und Hürden beseitigen (Enabling)

5.1.3 Auf 2nd- oder 3rd-Level als Unterstützer und Problemlöser zur Verfügung stehen

5.1.4 Durchhaltevermögen und Resilienz der Teammitglieder stärken und ggf. aktiv unterstützen

Praxistipp für Führungskräfte:

→ Nutzen Sie das GROW-Modell für Coachinggespräche!

Eine gute Möglichkeit, ein Coachinggespräch zu strukturieren und damit schneller und besser zu kommunizieren, ist das **GROW-Modell** nach John Whitmore.[142] Dieser bezieht sich auf die Begriffe **G = Goal Setting/R = Reality Check/O = Options/W = Will (What, When, Who).** Das GROW-Modell ist nicht ausgebildeten Coaches vorbehalten. Aufgrund seiner Einfachheit kann es auch von allen Führungskräften mit einer coachenden Grundhaltung gut genutzt werden. Das GROW-Coachinggespräch bietet sich sowohl in kleinen unterstützenden Gesprächen am Arbeitsplatz als auch bei längeren Entwicklungsprozessen an. Nachfolgend ein kurzer Überblick über die vier Phasen:[143]

1. **G = Goal Setting: Was soll erreicht werden?** Hier geht es um das Definieren und Vereinbaren von einem oder mehreren Zielen. Bei einem Coaching-Prozess ist es gut, ein Ziel für den gesamten Prozess zu definieren und pro Coachinggespräch ein Ziel daraus abzuleiten. Die Ziele können sehr gut an einem Flipchart oder auf einer großen Karteikarte visualisiert werden, sodass sie in jeder Coaching-Einheit präsent sind.

2. **R = Realität: Wie ist die Lage?** Hier geht es um das möglichst objektive und gleichzeitig empathische Herausarbeiten der Realität. Ein guter Startpunkt ist die Frage nach der aktuellen Situation und <u>nicht</u> zu dem Problem. Man betrachtet damit die Situation als System und kommt so zu einer objektiveren Einschätzung.

---

142 Whitmore, John (2014): Coaching for Performance: Potenziale erkennen und Ziele erreichen. Paderborn.

143 Vgl. Schröer, Anja (2022): Coaching Basics im Leadership. Modul 8, Fernkurs New Leadership der Haufe Akademie. S. 41–42.

3. **= Option: Was können wir tun?** Zunächst geht es darum, viele Lösungsansätze zu finden und den Coachee dazu zu motivieren, kreativ zu werden und mehr Quantität als Qualität zu liefern.
4. **W = Willenskraft: Was soll bis wann von wem erreicht werden?** Im letzten Schritt werden die Ideen zu Entscheidungen. Aus den gefundenen Strategien wird eine Alternative als Handlungsoption ausgewählt. Es geht hierbei um den Willen, zur Umsetzung, also wirklich auf die Ziele hinzuarbeiten. Alle Hindernisse und mögliche Ressourcenfragen werden ausführlich diskutiert. Der Coachee ist Macher und Eigentümer seiner Entscheidungen.

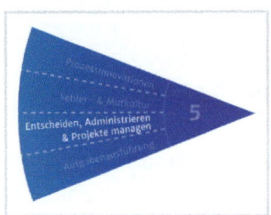

Führungsfeld #5.2: Entscheiden, Administrieren und Projekte managen
In diesem Führungsfeld fassen wir alle Aktivitäten im Operation Management zusammen, welche den Mitarbeitenden **indirekt** in seiner Aufgabenausführung unterstützen. Dies sind zumeist **Entscheidungen** im Vorfeld und solche, die außerhalb des operativen Handlungsspielraums der Mitarbeitenden. Führungskräfte sollten in der Lage sein, komplexe Probleme zu analysieren, verschiedene Perspektiven zu berücksichtigen und fundierte Entscheidungen zu treffen. Kritisches Denken und Problemlösungsfähigkeiten sind entscheidend, um Herausforderungen zu bewältigen und Chancen zu erkennen. Aufgrund der fortgeschrittenen Digitalisierung werden viele Entscheidungen von Führungskräften heute schon im Wesentlichen digital gestützt getroffen, aufgrund der Analyse großer Datenmengen, welche die jeweiligen IT-Systeme zur Verfügung stellen. Das bisherige »**Data driven decision making**« kann durch den zunehmenden Einsatz von KI nochmals eine ganz neue Stufe einnehmen, denn wenn entsprechend trainiert, »können KI-Systeme bald bessere Entscheidungen treffen und dadurch möglicherweise eine höhere Objektivität aufweisen als menschliche Führungskräfte, die manchmal von Vorurteilen oder persönlichen Präferenzen beeinflusst sind.«[144] Daraus ergeben sich weitreichende Fragen zum Wesen von menschlicher und »künstlicher« Führung für die Zukunft.

Eine weitere Führungsaufgabe in diesem Feld ist die Bereitstellung einer effektiven, die operativen Prozesse und die Mitarbeitenden optimal unterstützenden **Administration**, meist in Form von IT-gestützten Systemen im Bereich der Zeit-, Produktion- und Ressourcenplanung, der Kommunikation, der Dokumentation, des Personaleinsatzes, der Steuerung und Überwachung der Produktions- und Leistungserstellungsprozesse und weiteren Spezialbereichen wie z. B. Lieferantenmanagement und IT-Management.

---

144 AI:MAG (2023): Führen und geführt werden – von künstlicher Intelligenz. https://aimag.one/fuehren-und-gefuehrt-werden-von-kuenstlicher-intelligenz/. Abrufdatum: 08.10.2023.

Besonders hervorgehoben sei hier die Bereitstellung eines effizienten und effektiven **Projektmanagementsystems,** denn das eher auf Flexibilität und Agilität angelegte Arbeiten in kurzen Projekthorizonten spielt in der zunehmend komplexen Arbeitswelt eine entscheidende Rolle bei der erfolgreichen Umsetzung von notwendigen Veränderungen und der schnellen Anpassung an die sich ständig verändernden Anforderungen. Das klassische Projektmanagement im Wasserfallprinzip wird zunehmend durch schnellere und innovationsförderliche Methoden wie Design Thinking und Scrum abgelöst.

Zentrale Aufgaben (und Skills) in diesem Führungsfeld

5.2.1   Transparente und digital unterstützte Entscheidungsfindung ermöglichen (»Data driven decision making«)

5.2.2   Eine, die Produktionsprozesse unterstützende, effektive und integrierte Administration aufsetzen und weiterentwickeln

5.2.3   Projekte einsteuern und professionell managen

Praxistipp für Führungskräfte:

→ **Nutzen Sie agile Projektmanagement-Methoden!** Während im klassischen (Projekt-) Management das Endergebnis und der dazu führende Prozess zu Beginn festgelegt werden (monolithischer Ansatz), arbeitet sich agiles (Projekt-) Management mehr oder weniger ergebnisoffen und in Phasen voran (iterativ-inkrementell). Es gibt meist ein anfängliches Konzept mit Raum für Abweichungen und Kreativität. Fehler können schnell erkannt und Anpassungen oder Änderungen leichter umgesetzt werden. Das Team arbeitet vorwiegend in Selbstorganisation und selbstgesteuert. Eigenverantwortung, Reflexion und laufende Verbesserung sind wichtige Prinzipien.

Hier einige **Methoden und Systeme des agilen Projektmanagements:**

* **Kanban** ist eine in Japan entstandene Methode zur verbesserten Koordination und Steuerung von Produktionsprozessen. David Anderson entwickelte Kanban weiter zu einem populären agilen Prozessoptimierungstool für die Softwareentwicklung.[145]

---

145   Anderson, David J. (2011): Kanban: Evolutionäres Change Management für IT-Organisationen. Heidelberg.

- **Scrum** ist ein von Jeff Sutherland mitbegründetes Projektmanagement-Modell, das seine Ursprünge in der Softwareentwicklung hat, mittlerweile aber auch in anderen Bereichen Anwendung findet.[146]
- **Lean Projektmanagement** beruht auf den Prinzipien des bereits seit einigen Jahrzehnten populären Lean Management und entspricht im Großen und Ganzen den agilen Prinzipien. Im Fokus stehen die Verschlankung von Prozessen, das Kundeninteresse und gleichzeitig eine möglichst umfassende Wertschöpfung und Vermeidung jeglicher Verschwendung.
- Bei **PRINCE2** (»**PR**ojects **IN** **C**ontrolled **E**nvironment«) handelt es sich um ein konkret ausgearbeitetes Managementsystem, welches vom britischen Unternehmen Axelos Ltd. herausgegeben und weiterentwickelt wird.[147]
- **Six Sigma(6σ)** ist ein mathematischer Ansatz aus dem Qualitätsmanagement und dient gleichzeitig als eine Methode zur Prozessverbesserung.[148]

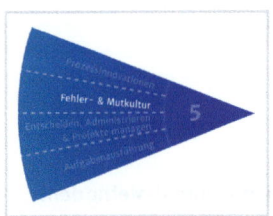

Führungsfeld #5.3: Fehler- und Mutkultur

In den eher technischen Systemen des Operation Managements, welche sich mit Fehlern und dessen Auswirkungen beschäftigen, wie z. B. die **Qualitätssicherung** oder das **Risikomanagement** haben die Mitarbeitenden selbst bzw. auf einem 2nd-Level die Führungskräfte die Aufgabe, sicherzustellen, dass Produkte oder Dienstleistungen den Qualitätsstandards entsprechen und dass Maßnahmen zur Fehlerbehebung eingeleitet werden. Außerdem sollten sie **Risiken** im Rahmen der operativen Prozesse identifizieren und Maßnahmen ergreifen, um diese zu minimieren oder zu bewältigen. Sie entwickeln z. B. Notfallpläne, um auf unvorhergesehene Ereignisse wie Naturkatastrophen oder technische Ausfälle reagieren zu können.

Die wichtigste Aufgabe einer Führungskraft, auf die im Next Generation Leadership der Schwerpunkt gelegt werden soll, ist die Pflege und Entwicklung einer **positiven Fehler- und Mutkultur**. Sie ist nicht nur die Voraussetzung für das Funktionieren der eben genannten Systeme, sondern das Fundament beständigen Lernens und einer laufenden Verbesserung und Innovation aller Systeme, Prozesse und Produkte.

Eine positiv gelebte Fehler- und Mutkultur ist auch immer eine **Innovations- und Lernkultur**. Fehler werden als natürlicher Bestandteil des Lernprozesses akzeptiert und als Lernchancen angesehen. Mitarbeitende werden dazu ermutigt, aus Fehlern zu lernen und Verbesserungen vorzunehmen. Mitarbeitende sind **mutig genug** und spüren

146   Sutherland, Jeff (2015): Die Scrum-Revolution: Management mit der bahnbrechenden Methode der erfolgreichsten Unternehmen. New York.
147   Bennet, Nigel/AXELOS (2017): Managing successful projects with PRINCE2. London.
148   Vgl. Lunau, Stephan (2014) (Hg.): Six Sigma+Lean Toolset: Mindset zur erfolgreichen Umsetzung von Verbesserungsprojekten. Berlin/Heidelberg.

das notwendige Vertrauen und die **psychologische Sicherheit**, Risiken einzugehen, neue Ideen vorzubringen und ihre Meinungen zu äußern, z. B. indem sie im Team oder bei der Führungskraft ansprechen, was geklärt und verbessert werden sollte. Hierarchische Barrieren im Team sind abgebaut und es wird Wert darauf gelegt, dass jeder Beitrag geschätzt wird.[149]

Weiterentwicklung und Innovation entstehen oft jenseits des bereits Vertrauten. Next Generation Leaders ermutigen ihre Teams, Risiken einzugehen und neue Wege zu gehen. Sie fördern **Offenheit und Transparenz**, fordern die Übernahme einer konstruktiven **Fehlerverantwortung**, fördern **Experimentierfreude und Innovation** und geben laufend **Feedback und Unterstützung**, z. B. im **kontinuierlichen Lernen** durch Austausch von Erfahrungen und Best Practices.

Zusammenfassend: Um das eigene Potenzial ausschöpfen zu können und wirksam zu werden, brauchen Mitarbeitende Freiräume. Führungskräfte sollten ihnen diesen Rahmen schaffen, damit sie sich frei bewegen und agieren können. Denn: Neues entsteht nur durch Experimentieren. Ein innovatives Umfeld braucht eine **positive Fehlerkultur**. Genau das können Führungskräfte selbst vorleben. Fehler sind wichtige Erfahrungen, aus denen neue, bessere Lösungen entstehen.

Zentrale Aufgaben (und Skills) in diesem Führungsfeld

5.3.1   Mutkultur pflegen und unterstützen sowie Risiken eingehen

5.3.2   Fehlerkultur entwickeln und positive Kraft der Fehler betonen

5.3.3   Fehler- und Mutkultur mit Lernkultur verknüpfen

Praxistipp für Führungskräfte:

→ **Suchen Sie die bewusste Auseinandersetzung zur Fehlerkultur im Team!**
Dazu **können Sie folgende »Übung zur Fehlerkultur« einsetzen:**

Jeder bereitet sich in Einzelarbeit kurz auf die folgenden vier Fragen vor und berichtet dann reihum:
- Was war mein schwerwiegendster beruflicher »Fehler« im letzten Jahr/in den letzten Jahren?
- Was habe ich aus dem »Fehler« gelernt?

149   Ihren »Mutlevel« und Ihre Risikobereitschaft können Sie mit einem kleinen Selbsttest hier ermitteln: Hölzl, Franz/Raslan, Nadja (2012): Mut. Wagen und gewinnen. Freiburg, S. 23–48.

- Was hat sich durch den »Fehler« verändert?
- Aus welchen Gründen bin ich dankbar, dass der »Fehler« passiert ist?

Anschließend werden die Ergebnisse in der Runde anhand folgender Leitfragen diskutiert:

- Gab es Gemeinsamkeiten?
- Welcher Umgang mit Fehlern Einzelner wäre für ein Team, welches sich weiterentwickeln will, sinnvoll und angemessen?
- Was möchten wir uns konkret vornehmen?

Diese kurze Übung im kleinen Kreis oder in einer Kleingruppe mit etwa 3–5 Personen eignet sich dazu, eine konstruktive Fehlerkultur zu etablieren, indem in einem vertraulichen und konstruktiven Kontext Fehler der Einzelnen besprechbar gemacht werden.[150] Für größere Gruppen bietet sich das ähnlich intendierte Format der »Fuckup-Nights« an.[151]

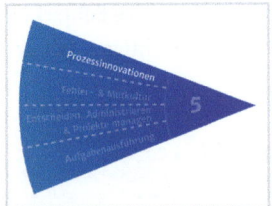

Führungsfeld #5.4: Prozessinnovationen
Prozessinnovationen zielen darauf ab, bestehende Abläufe und Arbeitsweisen zu optimieren um Effizienz, Produktivität und Qualität zu steigern. Angestrebt werden sie z. B. durch Formen und Prinzipien der **Automatisierung**, des **Reengineering**, durch die Anwendung von **Lean-Prinzipien** wie Kaizen, KVP oder Just-in-time, durch **Outsourcing**, **Standardisierung**, **Skalierung** und vor allem gestützt durch die exponentiell gestiegene **Digitalisierung**. In der digitalen Transformation gibt es wohl kaum noch Businessprozesse, die nicht digital gestützt oder komplett digital automatisiert ablaufen.

Im **Gegensatz zum Business Development**, welches darauf abzielt **disruptive Innovationen** in komplett **neuen Geschäftsfeldern** zu entwickeln, zielen **Prozessinnovationen** darauf ab, bestehende Abläufe und Arbeitsweisen **im Kerngeschäft** zu optimieren. Entscheidend ist die Fähigkeit von Führungskräften, beide Innovations- und Geschäftsebenen parallel zu verfolgen. Dies wird oben als **Ambidextrie** beschrieben.[152] Für beide Ebenen braucht es den Mut zum Risiko und zum Scheitern sowie die Bereitschaft, aus Fehlern zu lernen. Die Fähigkeit, innovative Ansätze zu entwickeln und Risiken einzugehen, ist entscheidend.

---

150 Vgl. https://wir-kooperieren.org/de/. Abrufdatum: 22.10.23.
151 Vgl. https://en.fuckupnights.com/. Abrufdatum: 22.10.23.
152 Vgl. Führungsfeld #1.4 im Abschnitt 3.5.1 Strategy Management.

Führungskräfte haben wie im Führungsfeld #5.3 (Fehler- und Mutkultur) auch hier als wichtigste Aufgabe eine kulturelle Aufgabe zu erfüllen, nämlich eine **Kultur der Offenheit für Veränderungen und Innovationen** zu fördern. Dies gelingt ihnen, indem sie ein Umfeld schaffen, das neue Ideen fördert und Mitarbeitende ermutigt, kreativ zu denken und neue Lösungen zu finden und dabei Risiken einzugehen.

Führungskräfte sensibilisieren ihre Mitarbeitenden und Teams auch immer wieder für das **Spannungsfeld von Business Development und Prozessinnovationen**, sodass die Teammitglieder ebenfalls in der Lage sind, im Sinne der Ambidextrie aus ihrer operativen Box herauszudenken, wenn sie dort nicht weiterkommen.

Zentrale Aufgaben (und Skills) in diesem Führungsfeld

5.4.1   Rahmen für kreative und innovative Prozessverbesserungen (»inkremen-
           telle Innovationen«) schaffen
5.4.2   Laufende (iterative) Prozessinnovationen zur Erhöhung der Effizienz unter-
           stützen
5.4.3   Innovations- und Veränderungskultur entwickeln und pflegen

Praxistipp für Führungskräfte:

→ **Nutzen Sie Design Thinking zur kontinuierlichen Weiterentwicklung!**
Um das Arbeiten an Innovationen in Ihrem Team zu verstetigen, kann der **Design-Thinking-Ansatz** für Sie hilfreich sein. Bei Design Thinking handelt es sich um »eine systematische Herangehensweise an komplexe Problemstellungen aus allen Lebensbereichen. Im Gegensatz zu vielen Herangehensweisen in Wissenschaft und Praxis, die Aufgaben von der technischen Lösbarkeit her angehen, steht hier der Mensch im Fokus. Design Thinking ermöglicht es, traditionelle und veraltete Denk-, Lern- und Arbeitsmodelle zu überwinden und komplexe Probleme kreativ zu lösen.«[153]

Der **Design-Thinking-Prozess** kann unterschiedlich strukturiert werden, meist werden fünf oder **sechs Phasen** unterschieden:[154]

---

153   Vgl. Hasso Plattner Institut: Was ist Design Thinking?, https://hpi.de/school-of-design-thinking/design-
       thinking/was-ist-design-thinking.html. Abrufdatum: 21.10.2023.
154   Vgl. Ubernickel, Frank et al. (2015): Design Thinking – Das Handbuch. Frankfurt am Main, S. 24–35.
       Kerguenne, Annie u. a. (2022): Design Thinking. Die agile Innovationsstrategie. 2. Aufl., Freiburg. S. 19–20;
       https://www.iwmedien.de/blog/die-5-phasen-des-design-thinking-prozesses. Abrufdatum: 22.10.23.

1. **Das Problem verstehen und definieren:** Gehen Sie hier davon aus, dass Sie nichts wissen und alles noch lernen müssen, nehmen Sie also für eine maximale mentale Offenheit ein »Anfängerinnen-Mindset« ein.

2. **Kundenbedürfnisse identifizieren und verstehen:** Gehen Sie in die Beobachterrolle und nehmen Kontakt zu Ihren Kundinnen auf. Lassen sich von ihnen zeigen, wie sie mit Ihrem Produkt oder Service heute umgehen und hören dabei genau zu (siehe »aktives Zuhören« unter Kap. 3.5.3).

3. **Das Gelernte verarbeiten:** Bringen Sie nun die Ergebnisse aus Schritt 1 und 2 zusammen und definieren Sie dabei die Persona[155] Ihrer Kundin oder Ihres Stakeholders.

4. **Ideen generieren:** Sammeln, bewerten und priorisieren Sie Ideen gemeinsam mit Ihrem Team.

5. **Einen Prototypen entwickeln:** Mit geringstmöglichem Zeitaufwand und ausschließlich aus Bordmitteln entwickeln Sie dann mit Ihrem Team ein erstes Modell Ihrer Lösung.

6. **Testen:** Im letzten Schritt gehen Sie mit dem Prototypen an den Markt, das heißt, Sie zeigen ihn potenziellen Kundinnen und Kunden und holen sich von ihnen Feedback. Dieses hilft Ihnen, eine nächste, bessere Variante der Lösung zu entwickeln, die Sie wieder in einen Prototypen übersetzen ... und so weiter, bis Sie das perfekt passende Produkt für Ihre Kunden entwickelt haben. Dann erst geht es an die eigentliche Produktentwicklung, die nicht nur einen Prototypen, sondern mindestes ein Minimum Viable Product (MVP) beinhaltet.

Deine persönliche Reflexion zum Führungscluster Operation Management
Versetze Dich bitte beim Lesen der Reflexionsfragen gedanklich an Deinen Arbeitsplatz und in den Führungsalltag. Notiere mögliche Antworten im Arbeitsbereich.

Aufgabenausführung

- Was ist Dein Erfolgsrezept, damit sichergestellt ist, dass das Team seine Aufgaben gut ausführt?
- Was macht Dein Team aus Deiner Sicht besonders gut? Wo bist Du unzufrieden und siehst Handlungsbedarf?
- Wie ermöglichst Du es dem Team, auftretende Hürden zu beseitigen?
- Welche Hindernisse bei der selbstorganisierten Abarbeitung der Aufgaben tauchen in Deinem Team regelmäßig auf? Was bräuchte es aus Deiner Sicht, damit es leichter geht?

---

155 Eine Persona ist ein Nutzermodell, welches Zielgruppen anhand ihrer Eigenschaften und Bedürfnisse charakterisiert.

- Wie stellst Du sicher, dass das Team zunächst selbst in der Lage ist, auftretende Probleme zu lösen und Dich dann erst einbezieht?
- Welchen Freiraum haben die Mitarbeitenden, um besser liefern zu können?
- Was ist Dein Rezept, um das Durchhaltevermögen der Mitarbeitenden zu unterstützen?

Entscheiden, Administrieren und Projekte managen
- Wie werden in Deinem Team Entscheidungen getroffen?
- Sind die Entscheidungsprozesse effizient und zielführend?
- Manche Führungskräfte und Entscheidungswege können zum Flaschenhals werden, fällt Dir dazu ein Beispiel aus dem Alltag ein?
- Wenn Du ändern könntest, was Du wolltest, wie würde dieser Entscheidungsweg dann zukünftig aussehen?
- Inwieweit ist Entscheidungsfindung bisher digital unterstützt? Was könnte für die Zukunft nützlich sein?
- Wie effektiv unterstützen die Administrationsprozesse bislang die Produktion oder Dienstleistung? Was ginge da noch besser?
- Auf einer Skala von 1–10: Wie professionell schätzt Du Euer Projektmanagement ein?
- Wie zufrieden bist Du damit, wie Du Projekte einsteuerst?

Fehler und Mutkultur
- Auf einer Skala von 1–10: Wie hoch würdest Du den Mut in Deinem Team einschätzen?
- Wie erlebst Du den Umgang mit Risiken? Bist Du selbst »mutig«?
- Was glaubst Du: Wie wichtig ist eine Mutkultur für den Erfolg in der selbstorganisierten und agilen Zusammenarbeit?
- Wie entsteht eine Mutkultur und wie kann sie gepflegt werden? Was hast Du schon erlebt?
- Wie gehst Du und wie geht Dein Team mit Fehlern um?
- Wie werden Fehler bewertet, wie wird darüber gesprochen?
- Erlebst Du den Umgang mit Fehlern als konstruktiv und leistungsfördernd?
- Wie schätzt Du die psychologische Sicherheit im Team ein, also das jede:r frei über eigene Fehler oder Unsicherheiten sprechen kann?
- Was kann in einem Team die psychologische Sicherheit stärken?

Prozessinnovationen
- Auf einer Skala von 1–10: Wie schätzt Du da die Innovationskultur im Team ein?
- Welche Voraussetzungen sind Deiner Erfahrung nach notwendig, um eine positive Innovationskultur zu entwickeln und beizubehalten?
- Wie sehr ist Dir und dem Team bewusst, dass Prozessoptimierung im Kerngeschäft ein wichtiger Teil des Erfolges sein kann?

- Welche Rahmenbedingungen für kreative und innovative Prozessverbesserungen hast Du mit Deinem Team bereits geschaffen?
- Welche guten Vorbilder für Prozessinnovationen gibt es dazu im Unternehmen?
- Was daran findest Du auch für Dein Team nützlich?

Arbeitsbereich – Notizen zum Führungscluster Operation Management:

Welche Antworten leite ich **für mich persönlich** ab?

Welche Antworten leite ich **für mein Team/mein Arbeitsfeld** ab?

Welche Antworten leite ich **für unsere Organisation/unser Unternehmen** ab?

3.5.6 Führungscluster #6: Performance Management – Leistungen und Ergebnisse managen

> *»Leistung allein genügt nicht.*
> *Man muss auch jemanden finden, der sie anerkennt.«*
> (Lothar Schmidt)

Die Wirksamkeit der Führungskraft wächst aus der laufenden Rückspiegelung und Kommunikation mit den zu führenden Einheiten und dem erweiterten Verständnis von **Performance Management** als »Value Management«. Dazu gehören Evaluation, Controlling, Feedback, Rewards und Lernen. Performance wird in diesem Führungscluster nicht als rein monetäres Ergebnis verstanden, sondern misst sich im Grad der Zielerreichung auf den unterschiedlichsten zeitlichen Horizonten und Ebenen (individuell, Team und Organisation).

Auf Zwischenetappen oder nach Abschluss der Reise wird zurückgeblickt: Waren wir effektiv? D.h., wo sind wir angekommen? Dort, wo wir hin wollten oder ganz woanders? Waren wir effizient unterwegs? Waren wir produktiv und wirtschaftlich? Dieses Monitoring der Performance ist Aufgabe der Führungskräfte oder der sich selbst führenden Teams.

»**Be reflective & learn!**« ist der bestimmende Antrieb bzw. die **korrespondierende Haltung (Driver #6).** Das erforderliche Kompetenzbündel im Führungscluster **#6 »Performance Management«** bezeichnen wir zusammenfassend als **Lernkompetenz** und fassen darunter im Wesentlichen:

- Ergebnisse adäquat bewerten und Konsequenzen ableiten,
- Feedback laufend geben und nehmen,

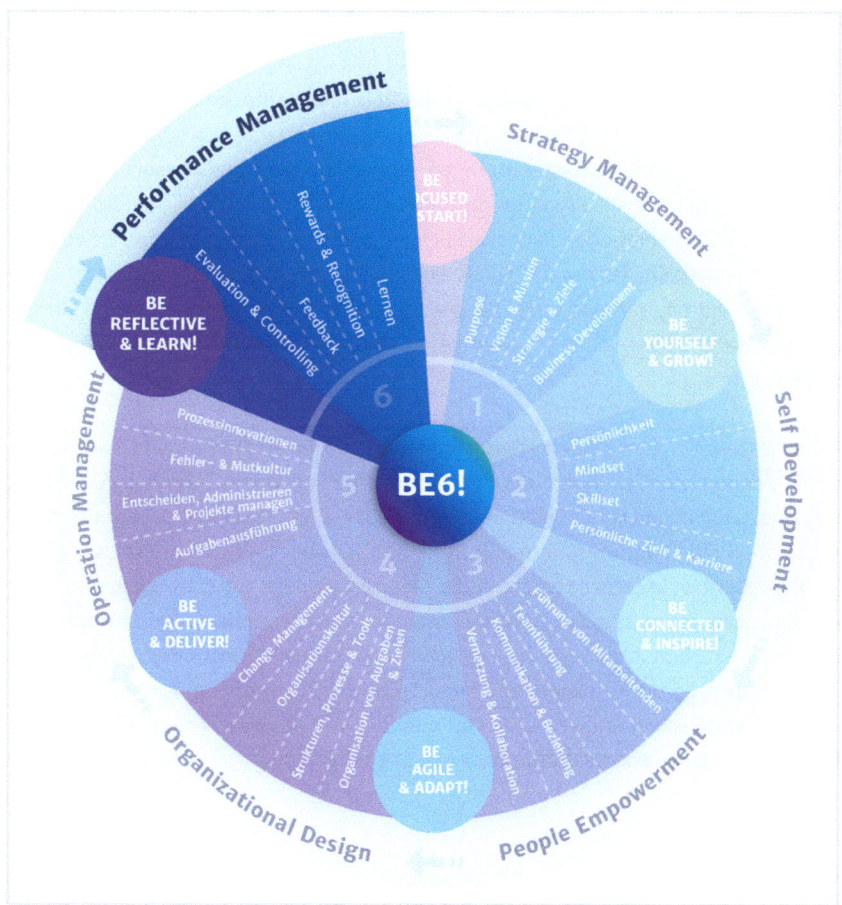

Abbildung 22: Führungscluster #6: Performance Management im Be6! Leadership Framework[156]

---

156   Quelle: Eigene Darstellung.

- Erfahrungen reflektieren und Verhalten neu bewerten,
- sich persönlich weiter entwickeln und kontinuierlich lernen.

Führungsfeld #6.1: Evaluation und Controlling

Evaluation und Controlling sind beides Management- und Führungsprozesse, welche auf der Grundlage einer Sammlung und Analyse von Daten darauf ausgerichtet sind, sowohl laufende als auch abgeschlossene operative und strategische Aktivitäten auf ihre **Wirksamkeit und Zielerreichung** hin zu bewerten. Die Erkenntnisse dienen als Grundlage für weitere Entscheidungen und unterstützen durch die **Identifikation von Verbesserungspotenzialen** bei der Entwicklung von Maßnahmen zur **Steigerung der Performance**.

Obwohl Evaluation und Controlling ähnliche Ziele und Methoden haben, gibt es auch Unterschiede. Während die Evaluation oft **retrospektiv** ist und sich auf die Bewertung vergangener Aktivitäten konzentriert, ist Controlling eher **zukunftsorientiert** und zielt darauf ab, laufende Prozesse zu überwachen und zu steuern. Außerdem konzentrieren sich Evaluationen hauptsächlich auf die (eher nicht monetäre) Bewertung der Wirksamkeit, Effizienz und Qualität eines bestimmten Projekts, Programms oder einer Intervention, während Controlling einen breiteren Fokus hat und darauf abzielt, die (monetäre) Zielerreichung in einer gesamten Organisation sicherzustellen und zu verbessern.

Führungskräfte sollten beide Systeme adäquat und zielgerichtet für ihre Zwecke einsetzen, denn sie helfen ihnen und dem Team, die Wirksamkeit ihrer Arbeitsleistung im Tagesgeschäft und in Zukunfts- und Entwicklungsprojekten sichtbar und steuerbar zu machen. Sind Führungskräfte aufgrund ihrer Führungsposition meist zwangsläufig in die **Controllingprozesse** und in die Kennzahlen-Berichterstattung eines Unternehmens eingebunden, so werden die durch sie selbst zu initiierenden **Evaluationen** aufgrund der Zeitnot und des Tagesgeschäfts oft vernachlässigt oder gar nicht erst durchgeführt. So werden wichtige Lernfortschritte, Erkenntnisse über die Chancen einer systematischen und gezielten Optimierung und das Bewusstsein über die Einflussmöglichkeiten auf die Perfomance verschenkt.

Zentrale Aufgaben (und Skills) in diesem Führungsfeld

6.1.1   Arbeitsergebnisse und Kennzahlen laufend erfassen, analysieren und offen kommunizieren

6.1.2   Selbstgesteuerte CIPP Evaluation (Context, Input, Process, Product) ermöglichen

6.1.3   Integration von Controlling und Evaluation in die Arbeitsprozesse unterstützen

6.1.4   Unterstützende Evaluations- und Controlling-Tools bereitstellen

Praxistipp für Führungskräfte:

→ **Nutzen Sie regelmäßig Lessons-Learned-Meetings, z. B. in Form von agilen Retrospektiven!**
Lessons-Learned-Meetings sind für Führungskräfte ein unverzichtbares Werkzeug in ihrem Projektmanagement. Agile Retrospektiven, kurz »Retros«, sind eine Sonderform davon. Es sind »regelmäßige Teammeetings mit dem Ziel der permanenten Verbesserung aus Erfahrungen der Vergangenheit. Bei diesen ›Rückblicken‹ bewerten die Teammitglieder gemeinsam, was gut und was schlecht gelaufen ist. Zudem analysieren sie, warum Dinge gut liefen oder von Erwartungen abweichen. So werden Maßnahmen zur Verbesserung von Prozessen, Methoden und Teamarbeit formuliert und in die Tat umgesetzt.«[157] Im Mittelpunkt stehen also die Prozesse und die Teamarbeit.

Eine Retrospektive dauert, je nach Länge der reflektierten Projektphase, typischerweise bis zu drei Stunden. Als Struktur des Meetings haben sich fünf Phasen bewährt:[158]

1. **Gesprächsklima schaffen:** Das Team findet sich zur Retrospektive ein. Die Teilnehmenden verzichten auf Ablenkungen und stimmen sich gemeinsam auf einen respektvollen, offenen Austausch ein.

2. **Themen sammeln:** Die Teammitglieder denken gemeinsam darüber nach, wie die Projektphase verlaufen ist, und bringen etwa mithilfe von Brainstorming ihre Punkte ein, die ihrer Meinung nach zur Findung möglicher Verbesserung dienen können.

---

157   Vgl. https://www.theprojectgroup.com/blog/retrospektive-methoden/. Abrufdatum: 22.10.2023.
158   Vgl. ebd.

3. **Erkenntnisse gewinnen:** Alle Teilnehmenden versuchen, bei den gesammelten Punkten in die Tiefe zu gehen: Was sind die Ursachen? Welche Verbesserungen lassen sich konkret ableiten?

4. **Entscheidungen treffen:** Gemäß dem agilen Grundsatz, dass weniger mehr ist, einigt sich die Gruppe auf 1–2 Verbesserungsmaßnahmen, die sie in der nächsten Projektphase konkret umsetzen wollen.

5. **Abschluss:** Nach der Einigung aus Schritt 4 wird die Retrospektive in der letzten Phase abgeschlossen, und die Teammitglieder gehen wieder auseinander. Die nächste Projektphase kann beginnen.

Führungsfeld #6.2: Feedback

Ein Feedback ist eine mündliche, schriftliche oder nonverbale Rückmeldung, welche einer Person oder einem Team gegeben wird, um Informationen über ihre Leistung, ihr Verhalten oder ihre Ergebnisse zu liefern. Es dient dazu, Stärken und Schwächen zu erkennen, Verbesserungspotenziale zu identifizieren und die Entwicklung zu fördern. Somit ist es eine der wichtigsten kommunikativen Führungsinstrumente.

Laufend Feedback zu geben und anzunehmen ist nicht nur Führungsaufgabe, sondern ein wichtiger Bestandteil der selbstorganisierten Zusammenarbeit im Team. Erst dadurch ist es möglich, blinde Flecken zu erkennen und in Entwicklungsmöglichkeiten zu transformieren.

Das Feedback kann **positiv-anerkennend** sein und Lob für gute Leistungen oder Erfolge enthalten. In diesem Fall werden besonders die Stärken betont und die Führungskraft kann aus der gezeigten Übererfüllung ggf. Entwicklungs- und Karrierepotenziale des Mitarbeitenden erkennen und ansprechen.

Das Feedback kann aber auch **kritisch-konstruktiv** sein und auf Bereiche hinweisen, in denen Verbesserungen erforderlich sind. Wenn ein Mitarbeiter unterdurchschnittliche Leistungen zeigt oder Probleme hat, ist es die **Verantwortung der Führungskraft**, diese Probleme anzugehen, indem sie den Mitarbeiter auf die **Untererfüllung der vereinbarten Leistungserbringung** hinweist. Dies ist natürlich für jede Führungskraft eine besondere Herausforderung. Die Führungskraft sollte dazu **objektive Kriterien** verwenden, ihr Feedback auf Fakten basierend formulieren und konkrete Beispiele anführen.[159] Außerdem sollte (jedes) Feedback immer auch respektvoll und wertschätzend formuliert werden, um die Motivation und das Selbstvertrauen des Feedbacknehmenden zu stärken. Nach dem Feedback sollte die Führungskraft den

---

159 Vgl. auch den Praxistipp für Führungskräfte zu den Feedbackregeln in diesem Abschnitt.

Mitarbeitenden unterstützen, selbst Problemlösungen zu finden und gegebenenfalls Maßnahmen zur Verbesserung der Leistung einzuleiten.

In agilen Arbeitskontexten, in denen sich das Team selbst führt und keine disziplinarischen Führungskräfte nah am Mitarbeitenden sind, kann es sein, dass die zentrale Führungsaufgabe des Feedbackgebens nicht mehr erfüllt wird, da es von den Kolleginnen auf der gleichen Ebene nur sehr selten proaktiv gegeben wird. In diesem Fall muss das gewünschte Verhalten aller Teammitglieder auf anderem Weg im Unternehmen etabliert werden, z. B. im Rahmen einer Kulturentwicklung.

Zentrale Aufgaben (und Skills) in diesem Führungsfeld

6.2.1   Laufend Feedback Geben und Nehmen kultivieren

6.2.2   Feedbackprozesse institutionalisieren und in Arbeitsprozesse einbinden

6.2.3   Feedbackergebnisse und Konsequenzen mit Mitarbeitenden und Team ableiten und umsetzen

Praxistipp für Führungskräfte:

→ Denken Sie an die grundlegenden Feedbackregeln!
Um Feedback für alle auf Augenhöhe und in einer wertschätzenden, auch zukunftsgerichteten Weise zu ermöglichen, sollten Sie als Führungskraft dafür klare Regeln und Strukturen haben. Feedback ist ein Angebot. Mögliche **Regeln für den Feedbackgeber:**[160]

- Beschreibend, nicht bewertend: eigene Wahrnehmung beschreiben (3-W-Regel)
- Klar und genau formuliert: Feedback sollte nachvollziehbar sein
- Als Ich-Botschaften formuliert: von mir ausgehend, nicht als vorwurfsvolles »Du« oder »Sie«
- Keine Sandwich-Lüge: Etwas »Negatives« zwischen zwei positiven Mitteilungen »verpacken«
- Auf Beobachtungen beziehen (und nicht auf Vermutungen)
- Vertraulichkeit garantieren
- Keep it short and simple (KISS)
- Feedback zeitnah geben (für erkennbaren Zusammenhang Kritikpunkte nicht »ansammeln«)

160   Brill, Tanja (2022): New Leadership in New Work. Modul 2 im Fernkurs New Leadership der Haufe Akademie. S. 43–44.

- Für Feedbackgespräche passenden räumlichen und zeitlichen Rahmen schaffen
- Feedback direkt geben (nicht über Dritte)
- Keine Verallgemeinerungen (wie z.B. ständig, immer, nie usw.) verwenden, konkret formulieren, keine Gruppenaussagen verwenden (z.B. »Das haben die anderen auch gesagt.«)
- Feedback mit einem konkreten Wunsch abschließen (z.B. bzgl. einer Verhaltensänderung)
- Dem Feedbacknehmer die Wahl lassen, ob er das Feedback annehmen möchte oder nicht

Führungsfeld #6.3: Rewards und Recognition (Vergütung und Anerkennung)
Rewards und Recognition bzw. Vergütung und Anerkennung spielen eine wichtige Rolle im Rahmen des Performance Managements. Sie dienen dazu, die Leistung von Mitarbeitenden anzuerkennen, zu belohnen und zu motivieren. Dabei verstehen wir hier unter Rewards **monetäre Leistungen oder Sachleistungen** und unter Recognition die **nicht-monetäre Kommunikation einer Wahrnehmung und Anerkennung der Leistungen** des Mitarbeitenden. Beide Faktoren stehen also im direkten Zusammenhang mit der erbrachten Leistung.

Ihr Einsatz und Gebrauch sind Führungsaufgaben, denn Vergütung und Anerkennungen können richtig eingesetzt eine große Bedeutung über die rein finanzielle Wirkung als Hygienefaktor hinaus haben. Im Führungsbereich liegen die Zielsetzungen in der **Erhöhung der Motivation**, was jedoch nur bis zu einem gewissen Grad zielführend ist, wie Forschungen zur Vergütung vielfach gezeigt haben, der **Steigerung des Engagements** und **höherer Identifikation mit den Zielen und Werten der Organisation**, der **Leistungssteigerung** und **Entwicklung der anerkannten und belohnten Verhaltensweisen** und der **Bindung von Talenten**.

Unter dem Eindruck der agilen Transformation müssen Unternehmen auch die bisherigen Vergütungssysteme hinterfragen. Statt hierarchischer Führung mit Top-Down-Entscheidungen sind die neuen Schlüsselfaktoren für den Erfolg Partizipation, Kollaboration und Kooperation. Was bedeutet das nun alles für Vergütung? Unter dem Kunstbegriff »**New Pay**« hat eine Gruppe um den Unternehmensberater Sven Franke **alternative Entlohnungsmodelle** exploriert.[161] Die wichtigsten Aspekte, die die Au-

---

161 Franke, Sven/Hornung, Stefanie/Nobile, Nadine (2021): New Pay. Freiburg.

toren des gleichnamigen Buchs herausgearbeitet haben und umfangreich erläutern, sind:[162]

- **Partizipation**: Mitarbeiter gestalten das Modell der Gehaltsfindung mit
- **Neues Leistungsverständnis**: alternative Anreize ersetzen starre Boni
- **Hierarchieunabhängige Gehaltsmodelle**: Führung wird neu bewertet
- **Selbstbestimmung**: das eigene Gehalt lässt sich mitbestimmen
- **Gehältertransparenz**: offene Prozesse und/oder Gehaltssummen
- **Fairness**: Organisation definiert für sich, was »gerechte Vergütung« bedeutet
- **Zeit ist Geld**: Freizeit und Flexibilität gehören zum Entgelt
- **Scheitern als Option**: Gehaltsmodell ist permanent Beta und offen für Veränderung

Im Ergebnis: Laufende Anerkennung und informelles Feedback, unterstützt durch neue Recognition-Systeme, lösen finanzielle Anreize ab und drücken Wertschätzung für relative Mehranstrengung oder Wertbeiträge aktions- und zeitnäher aus als klassisch-monetäre Incentive-Systeme.

Zentrale Aufgaben (und Skills) in diesem Führungsfeld

6.3.1   Vergütung, Boni und Belohnungen adäquat managen

6.3.2   Auf individuelle Bedürfnisse nach Möglichkeit eingehen

6.3.3   (Große und kleine) Erfolge wahrnehmen und anerkennen, ggf. feiern

Praxistipp für Führungskräfte:

→ **Implementieren Sie zukunftsfähige Steuerungs- und Anreizsysteme!**

Hier sind sieben konkrete Ansatzpunkte, um mit Performance Management Systemen die richtigen Anreize für eine moderne Arbeitswelt zu schaffen:[163]

- **Nutzen Sie neue, agilisierte Zielsysteme** wie »OKR« oder »Hoshin Kanri« mit hierarchie- und bereichsübergreifender Abstimmung von wertschöpfungsorientierten Zielen in kurzen Zyklen (siehe auch Führungsfeld #1.3).

162   Franke, Sven (2023): New Pay – alternative Vergütungsmodelle der Zukunft. 06.09.2023 im Workpath Magazin, https://www.workpath.com/magazin/new-pay. Abrufdatum: 23.10.2023.

163   Vgl. Franke, Sven: New Pay. In: New Pay for Performance 2.0. Whitepaper von Workpath https://www.workpath.com/magazin/new-pay, S. 13–21. Abrufdatum: 23.10.2023.

- **Entkoppeln Sie Gespräche und Prozesse der Mitarbeiterentwicklung** (z.B. Feedbackgespräche) **und der Leistungsbewertung** (z.B. Performance Review).
- **Kollektivieren Sie variable Anreize,** z.B. in Form von kollektiver Beteiligung am Unternehmenserfolg oder in einem ersten Schritt als Team Boni. So werden Leistung und Kollaboration gemeinsam und gleichzeitig gefördert.
- **Ermöglichen Sie unerwartete Anerkennungen,** wie z.B. ad hoc »Spot Boni«. Entscheidend sind die Institutionalisierung und Sichtbarmachung dieser (schnellen und überraschenden) Anerkennung, nicht deren finanzieller Wert.
- **Implementieren Sie alternative Anerkennungssysteme,** indem Sie z.B. ausgewiesenen Expertinnen und fachlichen Mentoren im Unternehmen systematisch die Verantwortung übertragen, ihren »Mentees« gegenüber Anerkennung auszudrücken, wenn sie diese verdient haben. Für Mitarbeitende ist diese Form einer sichtbaren Wertschätzung verbunden mit konstruktivem Feedback eine sehr hohe Form der Anerkennung.
- **Etablieren Sie Systeme und Tools, um kontinuierliches Feedback und spontane Anerkennung zu triggern** (Nudging) und damit eine Anerkennungskultur zu unterstützen. Gängige Tools sind z.B. Kudo-Cards[164], internes Social Media oder Recognition in öffentlichen Firmenveranstaltungen wie z.B. Townhall-Meetings.
- **Machen Sie Vorbilder und Erfolgsgeschichten sichtbar,** z.B. durch spezielle Awards oder Wettbewerbe, bei denen es darum geht, Kolleginnen für bestimmte Leistungen anzuerkennen und z.B. über interne Blogs oder Publikationen herauszuheben.

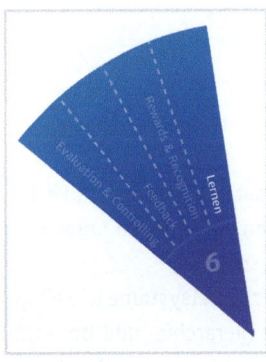

Führungsfeld #6.4: Lernen

Lernen ist ein Prozess, bei dem Wissen, Fähigkeiten, Verhaltensweisen oder Einstellungen erworben werden. Es beinhaltet die Aufnahme, Verarbeitung und Speicherung neuer Informationen sowie die Anwendung des Gelernten in verschiedenen Situationen. Lernen kann auf verschiedene Arten erfolgen, wie zum Beispiel durch Beobachtung, Erfahrung, Unterricht oder Selbststudium. Es ist ein lebenslanger Prozess, der es Menschen ermöglicht, sich weiterzuentwickeln und sich an neue Herausforderungen anzupassen.

Führungskräfte können – ähnlich wie Lehrende in der Schule ihren Schülern – ihren Mitarbeitenden nichts beibringen oder vermitteln, sie können ihnen nur das **Lernen ermöglichen** und ihnen **Wissensinhalte und Erfahrungshorizonte anbieten,** welche sich die Mitarbeitenden dann aktiv aneignen können, wenn sie denn wollen. Die Führungskräfte haben im Next Generation Leadership in erster Linie die Aufgabe, den

---

164 https://management30.com/practice/kudo-cards/. Abrufdatum: 23.10.2023.

Mitarbeitenden und Teams **Lernen und Entwicklung zu ermöglichen und sie darin coachend zu unterstützen**. Dies kann wie folgt geschehen:

- Führungskräfte stellen den Mitarbeitenden die notwendigen **Ressourcen** zur Verfügung, um zu lernen. Dazu gehören beispielsweise das Zeitbudget und der Zugang zu relevanten internen oder externen Informationen und Technologien, z. B. zu Learning-Management-Systemen und im Weiteren die Möglichkeit an internen oder externen Schulungen, Workshops, Entwicklungsprogrammen und Coachings teilzunehmen.
- Führungskräfte etablieren **Lernen als kontinuierlichen Prozess** im täglichen Betrieb, z. B. durch Installation laufender Lerngruppen zu bestimmten neuen Lerninhalten und sie integrieren **Lernprozesse als festen Bestandteil in Arbeitsprozesse**, z. B. durch regelmäßige Reviews nach Teammeetings.
- Führungskräfte ermöglichen und unterstützen **Social Learning** in der Form von Peerlearning, in WOL-Gruppen, in Form von kollegialer Fallberatung, Lunch-and-Learn-Angebote u.v.m. Grund: Lernen findet nicht nur in Seminaren statt, sondern zum Großteil am Arbeitsplatz. Sich bei anderen etwas Positives abzuschauen oder Probleme durch gemeinsame Reflexion zu lösen, sind sehr effektive soziale Lernformen.

Wichtig ist in allen Fällen, dass das Lernen nicht zum Selbstzweck wird, sondern über konkrete Vereinbarungen Ziele erreicht werden, welche im Führungs- und Betriebsalltag sichtbar werden und zur Performance des Unternehmens beitragen. Zum Lernen gehört auch das »Entlernen«. Das bedeutet nicht, Raum im Kopf zu schaffen, denn Speicherplatz ist mehr als genug da. Die Aufgabe ist vielmehr die Umstrukturierung ganzer Wissensnetzwerke, die sich im Kopf und in Organisationen als (veraltete) Überzeugungen, Handlungsmuster und Kulturen manifestieren.[165]

Zentrale Aufgaben (und Skills) in diesem Führungsfeld

6.4.1   Lernen als kontinuierlichen Prozess etablieren

6.4.2   Lernprozesse in Arbeitsprozesse integrieren

6.4.3   Social Learning ermöglichen und unterstützen

6.4.4   Konkrete Vereinbarungen ableiten

---

165   Vgl. Abicht, Lothar (2021): Wie lernen wir 2030? In: managerSeminare-Heft 282.

Praxistipp für Führungskräfte:

→ **Führen Sie »lernförderlich«!**
In einem Keynote-Paper erläutert Christoph Meier vom scil-Institut[166] der Universität St. Gallen vier Ansatzpunkte für das individuelle Lernen von Mitarbeitenden: Es sind dies die **Befähigung zur Selbstregulation**, die **Gestaltung von Lehr-Lern-Prozessen**, die **Technologieunterstützung** und eine **lernförderliche Führung**.[167] Die **fünf Hauptaufgaben** für Führungskräfte in einer lernförderlichen Führung werden wie folgt postuliert:

- **Stiften Sie Sinn und zeigen Sie Perspektiven auf.**
Führungskräfte sollten mit ihren Mitarbeitenden im Dialog sein zu den Veränderungen in der Arbeitswelt und den Mitarbeitenden ihre Erwartungen bzgl. Eigen- und Mitverantwortung zu den Kompetenzerfordernissen klar machen

- **Schaffen Sie die Rahmenbedingungen und ermöglichen Sie Entwicklung.** Ermöglichen Sie Flexibilität bzgl. Zeit, Budget, Orte und Räume des Lernens. Schaffen Sie Gelegenheiten für Wissens- und Erfahrungsaustausch. Fördern Sie Lern- und Entwicklungsprojekte.

- **Zeigen Sie Ihr Commitment für lebenslanges Lernen und Entwicklungsförderung.** Zeigen Sie Interesse und Wertschätzung für Entwicklungsaktivitäten. Anerkennen Sie Lernerfolge. Holen Sie sich Feedback von Mitarbeitenden ein und schätzen Sie es und verarbeiten Sie es aktiv. Machen Sie Ihre eigenen Entwicklungsaktivitäten sichtbar.

- **Gestalten Sie tägliche Führungssituationen entwicklungsförderlich.** Nehmen Sie, wo immer es passt, eine entwicklungsorientierte Haltung ein. Geben Sie Feedback. Fördern Sie in Gesprächen die Reflexion und den Erfahrungsaustausch. Führen Sie so delegierend wie möglich.

- **Nehmen Sie in formalen und informellen Lernformen eine aktive Rolle ein und unterstützen Sie selbstreguliertes Lernen (flexibel, selbstbestimmt und selbstorganisiert).** Führen Sie Entwicklungs- und Transfergespräche. Fördern Sie informelles Lernen wie z. B. Lunch&Learn, Bar Camps, WOL-Circles etc.). Drücken Sie ihre Wertschätzung aus für selbstreguliertes Lernen der Mitarbeitenden und fördern Sie es, wo immer möglich.

---

166   Vgl. swiss competence centre for innovations in learning (SCIL) https://www.scil.ch/. Abrufdatum: 23.10.2023.
167   Meier, Christoph: New Work, New Skills – und auch New Learning? https://www.scil.ch/new-work-new-skills-und-auch-new-learning/. Abrufdatum: 23.10.2023.

Deine persönliche Reflexion zum Führungscluster Performance Management

Versetze Dich bitte beim Lesen der Reflexionsfragen gedanklich an Deinen Arbeitsplatz und in den Führungsalltag. Notiere mögliche Antworten im Arbeitsbereich.

Evaluation und Controlling

- Welche Kennzahlen und deren Analyse helfen Dir und Deinem Team, um Eure Arbeitsergebnisse zu analysieren?
- Welche Messungen liegen den Kennzahlen zugrunde? Sind diese sinnvoll gewählt, mit den operativen Zielen verknüpft und damit als Steuerungsinstrument geeignet?
- Was würdest Du am liebsten verändern?
- Wie gut gelingt es Dir, mit dem Team laufend über die Arbeitsergebnisse und Kennzahlen zu sprechen? Welche positiven Wirkungen erzeugt das?
- Was wünscht Du anders? Was könnte sich das Team anders wünschen? Und wie wäre Veränderung möglich?
- Welche Evaluationsverfahren nutzt Du mit dem Team, um zu erkennen: Tun wir die richtigen Dinge und tun wir die Dinge richtig?
- Haben sich die bisherigen Verfahrensweisen auch in der Selbststeuerung des Teams bewährt? Was würde Dein Team dazu sagen?
- Welche Tools stehen Dir und Deinem Team für Evaluation und Controlling bereit?
- Was würdest Du gern zusätzlich bereitstellen?

Feedback

- Auf einer Skala von 1–10: Für wie förderlich hältst Du die aktuelle Feedbackkultur im Team?
- Wie förderst und kultivierst Du laufendes Feedback von Dir ins Team und untereinander?
- Wie sind Feedback und das daraus Lernen in die laufende Zusammenarbeit eingebunden?
- Was fällt Dir oder dem Team dabei schwer?
- Wer sind außerhalb des Teams für Dich und das Team die wichtigsten Feedbackgeber? Bekommt das Team von außen genügend gut verwertbares Feedback?
- Auf welche Art sind die Feedbackprozesse mit den Arbeitsprozessen verbunden?
- Gibt es etwas, was Du am liebsten ändern würdest? Weißt Du, wie?

Rewards und Recognition

- Welchen Zusammenhang siehst Du zwischen dem Ansprechen von Erfolgen und der Performance?
- Auf welche Weise sorgst Du mit Deiner Führung dafür, dass dem Einzelnen und dem Team ihre Erfolge auch im Alltag bewusst sind?

- Werden dabei nur die großen Erfolge beachtet oder auch die kleinen?
- Wie geht das Team selbst mit Erfolgen um?
- Wie sprichst Du Erfolge an? Welche Möglichkeiten nutzt Du oder Dein Team, um Erfolge auch zu feiern?
- Was könnte da aus Deiner Sicht noch besser laufen?
- Spricht Dein Team eher über Probleme statt über das, was schon funktioniert?
- Welche individuellen Bedürfnisse könnten eine gute Möglichkeit sein, um besonderen Arbeitseinsatz zu belohnen?
- Wie handhabst Du das? Welche Effekte hat das?
- Wie stellst Du erfolgreich sicher, dass diese Belohnungen im Team als fair betrachtet werden?
- Was ist Dein Erfolgsrezept, mit dem Du für adäquate und leistungsgerechte Vergütungen sorgst?
- Wie gut sind diese Reglungen dem Team transparent?
- Wie gehst Du mit Ungleichgewichten um, die Du nicht selbst verändern kannst?
- Wer oder was könnte Dich darin unterstützen?
- Was neben der monetären Vergütung kannst Du als Benefit für das Team und die Mitarbeitenden ermöglichen?
- Mit welchen Benefits hast Du gute Erfahrungen gemacht?
- Welche kurz- und langfristigen Wirkungen hast Du damit erzielt?

Lernen
- Welche Lernprozesse sind aus Deiner Sicht Bedingung für eine gute Performance?
- Wie zufrieden bist Du damit?
- Wie und wozu lernt Dein Team am besten?
- Wie förderst Du kontinuierliches Lernen in Deinem Team?
- Auf welchen Gebieten hat Dein Team noch Lernbedarf?
- Welche guten Ansätze sind vorhanden, die ausgebaut werden könnten?
- Auf einer Skala von 1–10: Wie gut ist es Deinem Team möglich, voneinander zu lernen und sich gegenseitig weiterzuentwickeln?
- Welche Methoden setzt Du dafür ein?
- Gibt es z. B. Lunch-and-Learn-Angebote oder Kollegiale Fallberatungen?
- Wo könnte noch mehr von- und miteinander gelernt werden?
- Welche konkreten Vereinbarungen gibt es zum Thema Lernen?
- Was wäre aus Deiner Sicht da noch zusätzlich sinnvoll?

Arbeitsbereich – Notizen zum Führungscluster Performance Management:

Welche Antworten leite ich **für mich persönlich** ab?

Welche Antworten leite ich **für mein Team/mein Arbeitsfeld** ab?

Welche Antworten leite ich **für unsere Organisation/unser Unternehmen** ab?

Übung zu den Führungsfeldern

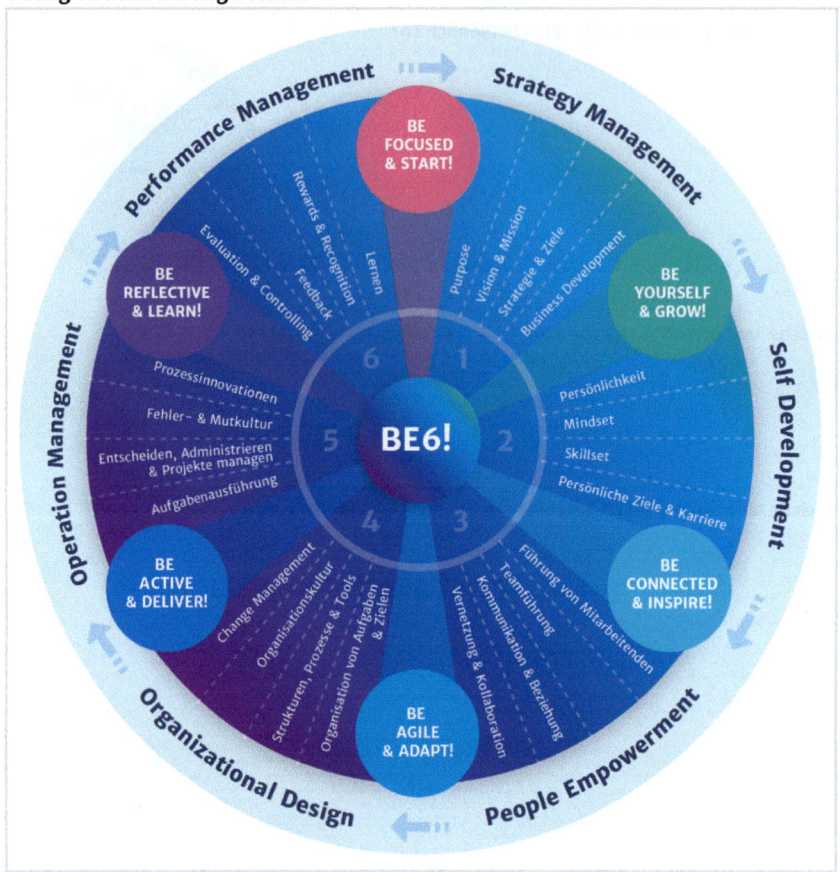

Abbildung 23: Be6! Leadership Framework – Gesamtansicht[168]

Schauen Sie sich das gesamte Framework noch einmal im Gesamten an und reflektieren Sie über folgende Fragen:

Selbsteinschätzung Führungsfelder – Frage 1

Was sind in unserem Unternehmen die zwei wichtigsten Führungsfelder, an denen **wir als Organisation** konkret arbeiten sollten?

Selbsteinschätzung Führungsfelder – Frage 2

Was sind die zwei wichtigsten Führungsthemen, an denen **wir als Team** konkret arbeiten sollten?

Selbsteinschätzung Führungsfelder – Frage 3

Was sind **für mich persönlich** die 2 wichtigsten Führungsthemen?

Selbstreflexion über die Antworten von oben:

- Überschneiden sich die wichtigsten Führungsfelder in Ihren Antworten von oben? Sehen Sie ein Muster oder sind es ganz unterschiedliche Ebenen?
- Können Sie schon konkrete Entwicklungsideen für die Führung Ihres Teams benennen? Wenn ja, dann tragen Sie diese unten ein.
- Arbeiten Sie bereits konkret an ihren Führungsthemen? Wissen Sie, wie sich in diesen Themen gezielt weiterentwickeln können? Wen können Sie in ihrem beruflichen oder privaten Umfeld um Unterstützung bitten?

Arbeitsbereich – To Dos zur Selbsteinschätzung auf den Führungsfeldern:

Welche Antworten (und Aufgaben) leite ich **für mich persönlich** ab?

Welche Antworten (und Aufgaben) leite ich **für mein Team/mein Arbeitsfeld** ab?

Welche Antworten (und Aufgaben) leite ich **für unsere Organisation/unser Unternehmen** ab?

Arbeiten Sie bereits konkret an ihren Führungsthemen? Wissen Sie, wie sich in diesen Themen gezielt weiterentwickeln können? Wen können Sie in ihrem beruflichen oder privaten Umfeld um Unterstützung bitten?

3.5.7 Die Be6! Skills: Ein Kompetenzmodell für Next Generation Leadership

Nach Beschreibung aller Führungscluster und -felder lassen sich die beschriebenen Kompetenzen und Skills in einem gemeinsamen **Kompetenzmodell im Kontext des Be6! Leadership Frameworks** integrieren und es ergibt sich folgendes Bild:

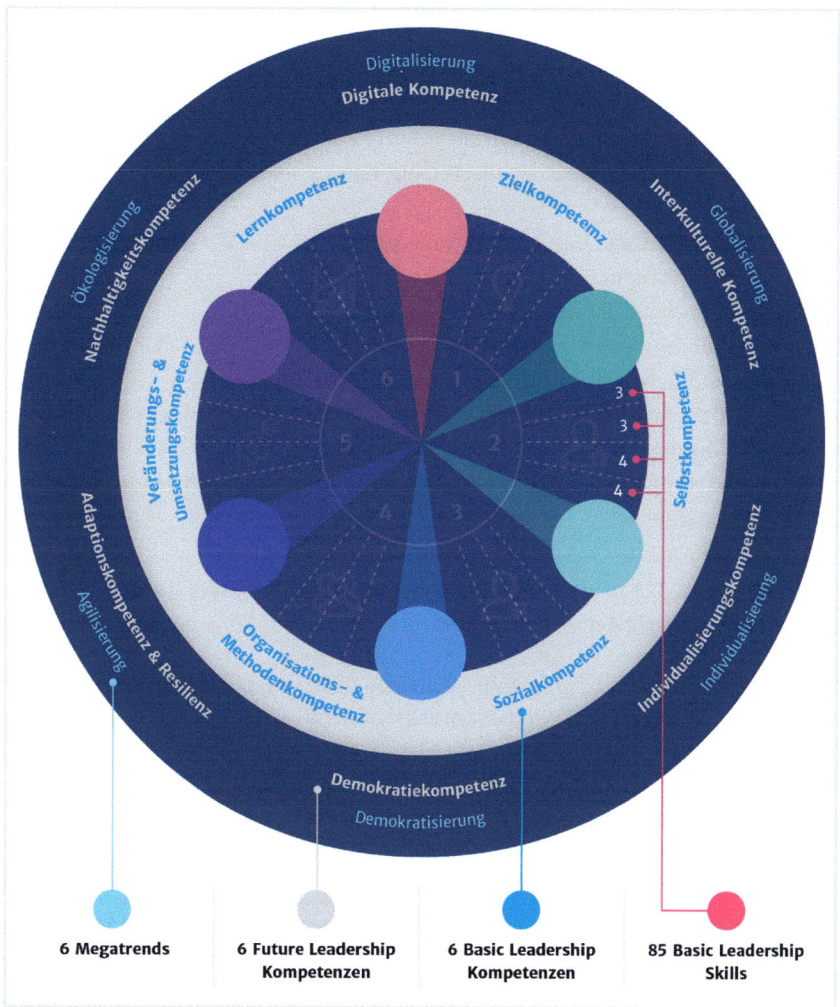

Abbildung 24: Kompetenzmodell für Next Generation Leadership[169]

Im Be6! **Kompetenzmodell für Next Generation Leadership** sind folgende Kompetenzen und Skills dargestellt:

1. Die im **zweiten Abschnitt** aus den **sechs Megatrends** abgeleiteten, d.h. aus den Veränderungen im Umfeld an Bedeutung gewonnenen **sechs Zukunftskompetenzen,** hier **Future-Leadership-Kompetenzen** genannt:[170]
   - Interkulturelle Kompetenz
   - Digitale Kompetenz
   - Demokratiekompetenz

---

169   Quelle: Eigene Darstellung.
170   Detaillierte Beschreibung siehe unter Abschnitt 2.5.

- – Individualisierungskompetenz
- – Adaptionskompetenz und Resilienz
- – Nachhaltigkeitskompetenz
2. Die im **dritten Abschnitt** aus den sechs Be6! Führungsclustern abgeleiteten **sechs Kompetenzbündel**, hier **Basic-Leadership-Kompetenzen** genannt:[171]
   - – Zielkompetenz
   - – Selbstkompetenz
   - – Sozialkompetenz
   - – Organisations- und Methodenkompetenz
   - – Veränderungs- und Umsetzungskompetenz
   - – Lernkompetenz
3. Die ebenfalls im **dritten Abschnitt** aus den 24 Be6! Führungsfeldern abgeleiteten **je 3–5 Führungsfähigkeiten**, hier **Basic Leadership Skills** genannt. Es sind dies insgesamt **85 operationalisierte Skills**, die im Einzelnen nicht im Modell direkt abgebildet sind.[172]

Als Beispiel wird in Abbildung 24 auf die **14 (operationalisierten) Basic Leadership Skills im Führungscluster Self Development** verwiesen:

Persön-lichkeit 3 Skills	• Persönlichkeitstyp ermitteln, reflektieren und Erkenntnisse ableiten (können)[173] • Passung von Persönlichkeitstyp und aktueller Arbeitsaufgabe prüfen • Persönliche Entwicklungsfelder ableiten und sich unterstützen lassen
Mindset 3 Skills	• Werte, Glaubenssätze und Haltungen bewusst machen, reflektieren und zielorientiert entwickeln • Wertedialog mit dem Team führen • Passung des eigenen Mindsets zum Team und zur Vision prüfen
Skillset 4 Skills	• Persönliche, fachliche und soziale Kompetenzen sowie implizites und explizites Wissen analysieren, reflektieren und zielorientiert entwickeln • Skillset insgesamt auf Zukunftsfähigkeit und Employability prüfen und entwickeln • Persönliche Kompetenzentwicklung in betrieblichen Alltag integrieren und sich off-the-job weiterbilden • Passende Lern- und Entwicklungschancen identifizieren und wahrnehmen
Persön-liche Ziele und Karriere 4 Skills	• Persönliche kurzfristige Ziele (Businesserfolg) und langfristige Ziele (Karriere) laufend reflektieren • Persönliche Kompetenzen und Potenziale im Sinne des Self-Talent-Managements einordnen und entwickeln • Persönliche Employability durch Verfolgen von Jobzielen und Job Crafting sicherstellen • Persönliche Gesundheit nachhaltig erhalten und Resilienz aufbauen

---

171 Detaillierte Beschreibung siehe in den Abschnitten 3.5.1–3.5.6.
172 Detaillierte Beschreibung siehe in den Führungsfeldern in den Abschnitten 3.5.1–3.5.6.
173 Das Modalverb »können« wird nur einmal angehängt, um beispielhaft zu zeigen, wie dadurch aus der Aufgabe ein operationalisierter Skill entsteht.

Im abschließenden vierten Kapitel zeigen wir, wie das Haufe Be6! Leadership Framework **in der Praxis der Führungskräfteentwicklung einsetzbar** ist und wie es darüber
hinaus **im Führungsalltag konkret wirksam** werden kann. Doch lassen Sie uns zuvor
noch einen kurzen **Exkurs in die Welt der Inner Development Goals (IDGs)** unternehmen. Die IDGs stellen ein neues Framework einer schwedischen Stiftung dar, welche
sich zum Ziel gesetzt hat, mit den IDGs eine globale Wirkung zu entfalten, um die Sustainable Development Goals der UNO von 2015 besser voranzubringen, als es bisher
gelungen ist.

Da die **Haufe Akademie ein »Collaborating Partner« der IDGs** ist, und es sich eben-
falls um ein neues Framework mit einem Ansatz für ein neues nachhaltiges Mind- und
Skillset handelt, wollen wir diesem Thema über einen Exkurs Platz einräumen. Als
Exkurs steht es nicht im direkten Zusammenhang mit dem abschließenden vierten
Kapitel und kann daher auch separat gelesen werden.

3.6   Exkurs: Inner Development Goals

**Ein internationales Framework der Führungskräfteentwicklung für mehr Nachhal-
tigkeit, von innen nach außen, für alle, weltweit**

Gastbeitrag von Heike Meier

Haufe Akademie GmbH & Co. KG, Freiburg im Breisgau

Heike Meier ist Content Managerin für das Thema Corporate
Social Responsibility im Team Haufe Akademie Brand Experience.

Die Verantwortung von Unternehmen in puncto Nachhaltigkeit ist sehr groß. Enorm ist aber auch die Herausforderung
für Unternehmen, Kapazitäten und Kompetenzen für die Transformation zu nachhalti-
gem Wirtschaften aufzubauen. Es fehlt vielerorts an Fähigkeiten, die es Unternehmen
erst ermöglichen, nachhaltig zu handeln. Welche Kompetenzen sind das und wie kann
man sie entwickeln? Auf diese Frage geben die Inner Development Goals (IDGs) eine
Antwort. Für Führungskräfte, für Mitarbeitende, für alle – weltweit.

Nachhaltigkeit rückt näher an die operative Leitung in Unternehmen heran. Laut dem
»Sustainability Management Monitor« 2021 von Bertelsmann Stiftung, Universität
Mannheim und Peer School for Sustainable Development hat das Thema in vielen

Unternehmen in den vergangenen Jahren einen höheren Stellenwert bekommen.[174] Dennoch ist Nachhaltigkeit laut der Befragung noch bei Weitem nicht in allen Unternehmensbereichen verankert.

Unternehmen sind in der Verantwortung

Das ist erstaunlich, besonders wenn wir die globale Verantwortung von Unternehmen betrachten. Sie unterhalten Produktionsstätten auf der ganzen Welt, arbeiten über Kontinente hinweg und verkaufen ihre Produkte auf einem globalen Markt. Das Handeln von Unternehmenslenkern entscheidet über weltweite Finanzkrisen und Rezessionen und sorgt für Wohlstand und Prosperität.

Seit 1988 sind laut dem »CDP Carbon Majors Report 2017« gerade mal 100 Unternehmen mit ihrem wirtschaftlichen Handeln für 70 Prozent der weltweiten CO_2-Emissionen verantwortlich. Unter diesen Rahmenbedingungen wächst nicht nur der Einfluss von Unternehmen auf die Entwicklung von Wirtschaft und Gesellschaft, sondern auch deren Verantwortung (Corporate Social Responsibility) für Umwelt und Menschen – und die reagieren mit klaren Forderungen.

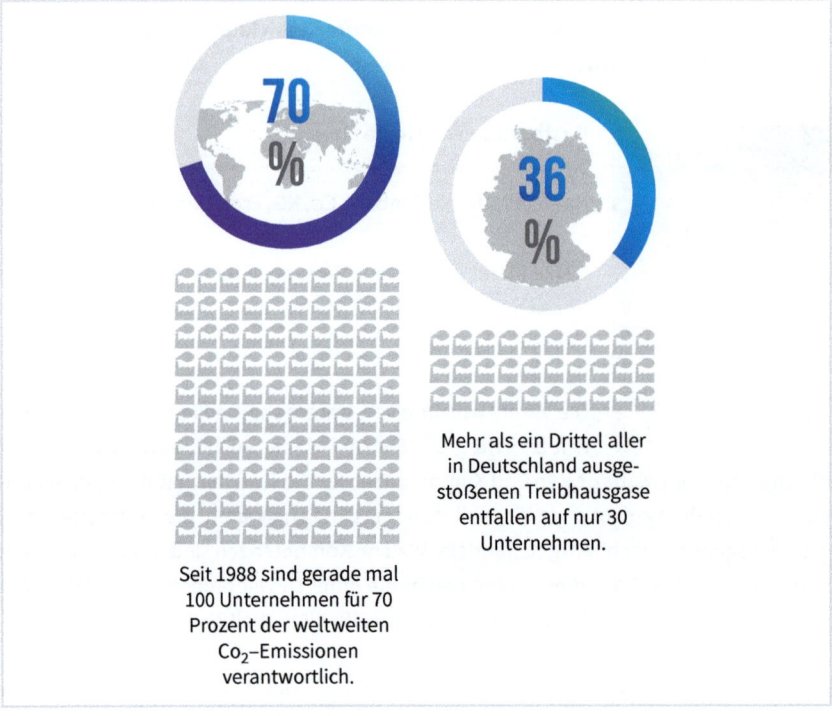

Seit 1988 sind gerade mal 100 Unternehmen für 70 Prozent der weltweiten CO_2–Emissionen verantwortlich.

Mehr als ein Drittel aller in Deutschland ausgestoßenen Treibhausgase entfallen auf nur 30 Unternehmen.

174 Vgl. »Sustainability Management Monitor«, 2021, Bertelsmann Stiftung, Universität Mannheim und Peer School for Sustainable Development https://www.bertelsmann-stiftung.de/fileadmin/files/user_upload/Sustainability_Management_Monitor.pdf. Abrufdatum: 08.11.2023.

Nachhaltigkeit ist der neue Wirtschaftsfaktor

Immer mehr Menschen entscheiden sich bewusst für Produkte[175] und Jobangebote[176] von Unternehmen, die ökologisch wirtschaften und produzieren, die sich der sozialen Verantwortung für ihre Mitarbeitenden bewusst sind und die faire Arbeitsbedingungen entlang der gesamten Lieferkette sicherstellen. So geht auch die Gesetzgebung in Deutschland und Europa mit Riesenschritten in Richtung ressourcenschonendes Wirtschaften. In deren Mittelpunkt steht Environmental Social Governance (ESG) zur aktiven Umsetzung von Corporate Social Responsibility (CSR). Das darauf basierende Lieferkettensorgfaltsgesetz soll z. B. dafür sorgen, dass Unternehmen Umweltstandards und Menschenrechte entlang der gesamten Lieferkette einhalten.

Gestützt wird die »neue« Gesetzgebung von Transparenzpflichten, die es Kundinnen und Kunden, potenziellen Fachkräften auf dem Arbeitsmarkt und anderen Stakeholdern erleichtern, sich ein Bild über das nachhaltige Wirtschaften von Unternehmen zu machen. Zwangsläufig wird das die Wettbewerbsfähigkeit, Arbeitgeberattraktivität und damit Position von Unternehmen, die auch in Zukunft erfolgreich am Markt bestehen wollen, einmal mehr verändern.

Wie kann Unternehmen der Wandel zum nachhaltigen Wirtschaften gelingen?

Mangelnde Kapazitäten und Kompetenzen sind eine große Herausforderung für die nachhaltige Transformation der Wirtschaft.[177] Voraussetzung für den Wandel ist also unter anderem eine entsprechende Kompetenzentwicklung der Mitarbeitenden. Doch die klassischen Kernkompetenzen, die in Bildungseinrichtungen vermittelt werden, reichen nicht mehr aus. Sie müssen stets weiterentwickelt und ergänzt werden, weil wichtige fachliche und Soft Skills wie digitale Kompetenzen, Kommunikationsfähigkeiten, Teamarbeit, Selbstreflektion, vertrauensbasiertes Netzwerken oder agile Arbeitsweisen sich rasant ändern oder gar nicht erst entwickelt werden.

Welche Fähigkeiten brauchen wir? Es ist schwer, diese Fragen von Morgen zu beantworten. Oft wissen wir nicht, welche Fähigkeiten wir genau brauchen, um nachhaltig erfolgreich zu sein. Genau hier setzen die Inner Development Goals (IDGs) an. Die **Non-Profit-Initiative aus Skandinavien** möchte jene Kompetenzen identifizieren und entwickeln, die für eine nachhaltige Transformation von Wirtschaft und Gesellschaft nötig sind. Sie will den Erwerb dieser Kompetenzen und Qualitäten als **Open-Source-Lösung** weltweit zugänglich machen. Die IDGs sind davon überzeugt: Nur wenn wir

175 Statista, 2023: Umfrage zu sozialer und ökologischer Verantwortung als Kaufkriterium bis 2021. https://de.statista.com/statistik/daten/studie/182042/umfrage/kaufkriterium-soziale-verantwortung-oekologische-verantwortung/. Abrufdatum: 07.11.2023.

176 Benevity Impact Labs, 2022: Talent Retention Study (Studie zur Bindung von Talenten) https://benevity.com/resources/talent-retention-study-2022. Abrufdatum: 08.11.2023.

177 Vgl. »Sustainability Management Monitor«, 2021, Bertelsmann Stiftung, Universität Mannheim und Peer School for Sustainable Development https://www.bertelsmann-stiftung.de/fileadmin/files/user_upload/Sustainability_Management_Monitor.pdf. Abrufdatum: 08.11.2023.

Menschen dazu in der Lage sind, das Richtige dafür zu tun, ist es uns möglich, die Sustainable Development Goals (SDGs) der Vereinten Nationen zu erreichen. Und das ist das erklärte Ziel der Initiative.[178]

Die Sustainable Development Goals (SDGs) – Wie alles begann

Bereits im September 2015 gingen die Vereinten Nationen einen wichtigen ersten Schritt für mehr Nachhaltigkeit. Die 193 Mitgliedsstaaten verabschiedeten auf dem UN-Gipfel in New York die Agenda 2030 für nachhaltige Entwicklung. Das Kernstück der Agenda bilden 17 Ziele, die Sustainable Development Goals (SDGs). Diese sind universell und gelten verpflichtend für alle Mitgliedsstaaten. Ziel der 17 SDGs ist es, eine Veränderung in Politik und Gesellschaft anzustoßen und dazu beizutragen, globale Herausforderungen gemeinsam zu lösen. Die Agenda soll die Grundlage dafür schaffen, allen Menschen weltweit ein Leben in Würde zu ermöglichen und wirtschaftlichen Fortschritt im Einklang mit sozialer Gerechtigkeit und im Rahmen der ökologischen Grenzen der Erde zu gestalten.[179]

Abbildung 25: Die 17 Sustainable Development Goals[180]

---

178 Vgl. Website der Inner Development Goals, https://www.innerdevelopmentgoals.org. Abrufdatum: 08.11.23.

179 United Nations, Department of Economic and Social Affairs, Sustainable Development, The 17 Goals. https://sdgs.un.org/goals Abrufdatum: 08.11.2023.

180 Quelle: United Nations, Department of Economic and Social Affairs, Sustainable Development https://sdgs.un.org/goals Abrufdatum: 08.11.2023.

Der Status quo – eine Aufforderung zum Handeln

Stand heute ist die globale Gemeinschaft weit entfernt von der Erreichung der 17 genannten Ziele. Es gibt also viel zu tun. Die wichtigste Basis dafür sind die entsprechenden Kompetenzen (»Skillset«) und Einstellungen (»Mindset«) von Management und
Mitarbeitenden in Wirtschaft und Unternehmen, die die SDGs Wirklichkeit werden lassen. Das Problem dabei: Menschen scheuen Veränderung. Deshalb geschieht bisher
noch zu wenig. Es gibt schließlich keine äußere Veränderung, ohne eine innere. Und
hier setzen die »Inner Development Goals« an.

Der Weg – die Inner Development Goals und das IDG Framework

Die Stiftung Ekskäret und das Beratungsunternehmen New Division (Initiatoren der
IDGs), starteten 2019 mit der Initiative »Inner Development Goals«. Gemeinsam mit
Organisationen und renommierten Wissenschaftlern und Wissenschaftlerinnen weltweit, den Universitäten Stockholm und Malmö, der Handelshögskolan in Stockholm
und vielen mehr zogen sie los. Ziel ist es, jenes Know-how und jene Fähigkeiten zu
identifizieren und zu entwickeln, die notwendig sind, um die Transformation in den
Unternehmen zu meistern und die SDGs zu erreichen. Diese Kompetenzen gehen weit
über unsere bisherige Bildung hinaus. Sie können auch nicht einmalig erlernt, sondern müssen ein Leben lang weiterentwickelt werden.

Die erste Phase der IDG-Arbeit bestand aus einer Befragung von 1000+ Teilnehmenden weltweit. Das Ergebnis: eine Bestandsaufnahme von relevanten Fähigkeiten und
Qualitäten für persönliches Wachstum, um die SDGs der Vereinten Nationen zu erreichen. Mit diesem »crowd funded wisdom« erarbeitete ein Team aus internationalen
Wissenschaftlerinnen und Organisationen in Co-Creation das IDG-Framework[181], das
kontinuierlich weiterentwickelt wird.

Bei den Dimensionen handelt es sich um fünf einstellungsorientierte Treiber, die IDG-
Kompetenzcluster[182]

1. **Sein** – Die Pflege unseres Innenlebens, da die Entwicklung und Vertiefung unserer
   Beziehung zu unseren Gedanken, Gefühlen und unserem Körper uns helfen, präsent zu sein, bewusst zu handeln und nicht zu resignieren, wenn wir mit Komplexität konfrontiert werden.

2. **Denken** – Die Entwicklung unserer kognitiven Fähigkeiten, indem wir verschiedene Perspektiven einnehmen, Informationen bewerten und die Welt als ein zu-
   sammenhängendes Ganzes begreifen. Dies ist eine wesentliche Voraussetzung für
   kluge Entscheidungen.

---

181   Inner Development Goals Framework, https://www.innerdevelopmentgoals.org/framework. Abrufdatum:
      08.11.2023.
182   https://static1.squarespace.com/static/600d80b3387b98582a60354a/t/61aa2f96dfd3fb39c
      4fc4283/1638543258249/211201_IDG_Report_Full.pdf. Abrufdatum: 08.11.2023.

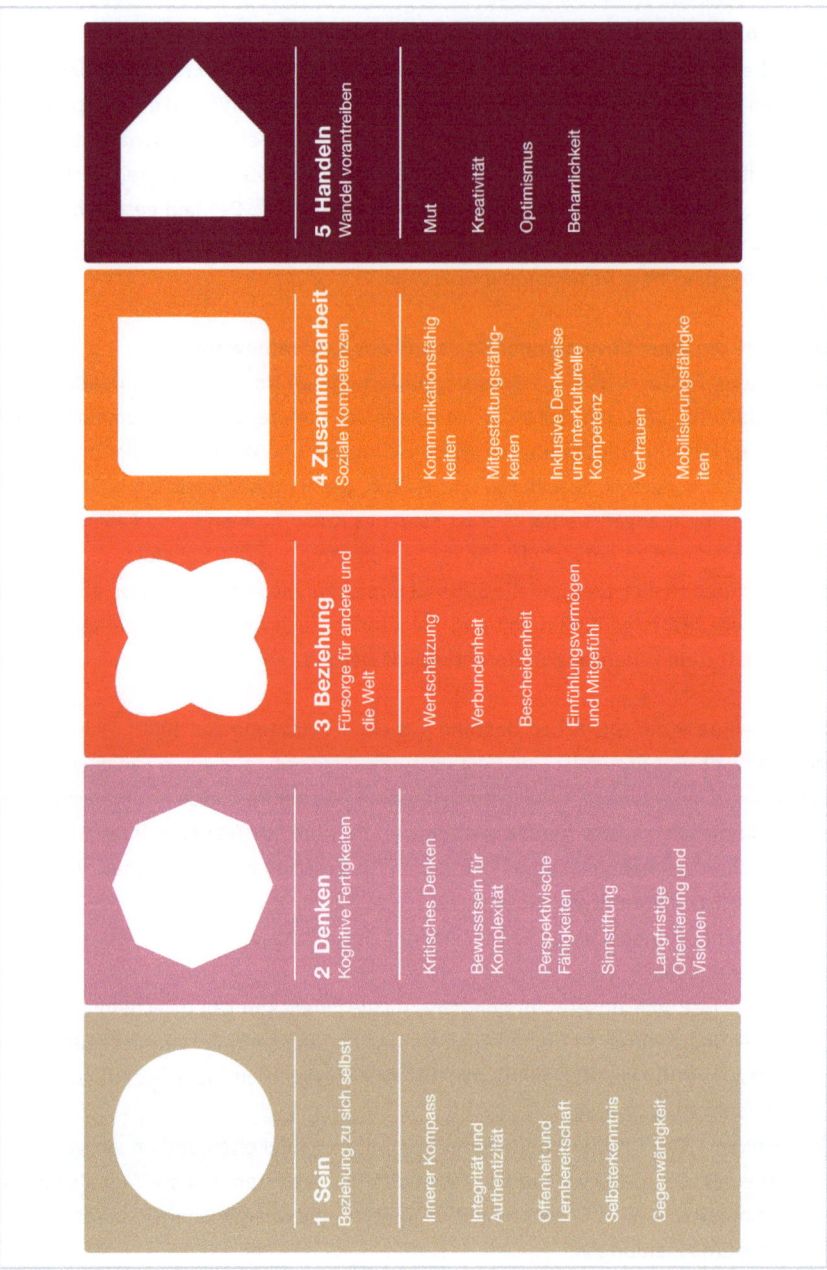

Abbildung 26: Das IDG Framework[183]

---

183 Ebd.

3. **Beziehung** – Wertschätzung, Fürsorge und das Gefühl der Verbundenheit mit anderen, z. B. mit Nachbarn, künftigen Generationen oder der Biosphäre. Hilft uns, gerechtere und nachhaltigere Systeme und Gesellschaften für alle zu schaffen.

4. **Zusammenarbeit** – Um bei gemeinsamen Angelegenheiten voranzukommen, müssen wir unsere Fähigkeit entwickeln, Interessengruppen mit unterschiedlichen Werten, Fähigkeiten und Kompetenzen einzubeziehen, ihnen Raum zu geben und mit ihnen zu kommunizieren.

5. **Handeln** – Qualitäten wie Mut und Optimismus helfen uns, echte Handlungsfähigkeit zu erlangen, alte Muster zu durchbrechen, originelle Ideen zu entwickeln und in unsicheren Zeiten mit Ausdauer zu handeln.

Beispiele aus der IDG-Praxis

Viele Unternehmen wie z. B. BMW, IKEA, Telia, Husqvarna, Spotify, Google entwickeln bereits Konzepte zur Personalentwicklung entlang der Dimensionen der IDGs. Auf staatlicher Ebene ist Costa Rica ein Vorreiter: Das lateinamerikanische Land hat die Wichtigkeit der IDGs erkannt und möchte sie als Hebel nutzen, um die SDGs schnellstmöglich zu erreichen. Aus diesem Grund ist Costa Rica das weltweit erste Land, das im Dezember 2021 die IDGs ratifiziert hat und aktuell an ihrer Umsetzung auf staatlicher Ebene arbeitet.

So »wirken« das IDG Framework – und das Be6 Leadership Framework

Als Open-Source-Angebot steht das IDG Framework Menschen und Organisationen weltweit zur Verfügung. Jeder kann es im eigenen Unternehmen einsetzten und sich in die Initiative einbringen. So sind mittlerweile zusätzlich zum IDG Framework ein Toolkit und eine weltweite Community entstanden. In Co-Creation- und Kooperationsformaten, in IDG-Hub-Veranstaltungen und Learning Circles, tauschen Unternehmen weltweit Best Practices und ihre Erfahrungen mit den IDGs aus.

Dabei schreiben die IDGs Unternehmen keine bestimmte Nachhaltigkeitsstrategie vor. Sie sorgen vielmehr dafür, dass eine nachhaltige Unternehmensstrategie durch die entsprechende Haltung von Mitarbeitenden getragen wird. Die IDGs sind davon überzeugt: Nur mit der richtigen inneren Haltung und Entwicklung kann Veränderung im Außen stattfinden. Eine besondere Rolle übernimmt hierbei die Führung im Unternehmen: Sie kann Vorreiter und Vorbild sein.

Oft nehmen wir Menschen bestimmte Veränderungen nur widerwillig an. Gute Vorbilder stecken an und begeistern auch andere. Gestärkt durch die entsprechende, auf die IDGs abgestimmte Entwicklung z. B. über das Be6! Leadership Framework, können Führungskräfte helfen, den Widerstand zu überwinden. Mithilfe von innerer Entwicklung können Sie die Veränderungen treiben, die wir im Außen so dringend brauchen.

Denn, genau wie die IDGs zielt das Be6! Framework zusätzlich zum benötigten Skillset auch auf das richtige Mindset (Werte, Überzeugungen) für den Wandel ab. Die Kompetenzen beider sich ergänzender Frameworks sind achtsamkeitsbasiert, selbstreflektierend und erfahrungsbasiert. Das Be6! Leadership Framework stattet Führungskräfte mit Kompetenzen für die Transformation hin zu einer sicheren wirtschaftlichen Zukunft aus und befähigt zusätzlich, im Sinne der IDGs, zum nachhaltigen Handeln durch eine nachhaltige Denkweise.

Höchste Zeit und Möglichkeiten loszulegen

Unternehmen sind aus ökologischer, sozialer und ökonomischer Sicht der global wichtigste Hebel auf dem Weg zu einer nachhaltigen Wirtschaft und Gesellschaft. Besonders bei der Bekämpfung sozialer Ungleichheiten können sie als Vorbilder aktiv vorangehen – durch menschenwürdige Arbeits- und Produktionsbedingungen, Geschlechtergleichheit, Diversität und eine faire Bezahlung.

Das Gute ist, wir können wirksam werden, indem Verantwortliche für Entwicklung im Unternehmen z. B. das IDG Framework für die Planung ihrer Personalentwicklung einsetzen. Oder, indem sie die für ihre erfolgreiche unternehmerische Zukunft so wichtige Führungskräfteentwicklung auf einen »next Level« heben – z. B. mit einem Framework wie dem Be6! Leadership Framework. Das, zusätzlich zu den wichtigen Führungskompetenzen für eine sichere unternehmerische Zukunft, notwendige Kompetenzen für unsere sichere nachhaltige Zukunft aufbaut. Und damit »ganz nebenbei« auf die IDGs und die Erreichung der SDGs einzahlt. Es liegt an uns allen. Höchste Zeit, mit wirksamen und nachhaltigen Möglichkeiten loszulegen. Von innen nach außen.

4 Anwendung des Be6! Leadership Frameworks in der Praxis

4.1 Leitende Prinzipien und Gestaltungselemente

Aus den zentralen Werten und Prinzipien des Be6! Leadership Frameworks, zusammengefasst im Be6! Manifest (siehe Abschnitt 3.2.3) können im Sinne eines **Manifests für das Lernen in Be6! Formaten** folgende Leitprinzipien und Gestaltungselemente für die Konzeption und Umsetzung von Be6! Führungskräfteentwicklungsformaten abgeleitet werden:

1. Leitprinzipien

Wir begreifen aktuelle Megatrends wie die Digitalisierung und Globalisierung als Treiber für New Leadership und als Zielkorridor für Future Skills von Führungskräften.

Die digitale Transformation muss von einer humanen Transformation begleitet werden, welche den Menschen und seine ureigensten Fähigkeiten wie z. B. Empathie, Kreativität und Intuition in Mittelpunkt stellt und fördert. Die »Human Transformation« auf individueller und auf Teamebene zu begleiten und zu empowern ist eine der wichtigsten Führungsaufgaben im Next Generation Leadership. Über entsprechende Initiativen eröffnen sich weitreichende Chancen und Potenziale für zukunftsweisende persönliche und systemische Weiterentwicklungen von Führungskräften bzw. Organisationen.

Wir betrachten den Menschen als mündiges und selbstbestimmtes Wesen, welches sich selbst führen, organisieren, lernen und weiterentwickeln kann.

Führungskräfte sind herausgefordert, sich **proaktiv und selbstorganisiert** neues Wissen und Verhalten anzueignen. Dazu müssen sie sich selbstbewusst, reflektiert und mutig aus ihrer Komfortzone heraus in unbekanntes Gelände bewegen, um neue Lernfelder zu erschließen.

Wir denken Führungskräfteentwicklung immer ganzheitlich und nachhaltig, als kontinuierliches individuelles, soziales und organisationales Lernen.

New Leadership Entwicklungskonzepte auf der Grundlage des Be6! Frameworks sprechen die Lernenden in der Unterschiedlichkeit ihrer Potenziale und Stärken an. Sie ermutigen, begleiten und unterstützen die Teilnehmenden in ihrem Bestreben, den bestmöglichen individuellen Beitrag zum Unternehmenserfolg zu leisten. Gleichzeitig ist Führungsentwicklung im Be6! Kontext immer auch gemeinsam verstandenes **Lernen von Individuen, Teams und Organisationen**.

Nachhaltiger Lernerfolg und tatsächlicher Business Impact ist somit nur bei **systemisch verbundenen Weiterbildungskonzepten** und bei einer gewissen Kontinuität von deren Laufzeit im Unternehmen denkbar. So werden in Be6! Formaten zusätzlich zum Lernen auf individueller Ebene immer auch Lernstränge zum Lernen auf Teamebene, z. B. im Peercoaching und auf organisatorischer Unternehmensebene, z. B. über den Einbezug von strategischen Unternehmenszielen in vorgelagerten Konzeptionsworkshops einbezogen.

Zu lernen und sich weiterzuentwickeln, ist zuerst eine individuelle, nicht delegierbare Aufgabe jeder Führungskraft. Im Sinne einer wertschöpfenden Dienstleistung haben deren Führungskräfte und alle entsprechend eingesetzten Professionellen die Aufgabe, die Führungskräfte im Lernen und in ihrer Entwicklung zu unterstützen.

Insbesondere sog. **People Coaches** und die **Personal- und Organisationsentwicklung** unterstützen Menschen und Organisationen unter Verwendung und Vernetzung unterschiedlicher Ressourcen dabei, sich lernend weiterzuentwickeln und damit eine bestmögliche Performance im Hinblick auf die gewünschten Ziele zu erreichen (vgl. dazu auch den Abschnitt 2.2 über die Verantwortung für die Führungsentwicklung in Unternehmen).

Konkret bedeutet das für das Training von Führungskräften im Rahmen von Be6! New Leadership Formaten …

… **weniger anleiten und schulen,** d. h. weniger Wissen vermitteln wollen, … **und mehr Selbstlernen ermöglichen** und den Lernenden Freiräume zur Wissensaneignung und Kompetenzentwicklung schaffen.

… **weniger Frontalunterricht top-down,** … **und mehr Lernprozesse delegieren, Eigeninitiative unterstützen und vernetzte Zusammenarbeit zum Wissenserwerb fördern.**

… **weniger Strukturen und Hürden aufbauen,** … **und mehr auf Eigenverantwortung im Lernen innerhalb von (vereinbarten) Leitplanken und Zielkorridoren vertrauen.**

… **weniger starre Führungspositionen der Trainierenden,** … **und mehr unterstützendes und ermöglichendes Trainieren,** d. h. der Trainierende nimmt sich zurück, gibt Impulse und leitet das Selbstlernen und das Lernen im Team an. Trainer ist eher Facilitator, Mentor und Coach, ggf. auch Fachexperte und Berater, je nach Lernziel.

2. Zentrale Elemente in der Gestaltung von Be6! Führungskräfteentwicklung

Aus den Leitprinzipien haben sich folgende Elemente für die Konzeption und Umsetzung von Be6! Formaten der Führungskräfteentwicklung herausgebildet:

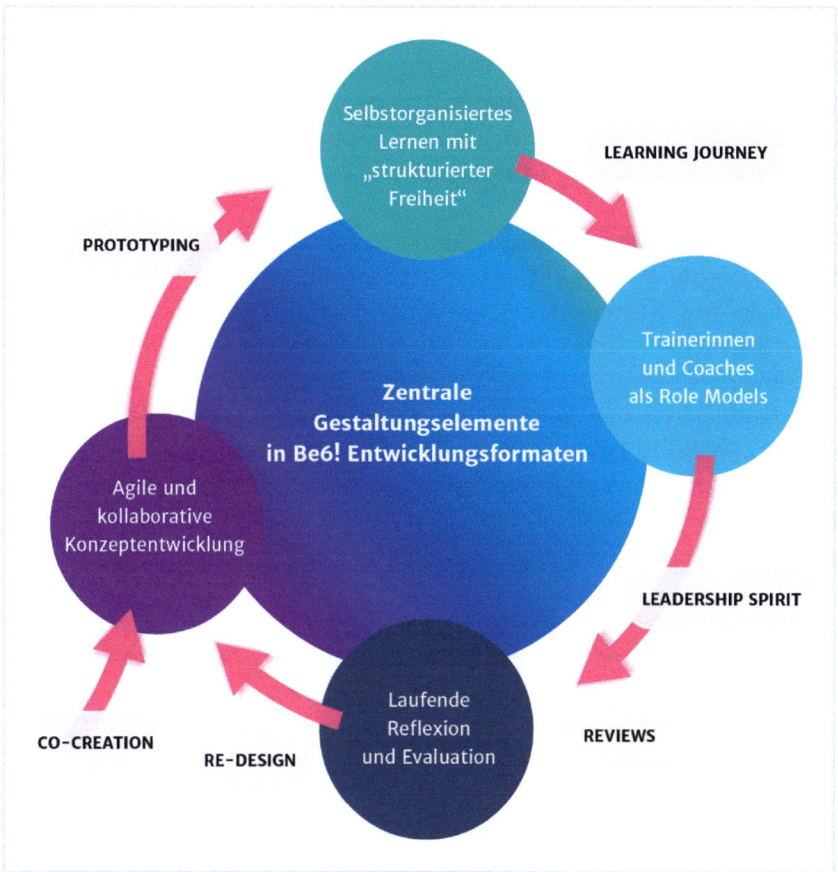

Abbildung 27: Zentrale Gestaltungselemente in Be6! Formaten[184]

(1) Agile und kollaborative Konzeptentwicklung

In den Phasen der Analyse und Gestaltung von Entwicklungsprogrammen legen wir besonderen Wert auf eine **kollaborative Vorgehensweise** und fassen alle entsprechenden Vorgehensweisen unter dem Begriff »Co-Creation« zusammen. Auch hier gehen wir nicht von einem vorgefertigten Format aus, welches dem Unternehmen bzw. den Teilnehmenden übergestülpt wird, sondern bieten lediglich eine Struktur, einen Rahmen und die passenden Werkzeuge an, also die »Werkstatt« oder den »Workshop« in der eigentlichen Übersetzung.

---

184   Quelle: Eigene Darstellung.

Dazu werden nach Möglichkeit alle betroffenen Stakeholder eingebunden und in erprobten Strukturen, analog, hybrid oder virtuell, das Anliegen des Kunden aufgenommen, dessen strategische Unternehmenssituation beleuchtet und im Hinblick auf mögliche Lösungsszenarien, sprich Entwicklungsformate hin analysiert. Im Weiteren werden über **ein schrittweises, iteratives Vorgehen** das Programmdesign mit Methoden aus dem **Design Thinking** entwickelt und passende Entwicklungsformate konzeptioniert. Idealerweise kann ein Prototyp schnell mit der Zielgruppe verprobt werden. Dadurch lassen sich zielgruppenspezifische Anpassungen und individuelle Kundenbedürfnisse sukzessive und effizient in ein Trainingsprogramm einbauen.

(2) Selbstorganisiertes Lernen in »strukturierter Freiheit«[185]
Neue Führung braucht neues Lernen. Statt dem klassischen asymmetrischen Lehrer-Schüler- bzw. Trainer-Teilnehmer-Gefälle wird eine **kollaborative Lernatmosphäre auf Augenhöhe** erwartet und angeboten. Die Trainierenden unterrichten nicht, sondern agieren wie Führungskräfte im New Leadership: Sie setzen den Rahmen, vereinbaren mit den Teilnehmenden die strategisch wichtigen Lernziele und die notwendigen Regeln der Zusammenarbeit. Im weiteren Verlauf setzen sie Lern- und Wissensimpulse, moderieren und empowern das **Self-directed-Learning** des Einzelnen, der Peergroups und der Gesamtgruppe und reflektieren laufend und in der Schlussevaluation Lernprozess und -ergebnis.[186]

Die Trainerin fungiert als Coach innerhalb des Lernprozesses. Es entsteht ein **agiles Lernformat**, in welchem der Prozess sehr klar ist, jedoch eine hohe inhaltliche Flexibilität vorliegt. Diese »strukturierte Freiheit« im Lernprozess ermöglicht eine **individuelle Learning Journey** der Teilnehmenden auch innerhalb eines definierten Lernprogramms und einer festen Kohorte von Lernenden.

(3) Trainerinnen und Consultants als Role Models
Als Leiterin und Leiter eines Bildungsformats sind die Trainierenden die temporäre Führungskraft der Teilnehmenden und wirken somit auch als **Role Model in der Führungsfunktion**. Von Be6! Trainerinnen und Trainer wird deshalb **in Haltung und Verhalten ein** adäquates Führungsverständnis im Sinne des New Leadership erwartet. Sie verkörpern das hier beschriebene Führungsmodell des Next Generation Leadership, leben es vor, inspirieren die Teilnehmenden und machen ihr eigenes Verhalten in dieser Rolle über Meta-Reflexionen laufend sichtbar. Durch ein authentisch vorgelebtes und mit der Lerngruppe eingeübtes New Leadership im Training kann sich ein **neuer Leadership Spirit in der ganzen Organisation ausbreiten.**

---

185 Vgl. https://www.haufe-akademie.de/ressourcen/evolve/wp-strukturierte-freiheit. Abrufdatum: 07.11.2023.
186 Vgl. Graf, Nele/Gramß, Denise/Edelkraut, Frank (2017): Agiles Lernen. Freiburg.

(4) Laufende Reflexion und Evaluation

Wie es der Driver »Be reflective & learn« ausdrückt: Reflexion ist ein wesentlicher Bestandteil des agilen Mindsets im New Leadership. Die laufende Reflexion von Zielfokus, den eingesetzten Ressourcen, den beteiligten Protagonisten, den Inhalten, Prozessen und Ergebnissen verbessert nicht nur die Qualität der Bildungsformate, sondern erhöht auch die Erfolgschancen eines jeden Lern- und Entwicklungsprozesses. Reflexion ist gleichzeitig Inhalt, Methode und Gestaltungsprinzip von Workshops & Trainings. Durch die Anwendung begleitender Retrospektiven, Reviews, Feedbackschleifen und Evaluation Labs wird in der Prozessbegleitung laufend gelernt und agile Anpassungen von Formaten werden laufend vorgenommen.

4.2   Drei Schritte zum Ziel: Einsatzfelder des Be6! Leadership Frameworks

Das **Be6! Leadership Framework** kann im Rahmen der betrieblichen Weiterbildung und der Personal- und Organisationsentwicklung auf verschiedenen Wegen im Führungsalltag und in der Führungskräfteentwicklung eingesetzt werden.

Das **Grundprinzip** ist einfach und kann **in drei Schritten** dargestellt werden, welche idealerweise als Phasen nacheinander durchlaufen werden.

Abbildung 28: Einsatzfelder und Funktionen des Be6! Leadership Frameworks in der Praxis[187]

---

187   Quelle: Eigene Darstellung.

Phase 1: Strukturieren – Orientieren – Inspirieren

Über die schlüssige und dynamische **Struktur** des Be6! Leadership Frameworks können wir uns im hochkomplexen Themenspektrum Führung und Management schnell zurechtfinden und uns darüber **verständigen**, kurz: **Das Framework dient als Landkarte** zur Orientierung und Verständigung. Die Komplexität wird anhand der einfachen und klaren Struktur des Frameworks reduziert, relevante Führungsthemen einer Zielgruppe können auf der »Landkarte« verortet und mittels der vorgeschlagenen Be6! Begrifflichkeiten besprochen werden.

In Beratungsgesprächen, Workshops, Seminaren und Coachings kann das Be6! Framework die unterschiedlichen Sichtweisen der beteiligten Stakeholder aller Ebenen und Funktionen im Unternehmen auf einen gemeinsamen Nenner bringen. Führungskräfte und Mitarbeitende mit unterschiedlichem Background und konträrem Führungsverständnis können über das ganzheitliche Be6! Framework **eine gemeinsame Sprache über Führung & Management** finden und damit auch ein **gemeinsames Führungsverständnis** in ihrer Organisationseinheit entwickeln. Darüber hinaus soll das Framework seine User für das Next Generation Leadership inspirieren, indem es durch die Transparenz und Einfachheit mentale Blockaden beseitigt und durch die Ganzheitlichkeit den Horizont öffnet und Führungskräfte motiviert, innerhalb ihres Verantwortungsbereichs an einer zukunftsfähigen Führungskultur zu arbeiten.

Das Be6! Leadership Framework wird so auch zum **Brückenbauer zwischen unterschiedlichen Führungshaltungen und -kulturen.** Es ist ein ideales Tool, die oft sehr kontroversen Ansichten zur Führung der unterschiedlichen Leadership-Generationen besprechbar zu machen und z.B. in einem mehrstufigen Workshopprozess auf einen gemeinsamen Nenner zu bringen. Im **Next Generation Leadership** mit dem Be6! Framework ist somit auch ein Konsens der Generationen im Unternehmen über die passende Führungskultur möglich.

In welchen Formaten passiert das nun?
Hier können **in allen Phasen** Formate unterschieden werden, die entweder eher auf den Einzelnen gerichtet sind (**individuelle Formate**), oder solche, die eher auf eine Organisationseinheit zielen (**organisationale Formate**). Beide Typen können auch kombiniert eingesetzt werden.

Beispiele für individuelle Be6! Formate in Phase 1
- Selbststudium von Be6! Website, Buch und Whitepaper mit Anwendung der empfohlenen Tools
- Be6! Reflexionsreise als E-Learning-Kurs[188]

---

188   Vgl. E-Learning »Reflexionsreise für Führungskräfte. Innehalten, reflektieren, wachsen.« © Haufe Akademie 2023, Infos und Buchung unter https://www.haufe-akademie.de/35531. Abrufdatum: 07.11.2023.

- Entwicklungsgespräch mit der Führungskraft oder Personalentwicklung auf Grundlage des Be6! Leadership Frameworks
- Teilnahme an Be6! Webinaren oder Keynotes

Beispiele für organisationale Be6! Formate in Phase 1
- Informationsgespräche von Stakeholdern der Organisation mit Trainer- und Beraterinnen der Haufe Akademie zum Be6! Leadership Framework
- Webinare, Impulsvorträge oder Keynotes von Be6! Consultants der Haufe Akademie für relevante Zielgruppen im Unternehmen
- Kommunikative Einbindung des Be6! Frameworks in interne Schulungen des Unternehmens ohne weitere Beteiligung von Consultants der Haufe Akademie

Abschnitt 4.3 **unten** zeigt für die Phase 1 **Praxisbeispiele von Keynotes.**

Phase 2: Analysieren – Identifizieren – Konzeptionieren

Im zweiten Schritt werden mit vorstrukturierten Formaten und Tools, wie z. B. einem Be6! Workshop oder einer Be6! Canvas die **Herausforderungen und Problemstellungen der betrachteten Zielgruppe analysiert und aufbereitet**, d. h. die relevanten Themen und Fragestellungen werden identifiziert, eingeordnet und mittels einer Standort- und Zielbestimmung bearbeitbar gemacht.

Im Beispiel eines Konzeptionsworkshops, welcher einem Führungskräfteentwicklungsprogramm vorgeschaltet ist, können mittels einer Gap-Analyse Bildungsbedarfe identifiziert, zielgruppengerechte **Entwicklungsstrategien erarbeitet** und **passende Bildungsformate zugeschnitten werden. Auch in dieser Phase hat ein Framework Vorteile in Bezug auf Schnelligkeit und Kostenersparnis**, beinhaltet es doch bewährte Lösungsbausteine, verprobte Konzeptmodule und eingeführte Beratungstools, auf die im Sinne einer optimalen Kombination vordefinierter Einzelleistungen Zugriff besteht.

So kann zum Beispiel für eine Identifikation von Bildungsbedarfen für ein Team oder Unternehmen, ein thesengeführtes Analysetool[189] genutzt werden, für das schon ein verprobtes Be6! Thesenset vorliegt. In einem Kundenfall konnten die teilnehmenden Führungskräfte innerhalb eines halbtägigen Workshops die wesentlichen Problemstellungen identifizieren und sich auf eine Priorisierung für die weitere Bearbeitung einigen.

Das Framework dient in dieser Phase als Ordnungs- und Prozessmodell für eine zielgerichtete Analyse zur effizienten und effektiven Ausgestaltung einer modernen Führungskräfteentwicklung. Es erleichtert den Professionellen in der Personal- und

---

189   Z. B. mit Eigenland® siehe unter https://www.eigenland.de/. Abrufdatum: 08.11.2023

Organisationsentwicklung die Konzeption von Entwicklungsformaten, indem es eine klare Struktur vorgibt, bewährte Praktiken und Standards im Baukasten bereitstellt und eine einheitliche Sprache nutzt.

Beispiele für individuelle Be6! Formate in Phase 2
- Nutzung des Be6! Frameworks als Checkliste zur persönlichen Stärken-/Schwächenanalyse
- Einsatz von allgemein verfügbaren Persönlichkeits-, Kompetenz- und Skilltests zur Selbsteinschätzung und Verortung der Ergebnisse auf dem Be6! Framework.[190]
- 1:1 Beratungs- und Entwicklungsgespräch mit der Führungskraft, einem Mentor, Coach oder einem Professionellen aus dem Bereich PE/OE des Unternehmens oder einer Firmenakademie

Mögliche Fragestellungen für eine individuelle Weiterentwicklung als Führungskraft sind dabei:

Wo sind meine Stärken und Entwicklungsfelder als Führungskraft? Welche Facetten von Führung & Management beherrsche ich bereits gut, welche weniger und wo habe ich »blinde Flecken«? Wie passt dieses Profil zu den Anforderungen an meine Stelle? Wo will ich ansetzen?

Beispiele für organisationale Be6! Formate in Phase 2 sind im Wesentlichen folgende Standardformate:
- **Be6! Leadership Workshop** für Teams und Organisationen zur Analyse eines Führungsthemas. Das Anliegen besteht meist aus einer oder mehreren drängenden Führungsfragen der Organisation, die aufgegriffen und mit dem Be6! Leadership Framework bearbeitet werden sollen. Beispiele sind die Identifikation von Bildungsbedarfen oder die Analyse der Führungskultur eines Unternehmens oder Organisationsbereichs.
- **Be6! Konzeptionsworkshop** zur Vorbereitung von Leadership-Programmen oder anderen Entwicklungsformaten im Bereich der Führungskräfteentwicklung.
- **Be6! Co-Creation-Workshop** als Sonderform des Konzeptionsworkshops mit ausgewählten Stakeholdern und Führungskräften zur ganzheitlichen und gemeinschaftlichen Erarbeitung von Führungskräfteentwicklungsprogrammen entlang einer vordefinierten kollaborativen Struktur.

Mögliche Fragestellungen für eine organisationale Weiterentwicklung als Führungskraft sind dabei:

Welche Anforderungen an unsere Führungskräfte ergeben sich aus unserer Unternehmensstrategie, aus unserem Führungsleitbild, aus unserer Unternehmenskultur

---

190 Z. B. mit https://www.16personalities.com/de/kostenloser-personlichkeitstest. Abrufdatum: 21.10.2023. Individuelle Be6! Testverfahren der Haufe Akademie sind derzeit in Entwicklung.

und aus weiteren Anforderungen aus dem Stakeholderumfeld der betrachteten Zielgruppe? Welche Schwerpunkte sollten wir demnach in einem Führungskräfteentwicklungsprogramm aufgreifen und in welchen Formaten umsetzen?

Abschnitt 4.4.2 illustriert die **Phase 2** am **Praxisbeispiel eines Be6! Analyseworkshops mit der SKF GmbH.** Ein Team von Personalentwicklerinnen und HR Business Partnern analysierte mit dem Be6! Framework den Führungsbedarf der Zukunft und dessen Umsetzung in einem unternehmensweit eingeführten »Führungsführerschein«.

Phase 3: Implementieren – Entwickeln – Evaluieren

Im dritten Schritt geht es darum, die in Phase 2 erarbeiteten Konzepte im Rahmen der betrieblichen Führungskräfteentwicklung **konkret umzusetzen,** d.h. team- oder unternehmensweit angelegte Bildungsprogramme auszurollen, Führungstools für das tägliche Führungshandeln zu implementieren und die Formate im Weiteren durch laufende Evaluation sukzessive zu verbessern.

Das Be6! Framework dient den »Lernreisenden« nun als Kompass in Bezug auf persönliche <u>und</u> organisationale Entwicklungsziele. Das Framework hat, wie in den vorhergehenden Phasen auch, eine zentrale Funktion als begleitendes **Verständigungs- und Ordnungsmodell,** auf welches im Training immer wieder Bezug genommen wird. Meist bleibt es im Seminarraum über ein Plakat visualisiert **und verkörpert den gemeinsamen New Leadership Spirit im Programm.**

Über das Framework kann so eine **kognitive, mentale und kommunikative Brücke** gebaut werden, zwischen Trainierenden und Teilnehmenden, innerhalb der Mitglieder einer Lerngruppe eines Führungsseminars und – wenn ausreichend viele Führungskräfte eines Unternehmens durch die Maßnahme gegangen sind – auch innerhalb der Führungsriege eines Unternehmens. Selbst wenn sich Be6! Einsteigerprogramme von solchen für die oberen Führungsebenen meist erheblich unterscheiden, so sind doch alle Führungskräfte eines Unternehmens über das Framework kommunikativ und im gleichen **Spirit eines Next Generation Leaderships** miteinander verbunden.

Wenn das Weiterbildungskonzept angelehnt an das Be6! Framework entwickelt wurde, ist über das Cluster des »Strategy Management« sichergestellt, dass sich die strategischen und konzeptionellen Ziele der Weiterbildungsmaßnahme auch in der tatsächlichen Umsetzung im Seminarraum wiederfinden. Ein echter Business Impact ist also wahrscheinlich. **Zusätzlich kommen in der Implementierung von Be6! Entwicklungsformaten nun auch spezifische Be6! Tools** wie das Be6! Workbook, das Be6! Reflexionsjournal oder die Be6! Toolbox zum Einsatz.[191]

---

191   Dies sind interne Be6! Tools, die derzeit nur in Verbindung mit Be6!-Entwicklungsformaten in Kundenprojekten zum Einsatz kommen. Auszüge daraus wurden in diesem Buch vorgestellt.

Beispiele für individuelle Be6! Formate in Phase 3

Auf einer individuellen Ebene können sich einzelne Bedarfsträger ggf. über ein an die Haufe Akademie geknüpftes »Learning Eco System« oder im Rahmen eines anderen Verbundmodells[192] für **Seminare mit Be6! Lösungen aus dem offenen Katalogbereich** der Haufe Akademie entscheiden. Diese Angebote liegen als analoge, hybride oder rein virtuelle Veranstaltungen vor. Werden diese individuell und asynchron durchgeführt, sprechen wir von E-Learnings, E-Kursen oder Fernkursen. Zusammengefasst sind folgende individuelle Formate denkbar:

- Be6! Seminarthemen aus dem offenen Angebot der Haufe Akademie (im Sinn einer unternehmensübergreifenden Bündelung von Einzelbedarfen), z. B.
  - Fernkurs New Leadership[193]
  - New Leadership Programm für Führungseinsteiger[194]
- E-Learnings/-Kurse im Bereich Führung und Leadership, z. B.
  - Reflexionsreise mit Be6![195]
- Selbstorganisierter Einsatz von Framework und Tools im täglichen Führungshandeln
- Einzelcoaching und Mentoring (oft auch im Verbund mit Entwicklungsprogrammen)

Ganz praktisch dient das Framework im Führungsalltag als visueller Reminder, Checkliste und Landkarte zur schnellen Verortung von Führungs- und Managementfragen. Als mentales Modell der Führung wirkt es entlastend, ordnend und motivierend, bestimmte Themen und Fragestellungen auch anzugehen. Als visuelle Anker am Arbeitsplatz dienen Be6! Plakate oder Be6! Grafiken auf Mobilgeräten und auf dem Desktop.

Beispiele für organisationale Be6! Formate in Phase 3
- **Be6! Führungskräfteentwicklungsprogramme** als kohortenbasierte, bereichs- oder unternehmensweit angelegte, mehrmodulige Entwicklungsprogramme für Führungskräfte unterschiedlicher Ebenen
- Darin integriert ist der **Einsatz von Be6! Tools** (Workbook, Reflexionsjournal, Toolbox etc.), begleitendem Coaching, Peercoaching und weiteren ergänzenden Lernformaten, je nach Konzeption.

Abschnitt 4.5.2 und 4.5.3 illustriert die Phase **3** an **zwei Praxisbeispielen von Be6! Führungsentwicklungsprogrammen**: K2 Systems GmbH und Haufe Group SE.

---

192 Z. B. über die Einkaufsplattform Semigator. https://semigator.haufe.de/. Abrufdatum: 07.11.2023.

193 Fernkurs New Leadership. Leadership & Collaboration – mit einem neuen Mindset in die Arbeitswelt der Zukunft! Infos und Buchung unter https://www.haufe-akademie.de/34034. Abrufdatum: 07.11.2023.

194 New Leadership Programm für neue Führungskräfte. Leading yourself – leading others – leading business. Infos und Buchung unter https://www.haufe-akademie.de/35357. Abrufdatum: 07.11.2023.

195 Reflexionsreise für Führungskräfte. Innehalten, reflektieren, wachsen. Infos und Buchung unter https://www.haufe-akademie.de/35531. Abrufdatum: 07.11.2023.

Zusammenfassung

Über die schlüssige und dynamische Struktur des Be6! Leadership Frameworks und seinem agilen Führungsverständnis werden zunächst mithilfe eingeübter **Analyse-verfahren** die vorliegenden Problemstellungen, Herausforderungen und Chancen der betrachteten Zielgruppe eingeordnet und analysiert. Dies kann z. B. in kurzen, gemeinsamen Workshops von Beratenden und Unternehmensentscheidern geschehen.

Sind die Problemstellungen und Chancenpotenziale noch nicht greifbar, sondern nur latent spürbar, kann über **vorgeschaltete Informations- und Reflexionsveranstaltungen**, meist in Form von Keynotes, zuerst die notwendige Aufmerksamkeit und Betroffenheit bei einer kritischen Masse der Zielgruppe hergestellt werden.

Aufsetzend auf den Analyseergebnissen werden anschließend, wiederum der Logik des Be6! Frameworks folgend, bewährte und erprobte Lösungsbausteine und Tools aus der Be6! Praxis eingesetzt, um in **Co-Creation mit Stakeholdern des Kunden** konkrete unternehmensspezifische Lösungen zu erarbeiten. Dies können Entwicklungsprogramme, Workshopreihen, Individuallösungen oder ganz andere Formate sein. Deren Gestaltung, Form und Dauer hängen von der individuellen Unternehmenssituation und den vorliegenden Wünschen und Bedürfnissen der fokussierten Zielgruppe(n) ab.

Die erarbeiteten Lösungen werden dann idealerweise **von denselben, bisher schon involvierten Beraterinnen, Trainerinnen und Coaches konkret im Unternehmen ausgerollt** und umgesetzt. Wichtig ist die schnelle Verprobung der gefundenen Lösungen in die Praxis um, der Idee des »Prototyping« folgend, gemeinsam zu lernen und die Prozesse und Formate laufend zu verbessern. Hier hat es sich bewährt, die gefundenen Lösungen über stufenweise Pilotanwendungen und laufende Evaluationen sukzessive in die Unternehmenspraxis zu implementieren.

Im Folgenden werden **die drei Phasen an Praxisbeispielen gezeigt und mit Interviews illustriert**, welche mit unterschiedlichen Stakeholdern geführt wurden: mit Auftraggebern, Geschäftsführerinnen, Führungskräften, Personalentwicklern, aber auch mit Trainierenden und einem Teilnehmenden.

4.3   Phase 1: Strukturieren – Orientieren – Inspirieren am Beispiel von Be6! Keynotes

Die Be6! Keynote, meist in Form einer Präsentation oder Rede am Beginn einer Führungstagung eines Unternehmens, ist ein **kurzer inhaltlicher Impuls in Bezug auf eine konkrete Fragestellung** im Bereich Führung, Leadership und Management und deren Relevanz für die Teilnehmenden und für die Organisation, der sie angehören.

Innerhalb einer Keynote dient das Be6! Framework und sein zugrunde liegendes Führungsverständnis von Next Generation Leadership zur Struktur und Orientierung der Fragestellung. Aktuelle Herausforderungen und Chancen im Bereich New Leadership lassen sich leichter einordnen und Zusammenhänge werden sichtbar.

Be6! Keynotes sollen das Publikum betroffen machen und sollen dazu anregen, über zukunftsweisende Formen der Führung nachzudenken, neue Perspektiven auf Führung einzunehmen und konkrete Handlungsimpulse mitzunehmen. Sie sollen Lust auf Veränderung wecken und im besten Fall im Kreis der Führungskräfte eine positive Aufbruchsstimmung in Richtung des gemeinsamen Zielbildes generieren.

	Leadership Keynotes mit Be6!
Mögliche Zielsetzungen	• Reflexion zum Stand der Führung und der Führungskultur • Aufdecken von Veränderungspotenzialen und Entwicklungsfeldern • Antriggern der Führungskräfte, sich mit New Leadership auseinanderzusetzen • Innerer Anstoß für persönliche und/oder organisationale Veränderung • Unterstützung einer angestrebten Leadership Transformation • Schaffung eines gemeinsamen Verständnisses zum Thema (New) Leadership • Ermutigung, neue Wege zu gehen und Führung zu übernehmen
Mögliche Zielgruppen	• Führungskräfte aller Ebenen einer Organisation • Nachwuchsführungskräfte und Neueinsteiger in die Führungsfunktion • Potenzialträger für eine Führungsfunktion • Alle Mitarbeitenden mit temporären Führungsaufgaben
Mögliche Titel	• Führungstrends kennen – Praxis-Insights erhalten • Veränderungspotenziale und Entwicklungschancen im Next Generation Leadership • Brauchen wir (überhaupt) noch Führungskräfte? • Herausforderungen und Chancen im Bereich New Leadership
Mögliche Inhalte	• Führung heute und im Next Generation Leadership • Das Be6! Leadership Framework als Ordnungsmodell und Analysetool für die heutigen Herausforderungen • Blick auf Use Cases • Kurze eingebaute Workshop Sequenzen (je nach Dauer)
Dauer und Format	• 30–120 Minuten, je nach Zielsetzung und Format (virtuell oder Präsenz)
Keynote Speaker	• Be6! Leadership Consultants, Coaches, Trainerinnen und Trainer (zusammengefasst als Be6! Expertinnen und Experten)

Abbildung 29: Überblick Keynote mit Be6![196]

---

196 Quelle: Eigene Darstellung.

Praxisbeispiel 1: K2 Systems GmbH

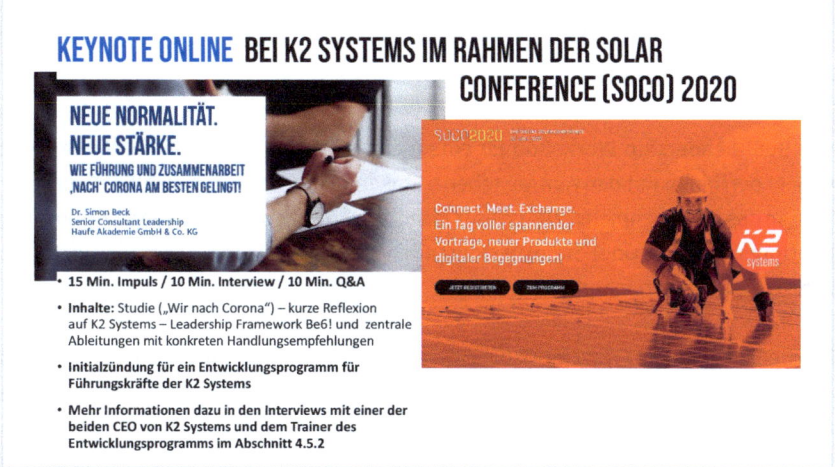

Abbildung 30: Praxisbeispiel 1 Keynote: K2 Systems GmbH[197]

Praxisbeispiel 2: Deutsche Diözese (Kirchlicher Verwaltungsbezirk auf Landesebene)

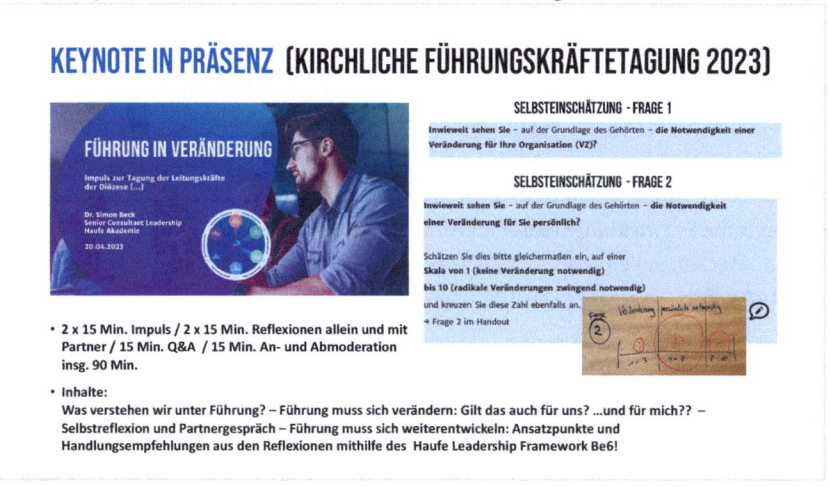

Abbildung 31: Praxisbeispiel 2 Keynote: Kirchliche Führungskräftetagung[198]

---

197   Quelle: Eigene Darstellung.
198   Quelle: Eigene Darstellung.

4.4 Phase 2: Analysieren – Identifizieren – Konzeptionieren am Beispiel von Be6! Leadership Workshops

4.4.1 Überblick und Praxisbeispiele

Der **Be6! Leadership Workshop** ist eine meist eintägige Leadership-Werkstatt von Be6! Expertinnen mit den Auftraggebern, Stakeholdern und ausgewählten Führungskräften des Unternehmens. Ziel ist es, **Klarheit zu erlangen über den Status quo einer Führungssituation, über die zu verfolgenden Zielen und über die zu priorisierenden Schritte zur Zielerreichung.**

Das Be6! Leadership Framework beschreibt durch die **sechs Führungshaltungen** und die **sechs Führungscluster mit seinen 24 Führungsfeldern** alle wesentlichen Aspekte von Führung und Management innerhalb einer Organisation. In einer **schlanken Analyse** werden blinde Flecken im persönlichen Führungsverständnis der Beteiligten offengelegt. Schwächen und Stärken können analysiert und einfach visualisiert werden, um daraus **Handlungsempfehlungen** abzuleiten, konkrete **Umsetzungsimpulse** zu setzen oder Briefings für weitere konzeptionelle Workshops abzuleiten, z. B. für ein **Co-Creation-Workshop zur Gestaltung eines neuen Führungsentwicklungsprogramms.**

Der Be6! Leadership Workshop macht außerdem **Lust auf Führung.** Das Be6! Leadership Framework ist leicht verständlich und ergebnisorientiert. So wird den Teilnehmenden oft ganz plötzlich und unvermittelt erst klar, wie Führung zukünftig gelebt werden soll und wie sich die Beteiligten aktiv einbringen können. Zusätzlich werden **strategische Entwicklungsfelder identifiziert**, die Schwächen und Lücken in der Führung aufdecken sollen. Daraus lassen sich strategische Initiativen genauso ableiten wie auch sofort umsetzbare Maßnahmen.

Bei einem Kunden wurden beispielsweise nach einer Einschätzung der Stärken und »Problemzonen« drei strategische Themen für die weitere Bearbeitung in der Führungskräfteentwicklung identifiziert: 1. Lernen, 2. Change Management, 3. Fehler- und Mutkultur. Daraus entstanden klare und unter den Teilnehmenden schnell delegierte Sofortmaßnahmen für eine nachhaltige Verbesserung der Führungsentwicklung im Unternehmen.

	Leadership Workshop mit Be6!
Mögliche Zielsetzungen und Workshopthemen	• Blinde Flecken im persönlichen Führungsverständnis offenlegen • Gaps in der Führungskultur aufdecken • Anforderungen an Führungskräfte ermitteln • Basis zur Entwicklung für Führungskräftetrainings legen • Gemeinsames Führungsverständnis entwickeln und schärfen
Mögliche Zielgruppen	• Auftraggeber aus HR und PE/OE, weitere Stakeholder und ausgewählte Führungskräfte
Projektphasen	• Gemeinsame Zielabstimmung • Vorbereitung des Workshops • Durchführung des Leadership Workshops • Evaluation mit Planung und Umsetzung weiterer Schritte
Dauer und Format	• Standard: 1 Tag, virtuell oder in Präsenz
Workshopleiterinnen und -leiter	• Be6! Expertinnen und Experten
Nutzenpotenziale	• **Identifikation von strategischen Entwicklungsfeldern:** Schwächen und Lücken in der Führung können schnell identifiziert werden. Daraus lassen sich strategische Initiativen genauso ableiten wie auch sofort umsetzbare Maßnahmen • **Klarheit über Status quo und Ziele:** Stärken und Entwicklungsfelder werden identifiziert, Bedarfe definiert, Ziele abgeleitet • **Katalysator für gemeinsames Führungsverständnis** und Konsens der Teilnehmenden in Bezug auf Führungskultur im Sinne von New Leadership • **Lust auf Führung:** leicht verständlich und ergebnisorientiert • **Schnelle Handlungsempfehlungen:** leicht verständlich und sofort implementierbar
Besonderheiten und Erfahrungen	• Durch die **praktische Arbeit mit dem analog oder digital visualisierten Be6! Framework** anhand einer Canvas an der Pinnwand oder eines analogen oder digitalen White Boards ist eine schlanke »Hands-on-Analyse« der Fragestellungen und Anliegen möglich. • Das Framework wird üblicherweise von den Teilnehmenden **schnell verstanden und akzeptiert.** Über diesen Konsens können die zentralen Workshopthemen zügig und konstruktiv bearbeitet werden.

Abbildung 32: Überblick Leadership Workshop mit Be6![199]

---

199   Quelle: Eigene Darstellung.

Praxisbeispiel 1: Unternehmen im Bereich Wirtschaftsprüfung (»Big Four«)

LEADERSHIP WORKSHOP IM WIRTSCHAFTSPRÜFUNGSUNTERNEHMEN: WORKSHOP MIT PE/OE-STAFF ZUR ENTWICKLUNG EINES KONZEPTS FÜR DAS NEUE LEADERSHIP DEVELOPMENT PROGRAM

Eine vorstrukturierte Be6!-Leadership Circle Canvas wurde
entlang folgender Fragen durchgearbeitet:

- Wo stehen Ihre Führungskräfte heute? Wie verhalten sie sich?
- Wie sollen sie sich morgen verhalten? Welche Kultur ist angestrebt?
- Was brauchen die Führungskräfte wirklich, damit sie ihren Job in der Zukunft erfolgreich meistern können?
- Wie soll und kann das trainiert, erworben und erlernt werden?

Die Ausprägungen der Führungsfelder wurden in einem „Be6!-Manual"
dargestellt und als Handout genutzt. Mit den Ergebnissen konnte
HR/PE/OE ein Grobkonzept für die Führungskräfteentwicklung erstellen
und auf dieser Grundlage eine Ausschreibung starten.

Aufwand: 1/2 Tag mit 3 TN und 2 Beratenden,
zzgl. Konzeption und Material

Abbildung 33: Praxisbeispiel 1 Leadership Workshop: Unternehmen im Bereich Wirtschaftsprüfung[200]

Praxisbeispiel 2: Mittelständisches Unternehmen im Maschinenbau

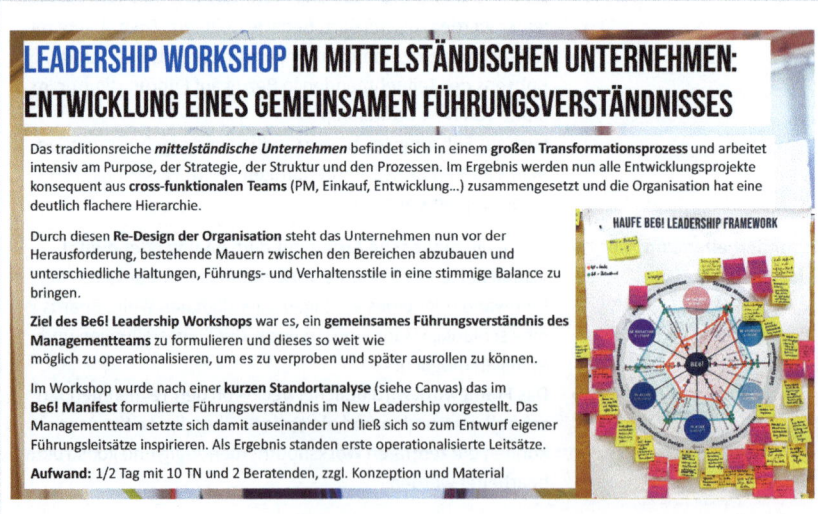

LEADERSHIP WORKSHOP IM MITTELSTÄNDISCHEN UNTERNEHMEN: ENTWICKLUNG EINES GEMEINSAMEN FÜHRUNGSVERSTÄNDNISSES

Das traditionsreiche *mittelständische Unternehmen* befindet sich in einem **großen Transformationsprozess** und arbeitet
intensiv am Purpose, der Strategie, der Struktur und den Prozessen. Im Ergebnis werden nun alle Entwicklungsprojekte
konsequent aus **cross-funktionalen Teams** (PM, Einkauf, Entwicklung...) zusammengesetzt und die Organisation hat eine
deutlich flachere Hierarchie.

Durch diesen **Re-Design der Organisation** steht das Unternehmen nun vor der
Herausforderung, bestehende Mauern zwischen den Bereichen abzubauen und
unterschiedliche Haltungen, Führungs- und Verhaltensstile in eine stimmige Balance zu
bringen.

Ziel des Be6! Leadership Workshops war es, ein **gemeinsames Führungsverständnis des
Managementteams** zu formulieren und dieses so weit wie
möglich zu operationalisieren, um es zu verproben und später ausrollen zu können.

Im Workshop wurde nach einer **kurzen Standortanalyse** (siehe Canvas) das im
Be6! Manifest formulierte Führungsverständnis im New Leadership vorgestellt. Das
Managementteam setzte sich damit auseinander und ließ sich so zum Entwurf eigener
Führungsleitsätze inspirieren. Als Ergebnis standen erste operationalisierte Leitsätze.

Aufwand: 1/2 Tag mit 10 TN und 2 Beratenden, zzgl. Konzeption und Material

Abbildung 34: Praxisbeispiel 2 Leadership Workshop: Mittelständisches Unternehmen im Maschinenbau[201]

---

200   Quelle: Eigene Darstellung.
201   Quelle: Eigene Darstellung.

Praxisbeispiel 3: SKF GmbH Schweinfurt

Abbildung 35: Praxisbeispiel 3 Leadership Workshop: SKF GmbH Schweinfurt

4.4.2   Interview zum Praxisbeispiel SKF GmbH

Ein Team aus der Personalentwicklung analysiert mit dem Be6! Framework den Führungsbedarf der Zukunft – Interview mit Michael Wilhelm von SKF in Schweinfurt

Dr. Michael Wilhelm ist promovierter Diplom-Psychologe und leitete über sieben Jahre als »People Experience Expert« die Personal- und Organisationsentwicklung der SKF in Deutschland. Aktuell arbeitet er bei der SKF als People Business Enabler.

Die **SKF** (Svenska Kullagerfabriken) mit Hauptsitz im schwedischen Göteburg bietet Lösungen und Services rund um das Thema Wälzlager, Dichtungen und Schmiersysteme und ist hierzu mit rund 44.400 Beschäftigten in 130 Ländern weltweit präsent. In Deutschland beschäftigt die SKF-Gruppe mit Schwerpunkt in Schweinfurt rund 6.600 Mitarbeitende.

Herr Dr. Wilhelm, Sie haben Ihren sogenannten »Führungsführerschein«, eingesetzt zur Fort- und Weiterbildung Ihrer Führungskräfte, 2021 neu aufgestellt. In diesem Zuge haben Sie einen co-kreativen Analyseworkshop mit Haufe Beratern zum Be6! Leadership Framework durchgeführt. Welche Idee steckt hinter dem Führungsführerschein der SKF?

Die Idee unseres Führungsführerscheins besteht darin, neue Führungskräfte optimal auf ihre Tätigkeit vorzubereiten. Das Programm zielt darauf ab, ihnen alle erforderlichen Kenntnisse und Fähigkeiten zu vermitteln, die für eine erfolgreiche Führungsrolle notwendig sind.

Vor welchem Hintergrund haben Sie eine Veränderungsnotwendigkeit für Ihre Führungskräfteentwicklung gesehen und welche Leitlinien haben Sie bei der Überarbeitung des Führungsführerscheins in den Vordergrund gestellt?

Die Veränderungsnotwendigkeit ergab sich für uns aus der Erkenntnis, dass das starre Curriculum des früheren Führungsführerscheins wenig Flexibilität bot und nicht ausreichend auf die individuellen Bedürfnisse der Teilnehmenden einging. Um diese Herausforderungen anzugehen, haben wir den Führungsführerschein grundlegend überarbeitet und dabei folgende Leitlinien in den Vordergrund gestellt: Individualisierung, Standardisierung und Modularisierung.

- Die **Individualisierung** des Programms ermöglicht es den Teilnehmenden, den Führungsführerschein entsprechend ihrer spezifischen Anforderungen anzupassen. Sie können aus einer Vielzahl von Modulen wählen, um ihre fachlichen und überfachlichen Fähigkeiten gezielt zu entwickeln.
- Durch die **Standardisierung** stellen wir sicher, dass bestimmte Kerninhalte und -kompetenzen in jedem Führungsführerschein-Programm vermittelt werden. Dies gewährleistet einen einheitlichen Qualitätsstandard und eine gemeinsame Basis für alle Führungskräfte.

„Indem wir das Be6! Leadership Framework integrieren, können wir sicherstellen, dass der Führungsführerschein eine breitere Palette von Führungsthemen und -kompetenzen abdeckt und unsere Teilnehmenden ein umfassendes Verständnis der Führung entwickeln."

- Die **Modularisierung** des Programms ermöglicht es den Teilnehmenden, flexibel und zeitlich angepasst zu lernen. Sie können wählen, welche Module sie in welcher Reihenfolge absolvieren möchten, und so den Führungsführerschein an ihre individuellen zeitlichen und beruflichen Anforderungen anpassen.

Aus welchem Grund haben Sie das Haufe Be6! Leadership Framework bei der Überarbeitung des Führungsführerscheins mit an Bord geholt?

Wir haben das Be6! Leadership Framework mit einbezogen, da wir eine ganzheitliche und strukturierte Herangehensweise an die Führungskräfteentwicklung anstreben. So haben wir das Be6! Framework als Erweiterung unserer SKF-internen »Leadership Expectations« in den Führungsführerschein aufgenommen, um unserem Entwicklungsprogramm eine umfassendere Definition von Führung zugrunde zu legen. Unsere internen »Leadership Expectations« definieren wichtige, ausgewählte Verhaltensweisen für SKF-Führungskräfte, die wir als Grundlage für den Führungsführerschein verwenden. Das Haufe Be6! Leadership Framework erweitert diese internen Erwartungen, indem es ein externes Modell zur Verfügung stellt, welches die zentralen Aufgaben- und Kompetenzfelder in Management und Führung klar strukturiert. Es bietet eine umfassende Perspektive auf die verschiedenen Aspekte der Führung und ergänzt unsere internen Erwartungen um zusätzliche Dimensionen und Einblicke. Indem wir das Be6! Leadership Framework integrieren, können wir sicherstellen, dass der Führungsführerschein eine breitere Palette von Führungsthemen und -kompetenzen abdeckt und unsere Teilnehmenden ein umfassendes Verständnis der Führung entwickeln, das sowohl interne als auch externe Perspektiven einbezieht.

Im Zuge dieser Neukonzeption haben Sie einen Be6! Analyseworkshop durchgeführt. Welches Ziel haben Sie mit dem Workshop verfolgt und wie lief dieser bei Ihnen ab?

Mit dem Be6! Analyseworkshop haben wir das Ziel verfolgt, das Be6! Leadership Framework kennenzulernen, dessen Relevanz für unsere Firma zu analysieren und es mit unserem internen Framework der »Leadership Expectations« abzugleichen. Zudem sollten im Workshop Ideen entwickelt werden, wie das Be6! Framework in die verschiedenen Module des Führungsführerscheins integriert werden kann.

Der Analyseworkshop wurde von zwei Haufe-Experten moderiert. Teilnehmende waren HR Business Partner sowie Personalentwickler der SKF. Der Workshop war strukturiert und folgte einem festgelegten Ablauf:

1. **Einführung**: Die Experten von Haufe stellten das Be6! Leadership Framework vor und erläuterten seine Grundprinzipien und Struktur. Dabei wurden die verschiedenen Führungscluster und ihre Bedeutung für eine umfassende Führungskompetenz erläutert.

1. **Relevanzanalyse:** Die Teilnehmenden hatten die Möglichkeit, das Framework im Hinblick auf die spezifischen Herausforderungen und Bedürfnisse der SKF zu analysieren. Es wurde diskutiert, inwieweit die einzelnen Führungscluster und Felder des Be6! Frameworks für die Führungskräfte in unserer Firma relevant sind und wie sie zur Verbesserung der Führungskompetenz beitragen können.
2. **Abgleich mit internem Framework:** Im nächsten Schritt wurde das Be6! Framework mit unseren internen »Leadership Expectations« abgeglichen. Es wurde überprüft, welche Aspekte des internen Frameworks bereits im Be6! Framework enthalten sind und ob Ergänzungen oder Anpassungen notwendig sind, um eine kohärente und umfassende Führungsentwicklung zu gewährleisten.
3. **Ideenentwicklung:** Basierend auf den Erkenntnissen und Diskussionen wurden im Workshop Ideen entwickelt, wie das Be6! Framework in die verschiedenen Module des Führungsführerscheins eingebunden werden kann.

Der Be6! Analyseworkshop ermöglichte es uns, das Haufe Be6! Leadership Framework eingehend zu analysieren und auf unsere spezifischen Bedürfnisse anzupassen. Durch den Dialog zwischen den Experten von Haufe und den internen Teilnehmenden konnten wertvolle Erkenntnisse gewonnen und innovative Ideen zur Einbindung des Frameworks in den Führungsführerschein generiert werden.

Was war in Ihren Augen das zentrale Ergebnis des Workshops?

Das zentrale Ergebnis des Be6! Analyseworkshops war die Erkenntnis, dass das Haufe Be6! Leadership Framework eine wertvolle Unterstützung für die Umsetzung der oben genannten Leitlinien (Individualisierung, Standardisierung und Modularisierung) zur Neukonzeption des Führungsführerscheins darstellt. Durch den Workshop wurde deutlich, dass das Framework eine umfassende Struktur für die Führungsentwicklung bietet und dabei hilft, das Themenspektrum von Führung, Leadership und Management zu analysieren und zu strukturieren.

Das Be6! Framework ergänzt unsere internen »Leadership Expectations« durch seine ganzheitliche und strukturierte Herangehensweise. Es hilft uns dabei, die relevanten Führungscluster und -felder zu identifizieren und zu verstehen, welche Aufgaben- und Kompetenzfelder in Management und Führung zentral sind. Durch den Abgleich mit unserem internen Framework konnten wir sicherstellen, dass die wichtigen Aspekte einer umfangreichen, kohärenten Führungsentwicklung abgedeckt sind.

Konnte das Framework im Anschluss an den Workshop in die Module des neuen Führungsführerscheins integriert werden und wenn ja, mit welchem Ziel?

Ja, das Be6! Framework wurde direkt im Anschluss an den Workshop in den Führungsführerschein integriert. Im Rahmen des Programms wird das Framework zusammen mit dem internen Framework in der individuellen Kick-off-Veranstaltung vorgestellt, um den Teilnehmenden einen Überblick über das Programm zu geben. Darüber hinaus gibt es ein verpflichtendes Modul, das dem Framework ausführlich gewidmet ist. Dieses spezielle Modul ist ein halbtägiger Workshop, in dem sich die Teilnehmenden intensiv mit den sechs Führungsclustern und den verschiedenen Führungsfeldern auseinandersetzen. Sie haben die Möglichkeit, die Inhalte zu diskutieren und individuelle Entwicklungsbedarfe in Bezug auf die Kompetenzfelder zu identifizieren. Dieser Workshop bildet einen wichtigen Meilenstein, um das Be6! Framework in den Führungsführerschein zu integrieren.

Im weiteren Verlauf des Führungsführerscheins wird das Framework kontinuierlich genutzt, um Entwicklungsfelder zu identifizieren und entsprechende Interventionsmaßnahmen abzuleiten. Die von Haufe angebotenen Standardmodule und Trainings bieten dabei eine gute Möglichkeit zur individuellen Weiterentwicklung und zur gezielten Stärkung der Führungskompetenzen.

Das Zusammenspiel der Leadership Expectations von SKF in Verbindung mit dem Be6! Framework ermöglicht uns die gewünschte umfassende und strukturierte Herangehensweise an die Führungskräfteentwicklung im Führungsführerschein. Die Teilnehmenden erhalten dadurch klare Leitlinien und eine gemeinsame Sprache, um ihre Führungsqualitäten weiterzuentwickeln und die in den Frameworks definierten Kompetenzen gezielt zu erlangen.

Was ist in Ihren Augen der zentrale Mehrwert der Integration des Be6! Framework in ihre Führungskräfteentwicklung?

Zusammenfassend wurden zwei zentrale Mehrwerte des Be6! Leadership Frameworks für die Führungskräfteentwicklung der SKF deutlich:

1. Zum ersten ermöglicht uns die Integration des Be6! Frameworks eine **standardisierte Herangehensweise an die Führungskräfteentwicklung** und fördert die gemeinsame Sprache und Identifikation innerhalb der Organisation. Durch die Anpassung der Formulierungen und die Verwendung der firmeneigenen Sprache konnten wir eine noch größere Identifikation und Relevanz für die Teilnehmenden erreichen. Die Struktur und Klarheit des Frameworks erleichtert uns die Planung und Umsetzung von Entwicklungsmaßnahmen, um so Führungskompetenzen optimal stärken und die Organisation insgesamt unterstützen zu können.

2. Zum zweiten **bietet das Framework Führungskräften Struktur und Klarheit für ihre Entwicklung**. Es hilft Teilnehmenden des Führungsführerscheins, die verschiedenen Führungsfelder zu verstehen, ihre persönlichen Entwicklungsfelder zu erkennen und gezielt an ihrer Weiterentwicklung zu arbeiten. Somit fungiert das Framework für unsere Führungskräfte als Orientierung und Hilfestellung, um ihre Führungsqualitäten fokussiert weiterzuentwickeln und erfolgreich in ihrer Rolle

zu sein. Ihre positiven Rückmeldungen bestätigen uns, dass die Integration des Frameworks ein richtiger und wichtiger Schritt war.

4.5 Phase 3: Implementieren – Entwickeln – Evaluieren am Beispiel von New Leadership Programmen mit Be6!

4.5.1 Überblick

Das **New Leadership Programm mit Be6!** ist ein mehrmoduliges Entwicklungsprogramm für Führungskräfte. Es ist auf dem Führungsverständnis des Haufe Be6! Leadership Framework aufgebaut und hat zum Ziel, dass sich die Teilnehmenden im Durchlaufen des Programms zur professionellen Führungskraft weiterentwickeln.

New Leadership Programme mit Be6! richten sich an alle Führungslevel im Unternehmen. In seinem **Masterformat** (siehe Abbildung 36) wird es meist für Entwicklungsprogramme zugeschnitten, welche sich an Einsteiger in die Führungsposition bzw. an die erste Führungsebene (First Line Manager) richten. Mit weiteren konzeptionellen Anpassungen lassen sich aber auch die erfahrenen und oberen Führungskräfte in das Programm einbinden.

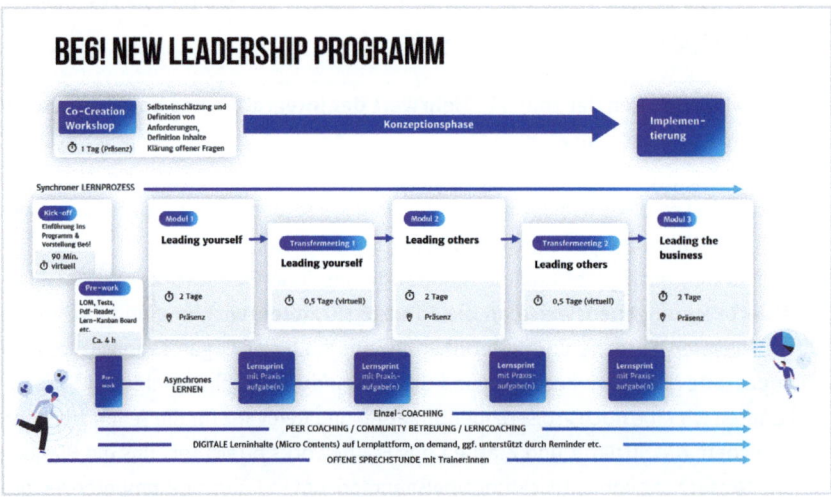

Abbildung 36: Mögliches New Leadership Programm mit Be6![202]

Das **vorstrukturierte Konzept** ist mithilfe einer schlanken Konzeptions- und Planungsphase auf jedes Unternehmen anpassbar und stellt über einen **vorgeschalteten**

---

202   Quelle: Haufe Akademie Inhouse Consulting 2023.

Co-Creation-Workshop einen konkreten Bezug zu den Werten, zur Vision und Strategie des Unternehmens her. Die Aktualität des Be6! Entwicklungsprogramms wird durch stetige Evaluation und Weiterentwicklung sichergestellt.

Ein besonderer Fokus wird in Be6! Leadership Programmen auf **die Vermittlung eines ganzheitlichen Führungsverständnisses** gelegt: Von (weichen) Leadership Skills bis zu (harten) Managementkompetenzen, von der Unternehmensstrategie bis zum täglichen Führungshandeln und von der kleinsten Führungsbeziehung im 1:1 bis hin zur Unternehmensführung: Die Themen werden ganzheitlich erfasst und über Praxis-Checks im Seminar oder in Lernsprints zwischen den Modulen in den täglichen Führungsalltag des Lernenden übersetzt. Das Gelernte soll möglichst schnell und einfach in der beruflichen Praxis angewandt und umgesetzt werden.

Während der Trainings ist **das Be6! Leadership Framework** der Kompass für die Teilnehmenden. Es zeigt, welche **Haltungen** (New Leadership Mindset), welches »**Handwerk**« (New Leadership Skills) und welche **Werkzeuge** (New Leadership Toolset) Führungskräfte für professionelles und zukunftsfähiges Führungshandeln benötigen.

Wir empfehlen, in Leadership-Programmen, die auf Be6! aufgebaut sind, **im Training auch das Be6! Framework zu verwenden**. Warum? Da das Be6! Leadership Framework alle wesentlichen Faktoren von Führung und Management in Bezug auf Haltung, Handwerk und Werkzeuge beinhaltet und trotzdem übersichtlich aufgebaut ist, gibt es Führungskräften **Orientierung und Sicherheit,** in strategischen Entscheidungen genauso wie im täglichen Führungshandeln. Dies wird von den Führungskräften im Training aufgenommen und oft als visueller Anker zum Arbeitsplatz mitgenommen. Es hilft ihnen im Weiteren, die Grundlagen und Komponenten für ihre individuelle Führungskarriere zu erkennen und zukunftsfähig weiterzuentwickeln.

Das Framework kann im Rahmen der Learning Journey auch in den Hintergrund treten und lediglich als gedankliches Fundament dienen, das hängt von der Kundensituation ab und wird im Rahmen der Konzeptionsphase geklärt. Hat der Kunde zum Beispiel bereits ein ähnliches Leadership Framework im Einsatz, so werden die beiden Ansätze im Rahmen des Co-Creation-Workshops gematcht und ggf. lassen sich schon daraus blinde Flecken und Potenziale für die Führungsentwicklung beim Kunden identifizieren. Im Ergebnis sollte im Sinne eines klaren Erwartungsmanagements in Richtung der Führungskräfte eine **klare Aussage der Unternehmensführung über das gemeinsame Führungsverständnis und die anzustrebende Führungskultur** in der Organisation stehen. Daraus lässt sich das zukünftige Führungsverhalten ableiten, in die Trainingskonzepte einbauen, einüben und reflektieren.

	New Leadership Programm mit Be6!
Zielsetzungen und Themenbereiche im Programm	• Neue Führungsmodelle im Kontext von New Management bzw. New Leadership kennenlernen und erfahren • Vorbereitung neuer Führungskräfte auf ihre Rollen **und** Stärkung der erfahrenen Führungskräfte • Aufbau moderner Führungsbeziehungen, Förderung von Partizipation, Kollaboration und Offenheit • Verständnis für Veränderungsprozesse, die durch Digitalisierung und Agilisierung entstehen • Aktive Mitgestaltung von Veränderungsprozessen • Anpassungsfähigkeit an sich ändernde Rahmenbedingungen
Mögliche Zielgruppen	• Alle Führungslevel im Unternehmen, beginnend mit den Einsteigern (Leadership Foundations)
Projektphasen	• Schlanke **Konzeptions- und Planungsphase** durch vorstrukturiertes Konzept, einfach auf jedes Unternehmen zuzuschneiden • Vorgeschalteter **Co-Creation-Workshop** mit konkretem Bezug zu Werten, Vision und Strategie des Unternehmens sowie Definition der Schulungsthemen und Lernziele über eine Gap-Analyse mit dem Be6! Leadership Framework • Durchführung des Programms, z. B. entlang der drei zentralen Themenfelder Leading yourself, Leading others, Leading the business • **Umsetzung** meist in Kohorten, jeweils ca. 4–6 Monate • Laufende **Evaluation und Weiterentwicklung** des Programms
Programmformate	• **Blended-Learning-Konzept**, das virtuelle Elemente und Präsenzbausteine als Leadership Journey miteinander verbindet • **Online Kick-off** (0,25 Tage) und Prework • **Variante 1:** 3 Präsenzmodule (je 2 Tage) und dazwischen 2 Online Transfermodule (je 0,5 Tage), so wie oben dargestellt • **Variante 2:** 2 Präsenzmodule (2–3 Tage) und dazwischen 4 Online Impuls- und Transfermodule (je 0,5 Tage) • Weitere Varianten können im Co-Creation-Workshop erarbeitet werden • Zwischen den Modulen (Touchpoints mit den Trainerinnen) angeleitete und begleitete **Lernsprints** mit Praxisbezug • Zusätzlich **Einzelcoaching**, **Peer-Coaching**, **Offene Sprechstunde** mit den Trainierenden und **Unterstützung über Digitale Lernplattform** für das individuelle Lernen on demand
Programmleiterinnen und -leiter	• Be6! Expertinnen und Experten in Mehrfachrollen als Trainer-, Coach- und Moderatorinnen für Workshops und Transfermeetings

	New Leadership Programm mit Be6!
Besonderheiten und Erfahrungen	• Die Teilnehmenden bewegen sich während des Programms in einem **Setting von agilem und selbstorganisiertem Lernen.** Sie sind gefordert, sich einzubringen und Verantwortung für sich, die Gruppe, den Lernprozess und das Lernergebnis zu übernehmen. • Der Fokus im Lernen liegt in der **Anwendung des formal Gelernten im täglichen Führungshandeln** (»learning in the flow of work«)

Abbildung 37: Überblick New Leadership Programm mit Be6![203]

Praxisbeispiel 1: K2 Systems GmbH

NEW LEADERSHIP PROGRAMM BEI K2 SYSTEMS GMBH:

LEADERSHIP@K2 | ONLINE-PROGRAMM

Virtuelles, internationales und mehrstufiges
Be6! Online Leadership Development Program
in 2020-22 in Renningen (D) und San Diego (USA),
für Teamleiter und Bereichsleiter inkl. GF (3 Gruppen)

Ziele und Themen:
• Toolunterstützter Blick auf das eigene Führungsverhalten
• Umgang mit „Remote Leadership" in Zeiten der Pandemie
• Übernahme von Verantwortung als Führungskraft

Formate:
• Erarbeitung des Zielbildes eines „idealen" K2-Leaders („K2-nian") in gemeinsamer konzeptioneller Vorarbeit mit dem Provider
• Mischung synchroner und asynchroner Formate
• Einzel-, Gruppen- und Peerlernen. Methoden der Transfersicherung runden das Programm ab.

Mehr Informationen dazu in den Interviews mit einer der beiden CEO der K2 Systems GmbH und dem Trainer des Entwicklungsprogramms im Abschnitt 4.5.2

Zugriff mit diesem QR-Code auf ein aufgezeichnetes Webinar mit einem Dialog zwischen Katharina David (Co-CEO der K2 Systems GmbH), Dr. Simon Beck (Leadership Consultant der Haufe Akademie) und Marcus Reinke (Business Coach und Trainer)

Abbildung 38: Praxisbeispiel 1 New Leadership Programm: K2 Systems GmbH

---

203   Quelle: Eigene Darstellung.

Praxisbeispiel 2: Deutsches M-DAX- Unternehmen

Abbildung 39: Praxisbeispiel 2 New Leadership Programm: Deutsches M-DAX- Unternehmen[204]

Praxisbeispiel 3: Haufe Group SE

Abbildung 40: Praxisbeispiel 3 New Leadership Programm: Haufe Group[205]

---

204 Quelle: Eigene Darstellung.
205 Quelle: Eigene Darstellung.

4.5.2   Interviews zum Praxisbeispiel K2 Systems

Eine Geschäftsführerin aus dem Mittelstand startete ein internationales Be6! Führungskräfteentwicklungsprogramm, komplett online.

Interview mit Katharina David von K2-Systems in Renningen bei Stuttgart

Katharina David ist Co-CEO der K2 Systems GmbH, Vorstandsmitglied im Bundesverband Solarwirtschaft und von Beruf Architektin und Stadtplanerin.

Die **K2 Systems GmbH** aus Renningen bei Stuttgart ist ein mittelständisch geprägter Hersteller und weltweiter Lieferant von montagefreundlichen Befestigungssystemen für Photovoltaik-Anlagen und den dazu passenden digitalen Services. Das Unternehmen beschäftigt global über 500 Mitarbeitende und wächst sehr stark.

In unserer schnelllebigen Arbeitswelt haben Unternehmen viele Chancen, innovativ und wettbewerbsfähig zu bleiben, indem sie sich digitalisieren, agilisieren, demokratisieren und laufend weiterentwickeln. Führungskräfte und Mitarbeitende müssen neue Rollen, Aufgaben und Haltungen entwickeln, sich laufend reflektieren und dabei lernen, Veränderungen anzunehmen. Wie gelingt Führungskräfteentwicklung und welche passenden Modelle und Konzepte gibt es?

Vor dieser Frage stand auch das weltweit agierende, schwäbische Mittelstandsunternehmen K2 Systems. Wir haben die Geschäftsführerin des innovativen Anbieters für Montagesystemlösungen für Photovoltaikanlagen gefragt, welche Herausforderungen sie annehmen will und wie sie ihre Führungskräfte für die Zukunft auf Basis des Be6! Leadership Frameworks entwickelt.

Frau David, was war Ihre zentrale Herausforderung, als Sie nach Entwicklungslösungen für Ihr Unternehmen suchten?

Wir sind bei K2 in letzter Zeit rasant gewachsen und insgesamt in einem sehr dynamischen Zukunftsmarkt unterwegs. Dies ist auf der einen Seite natürlich wunderbar, andererseits haben wir dadurch das Thema Führungskräfteentwicklung immer wieder aufgeschoben – das operative Geschäft ging stets vor. Gleichzeitig haben wir aber gemerkt, wie wichtig das Thema Führung ist. Fragen hierzu haben wir immer gern umschifft und uns lieber auf die fachlichen Themen konzentriert, aber das Verdrängen fiel uns teilweise auch anderswo wieder auf die Füße – dazu ist das Thema eben einfach zu wichtig!

Was war dann der Auslöser für Sie, sich nun doch mit dem Thema auseinanderzusetzen?

Interessanterweise hat die Corona-Pandemie den letzten Impuls gegeben, uns mit unserer Führungskultur und unserem Führungsverständnis vertieft auseinanderzusetzen [lacht]. Durch die Offenheit für Veränderungen, die mit Covid-19 gezwungenermaßen einherging, habe ich entschieden, dieses Thema jetzt endlich anzugehen. Wir haben aktuell auch viele junge Führungskräfte, die gerade ihre erste Führungsposition eingenommen haben und speziell diesen Kolleginnen und Kollegen wollte ich gerne Tools an die Hand geben, die es ihnen ermöglichen, leichter in der neuen Rolle anzukommen.

Wieso haben Sie sich für das Entwicklungsprogramm der Haufe Akademie auf Basis des Be6! Leadership Frameworks entschieden?

Ich habe das Be6! Leadership Framework auf einer virtuellen Veranstaltung der Haufe Akademie kennengelernt und mich anschließend mit Dr. Simon Beck länger darüber ausgetauscht. Was mir von Anfang an sehr gut gefallen hat, ist, dass es bei diesem Modell sehr stark darum geht, sich selbst und seine eigene Rolle zu reflektieren, und auch darum, ins Tun zu kommen – selbst der Treiber zu sein, selbst in die Verantwortung zu gehen und selbst Veränderungen herbeizuführen. In dem Programm wird nicht alles vorgegeben, sondern individuelle Maßnahmen sind immer **Ergebnis** der eigenen Reflexion. Das hat uns sehr angesprochen.

„Das ist ein Punkt, der mir am "Be6! Leadership Framework" sehr gut gefällt: Wir können immer wieder darauf zurückgreifen und haben viele wirksame Tools an die Hand bekommen, die uns im hektischen Alltag helfen, unser neues Verständnis von Führung zu leben."

Wie lief das Führungskräfteentwicklungsprogramm bei Ihnen ab? Sie haben aufgrund des Lockdowns ja Ihre komplette Führungsriege im Homeoffice schulen müssen, oder?

Das Homeoffice war dabei kein Problem und eher für uns ein großes Glück. Denn es wäre überhaupt nicht denkbar gewesen, die ganze Führungsmannschaft für ein paar Tage aus dem operativen Geschäft zu nehmen, um ein Entwicklungsprogramm zu absolvieren – und ohne die Corona-Pandemie wären wir vielleicht auch gar nicht auf die Idee gekommen, so ein Programm digital durchzuführen. So hat es aber super geklappt: Das Programm fand jeweils einen halben Tag lang statt, danach konnten wir nahtlos mit unserer Arbeit fortfahren. Wir haben auch online eine große Nähe zueinander und zu unserem Trainer aufbauen können. Das alles hat uns so überzeugt, dass wir das Entwicklungsprogramm auch auf die zweite Führungsebene in Deutschland, den USA und Mexiko ausgerollt haben.

Was ist in Ihren Augen das wichtigste Ergebnis Ihres Führungskräfteentwicklungsprogramms?

Für mich war es unheimlich wichtig, dass wir das Thema Führung, mit der entsprechenden Haltung dazu, ins Bewusstsein bekommen und uns darüber klar werden, dass es für Führungsthemen keine Lösungen gibt wie für eine mathematische Gleichung. Es gilt eben nicht: Mensch A + Mensch B = C. Stattdessen brauchen wir immer individuelle Antworten. Außerdem habe ich mir gewünscht, dass wir uns als Gruppe darüber klar werden, dass bei vielen fachlichen Fragen auch noch eine andere Ebene mitschwingt und oft die ausschlaggebende ist – und dass wir für diese zwischenmenschliche Ebene gemeinsame Begriffe brauchen, damit alle das gleiche Verständnis von diesen Dingen haben. Überhaupt war mir eine gemeinsame Sprache ein großes Anliegen, damit wir sicher sein können, auch wirklich von derselben Sache zu sprechen. Zum Beispiel für scheinbar banale Fragen wie »Was verstehen wir eigentlich unter Agilität?«. Denn klar ist: Wir sprechen hier zwar »nur« von Führung, aber das ist die Grundlage, um die ganze Organisation weiterzubringen.

Die Vorher-nachher-Frage: Merken Sie heute schon positive Veränderungen im Arbeitsalltag und ist es Ihnen jetzt möglich, wirklich am Thema dranzubleiben?

Das ist ein Punkt, der mir am »Be6! Leadership Framework« sehr gut gefällt: Wir können immer wieder darauf zurückgreifen und haben viele wirksame Tools an die Hand bekommen, die uns im hektischen Alltag helfen, unser neues Verständnis von Führung zu leben. Ein Feedback-Tool hat uns sogar so gut gefallen, dass wir es inhouse als App programmiert haben. So können wir sicherstellen, dass wir immer schnell und einfach Rückmeldung bekommen und im Dialog mit den Mitarbeitenden bleiben. Insgesamt liegt natürlich immer noch ein Weg vor uns, bevor wir alle Themen, an denen wir gearbeitet haben, auch wirklich in den Köpfen und in unserer Kultur verankert haben. Aber das Entwicklungsprogramm hat uns so viel Spaß gemacht und auch so motiviert, uns einmal mit anderen – und genauso wichtigen! – Themen zu beschäftigen, dass ich überzeugt davon bin, dass wir das weiterhin gut hinbekommen werden.

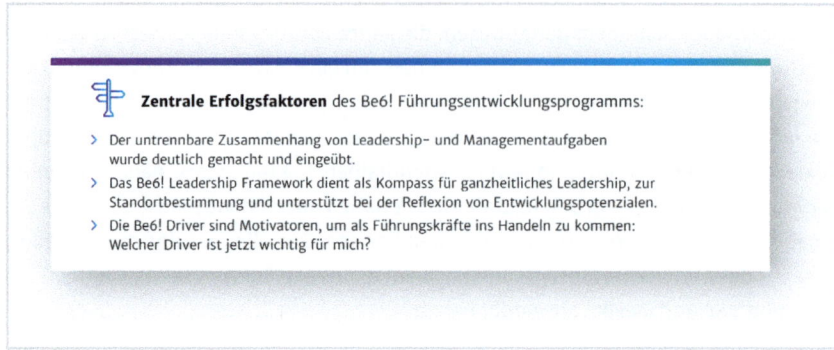

Zentrale Erfolgsfaktoren des Be6! Führungsentwicklungsprogramms:

> Der untrennbare Zusammenhang von Leadership- und Managementaufgaben wurde deutlich gemacht und eingeübt.

> Das Be6! Leadership Framework dient als Kompass für ganzheitliches Leadership, zur Standortbestimmung und unterstützt bei der Reflexion von Entwicklungspotenzialen.

> Die Be6! Driver sind Motivatoren, um als Führungskräfte ins Handeln zu kommen: Welcher Driver ist jetzt wichtig für mich?

Abbildung 41: Zentrale Erfolgsfaktoren des Be6! Führungsentwicklungsprogramms[206]

Der Trainer berichtet von seinen Erfahrungen im Be6! Führungskräfteentwicklungsprogramm der K2 Systems.

Interview mit Marcus Reinke, selbstständiger Trainer aus Hamburg

Marcus Reinke ist Diplom-Betriebswirt (FH), systemischer Business Coach und agiler Change-Umsetzer mit über 20 Jahren Erfahrung. Er ist freiberuflich als Trainer, Berater und Business Coach für die Haufe Akademie tätig und hat den Fokus »New Leadership«, was Agilität und Change Management ebenfalls beinhaltet.

Er leitet für die Haufe Akademie verschiedene Weiterbildungs- & Qualifizierungsprogramme fachlich und begleitet das Haufe Be6! Leadership Framework konzeptionell seit den ersten Projekten im Jahr 2020.

Was war Deine Rolle bei dem K2-Projekt »Be6! Entwicklungsprogramm«?

Simon hat im »Corona-Sommer« im Jahr 2020 Kontakt zu mir als Leadership-Trainer der Haufe Akademie aufgenommen, da er Trainer für einen guten Kunden der Akademie suchte. Er hat kurz die Idee des Haufe Be6! Leadership Frameworks skizziert und wie er plant, es bei K2 einzusetzen. Ich war in diesem Thema also operativ für

---

206   Quelle: Eigene Darstellung.

die Konzeption und Durchführung des Entwicklungsprogramms bei dem Kunden verantwortlich.

Wie kann man sich den Prozess in diesem Fall vorstellen – das Be6! Framework war ja 2020 ein komplett neues Produkt und es gab noch keine Inhalte für die Weiterbildungen, richtig?

Das stimmt. Das war und ist aus meiner Sicht einer der großen Vorteile gewesen: die Notwendigkeit zur Individualisierung. Generell gehen gute Trainerinnen und Trainer auf die Bedürfnisse und Erwartungen der Teilnehmenden ein, auch live im Training. Aber komplett ohne inhaltlichen Rahmen zu starten, ist nicht die Regel. Der Vorteil war also ganz klar die Gestaltungsfreiheit der Inhalte, die ich mit den teilnehmenden Führungskräften von K2 gemeinsam ausfüllen wollte. **Co-Creation** nennen wir das: *die inhaltliche Einbeziehung der Teilnehmenden (oder des Kunden) in die konzeptionelle Phase, um genau die Bedürfnisse und Wünsche zu erkennen und zu erfüllen.* Ich stellte also in einem der Abstimmungscalls mit Simon und Katharina die folgende Idee vor:

1. Kick-off mit allen Beteiligten
2. 2 Co-Creation Workshops für die Detailinhalte in der Reihe
3. Durchführung der Module mit »Euren« Inhalten und Begleitung durch Transferaufgaben

Was bedeutet das im Detail – und warum erst ein Kick-off und dann die Detailkonzeption? Wirkte das nicht wie mit der heißen Nadel gestrickt auf die Teilnehmenden?

Das Gegenteil war der Fall, denn die Botschaft lautete: »Das ist das Be6! Leadership Framework und was das für <u>Euch</u> wirklich bedeutet und wie es <u>Euch bei K2</u> im täglichen Geschäft helfen kann, das finden wir in den beiden Workshops raus.« Durch diese Einbindung in die Ausgestaltung und die Botschaft: »Das hier ist zu 100 % auf Euch ausgerichtet« hatte ich ein sehr großes Commitment über die gesamte Reihe hinweg. Die Priorisierung der Weiterbildung wurde als sehr hoch wahrgenommen, was durch die Teilnahme der Geschäftsführung (Katharina) unterstrichen wurde.

Im Detail hieß das, dass das Kick-off mit allen K2-Führungskräften, Simon und mir als Trainer durchgeführt wurde. In dem MS-Teams-Call (eine Stunde Dauer) hat Katharina eine wunderbare Change Story erzählt, Simon das Be6! Framework vorgestellt und ich als umsetzender Trainer die Idee der Durchführung vorgestellt (siehe Abbildung 42 »K2-Leadership-Roadmap«).

Abbildung 42: K2-Leadership-Roadmap[207]

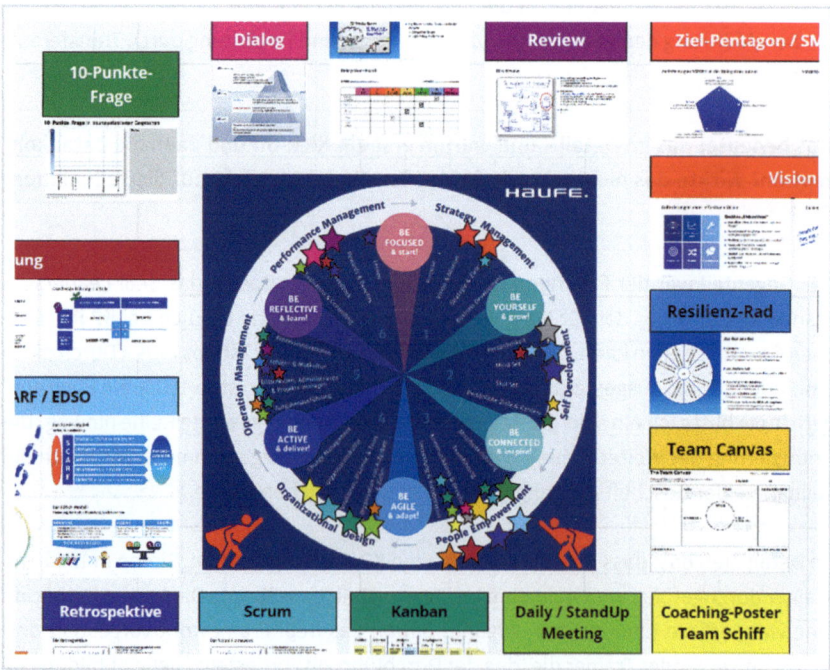

Abbildung 43: Leadership-Toolbox rund um den Be6! Leadership Circle (Screenshot Miro-Board)[208]

---

207 Quelle: Marcus Reinke 2020.
208 Quelle: Marcus Reinke 2020.

In zwei halbtägigen **Co-Creation-Workshops** mit dem Namen »**K2-nian lebt**« sollte der sogenannte K2-nian zum Leben erweckt werden. Dies war die Metapher für eine Führungskraft bei K2 Systems: ein:e K2-Superheld:in, welche:r inhaltlich mit Wissen und Fertigkeiten ausgestattet seinen Job richtig gut macht.

Im ersten der beiden ›K2-nian lebt Termine‹ nach dem Kick-off wurde anhand der Cluster im Framework gemeinsam reflektiert »Was bedeutet diese Speiche für den K2-nian?« und »Wie wird diese Speiche gelebt/umgesetzt?«. Mit verschiedenen Reflexionsfragen wurden die Teilnehmenden dann in eine Arbeitsphase zwischen dem 1. und 2. Termin geschickt und sollten mit ihrem Umfeld bei K2 sprechen, wie ein K2-nian aussehen sollte oder muss. Hintergrund: Ich wollte als Trainer den Teilnehmenden die systemische Wirkung dieser Weiterbildung verdeutlichen und dass jede Anspruchsgruppe andere Anforderungen an eine moderne Führungskraft hat. Diese vielfältigen Ergebnisse und aus den Bedürfnissen der Teilnehmenden und ihrer Umfelder haben wir dann im zweiten Termin gemeinsam ausgewertet.

Jetzt stand die Richtung und ich konnte als Trainer und Coach meinen Methodenkoffer weit öffnen und die richtigen Inhalte, Methoden und Tools für den K2-nian identifizieren und sinnstiftend auf die Module und Transferphasen verteilen.

Das klingt jetzt schon alles sehr dynamisch und interaktiv. Wie wurde hier gearbeitet – es herrschten doch diverse und wechselnde Einschränkungen durch Corona?

Bereits in den ersten Vorgesprächen waren sich alle Beteiligten einig, dass hier ein passiver PowerPoint-Vortrag und ein »bisschen dialogisches Prinzip« in der Durchführung nicht ausreichen. Also sind wir auf miro als zentrale Plattform für die virtuelle Zusammenarbeit gewechselt und haben Zoom für die Videokonferenz mit Breakout-Sessions und Aufzeichnung von bestimmten Passagen in den Modulen genutzt. Miro ist ein virtuelles Whiteboard, auf dem alle Teilnehmenden und der Trainer gleichzeitig arbeiten können – so wie vor einem echten Whiteboard im Seminarraum mit Post-its. Dieses Setting haben wir über die komplette Weiterbildung und in allen Gruppen (also deutsche Teamleitende und die USA/Mexiko-Gruppe) beibehalten.

Welche Inhalte wurden denn vermittelt und wie hat das Be6! Leadership Framework den Rahmen gebildet?

»Rahmen«, das trifft es sehr gut. Denn die vermittelten Inhalte, Methoden oder Tools sind ja grundsätzlich nicht neu, teilweise sogar in anderem Kontext bekannt. Aber Be6! hat einen sinnstiftenden Rahmen gegeben und die Verbindung zwischen Management und Leadership immer wieder hergestellt. Wir haben in einigen Modulen eine Zuordnung von den Inhalten und Tools zu den Clustern und Führungsfeldern im Framework hergestellt. Hierbei wurde schnell sichtbar: Je nach Kontext und Umfeld kann eine

Methodik z. B. mal bei *People Empowerment* und mal bei *Self Development* angesiedelt sein – aber einen klaren Fokus und »Haupteinsatzbereich« gibt es halt auch immer.

Nach dem Abschluss der Module habe ich alle besprochenen Inhalte und Methoden in ein neues miro-Board gebaut und mit dem Haufe Be6 Leadership Framework verknüpft (siehe Abbildung 43 »Leadership-Toolbox«). Eine Art »Nachschlagewerk« für die Führenden, denn der Zugriff auf die genutzten miro-Boards blieb auch nach dem Abschluss der Weiterbildungsreihe bestehen.

Aus Abbildung 43 werden auch ein paar der Inhalte sichtbar, die in den Modulen und Transfer-Meetings besprochen und geübt wurden, zum Beispiel:

- Gewaltfreie Kommunikation
- Delegation mit dem Ziel-Pentagon
- Resilienz & Coachende Führung
- Scrum, Kanban und viele daraus entstandenen Tools
- SCARF-Modell in der Führung

Wie lief die Zusammenarbeit in diesem Projekt mit den Beteiligten?

Ich bin davon überzeugt, dass Unternehmen, die den Wert vom Be6! Leadership Framework erkannt haben, eine spezielle Kultur haben oder wollen. Zumindest sind diese Kunden sehr offen für eine zielführende und professionelle Zusammenarbeit auf Augenhöhe, was es für mich in der Rolle als Umsetzungsexperte sehr angenehm macht. Und genau diese Offenheit, Neugier und Dynamik habe ich in der Zusammenarbeit mit Katharina (die K2/Kundenseite) und Simon (der Experte und Urheber auf der Haufe-Seite) in jedem Meeting erlebt. Mehr noch: Katharina hat aktiv in den Weiterbildungen mitgemacht und so ihre Vorbildfunktion als CEO eines sehr dynamischen Unternehmens voll ausgefüllt. Für mich persönlich ist Humor und eine lockere Atmosphäre in der Zusammenarbeit sehr wichtig. Das bringt etwas Leichtigkeit in die manchmal harten Themen bei Leadership und Management und unterstützt den Lernerfolg nachhaltig. Das Schöne bei diesem Projekt war: K2, bzw. Katharina sehen das genauso und wir hatten viel Spaß in den Modulen.

4.5.3 Interviews zum Praxisbeispiel Haufe Group SE

Ein Teamleiter und Teilnehmender am Be6! Entwicklungsprogramm »Leadership Foundation« spricht über seine Lernerfahrung.

Interview mit Benjamin Fouquet von der Haufe Group in Freiburg im Breisgau

Benjamin Fouquet leitet das Team Brand Experience & Awareness im Geschäftsbereich **Haufe Content & Solutions (COS).**

Der Bereich COS gehört zur **Haufe Group** und entwickelt als Vordenker smarte verlässliche Lösungen und Standards für die Arbeitswelt der Zukunft —immer wieder neu.

Was ist Deine Rolle bei der Haufe Gruppe?

Ich bin seit gut vierzehn Jahren bei der Haufe Gruppe und schon immer im Schwerpunkt Brand Management und Marketing unterwegs. Seit Juli 2022 bin ich »Teamlead Brand Experience & Awareness« bei einer unserer Business Units. Das halbe Jahr zuvor war ich »Lead Brand Management«, das heißt als fachlicher Lead ohne Team, und die dreizehn Jahre davor »Brand Manager« und »Senior Brand Manager«.

Mit meinem Team von sieben Leuten kümmern wir uns um alle markenrelevanten Themen in unserer Business Unit. Das heißt wir sind ein Querschnittsteam und arbeiten dem kompletten Bereich zu.

Warum hast Du Dich für eine Teilnahme am Haufe Intensivprogramm Führung auf Basis des Be6! Leadership Frameworks entschieden?

Meine Abteilung und mein Team wurden im Rahmen einer umfassenden Reorganisation unseres Bereiches neu geschaffen. Und wie so oft bei Reorganisationen ist nicht jeder gleich zufrieden mit der Veränderung. In den wenigsten Change-Prozessen ist es so, dass sich alle freuen. Im Gegenteil, es ist sogar die Regel, dass es auch Widerstand gibt. Ich konnte also absehen, dass es auch kritische Themen geben wird.

Zudem hatte ich bis dahin nur fachliche Erfahrung und mir war klar, dass Führung ein neuer Job für mich ist. Challenge accepted, ich habe mich gefreut und bin ins kalte Wasser gesprungen. Allerdings habe ich schnell gemerkt, auch im direkten Feedback von meinem Team, dass viele Annahmen, die ich hatte, und Dinge, die ich für richtig hielt, nicht richtig und passend waren. Ich habe den Job, Brandmanagement, davor schon siebzehn Jahre mit Leidenschaft gemacht und hatte klare Vorstellungen, was er für mich bedeutet. Und ich hatte ein paar eigene Ideen und dachte, jetzt ist der Zeitpunkt, alle abzuholen. In der neuen Rolle musste ich erstmal erfahren, dass es von den Mitarbeitern vielleicht anders gesehen wird und es nicht meine Rolle ist, ihnen meine Sichtweise aufzudrücken. Na klar, Du musst eine grobe Richtung vorgeben, aber wenn Du ein cooles Team haben und mit ihnen etwas erreichen willst, ist es viel wichtiger, das Wissen aus dem Team rauszuholen und zu schauen, dass alle dahinterstehen. Das ist witzig: Als ich noch kein Teamlead war, habe ich mir das immer gewünscht und mich beschwert, wenn es nicht so war. Und als Teamlead habe ich es dann doch erstmal andersrum gemacht. Aber so habe ich schnell gemerkt, dass ich noch viel Bedarf habe, zu lernen und wusste, ich brauche eine Weiterbildung.

Welche Fragen oder Themen hast Du in das Be6! Entwicklungsprogramm mitgebracht?

Zum einen waren es natürlich die Themen »Neu in Führung« und »vom Mitarbeiter zum Vorgesetzten«, ein für mich zentrales Thema. Das zweite Thema, Konfliktmanagement, geht damit einher: Wie gehe ich mit Konflikten um, die in so einem Zusammenhang aufkommen? Das hat auch mit der neuen Rolle zu tun: Was darf ich, was darf ich nicht? Mit einer Führungsrolle gehen ja auch rechtliche Fragen einher. Man ist plötzlich nicht mehr auf der gleichen Ebene wie seine Mitarbeiter und darf zum Beispiel nicht mehr über alles reden. Und das dritte Thema war für mich die Frage, was für eine Führungskraft ich sein möchte. Das fand ich super spannend. Davor habe ich nie viel darüber nachgedacht, dachte, es sei selbstverständlich. Aber je tiefer man einsteigt, desto mehr merkt man, dass es verschiedene Konzepte und Philosophien gibt und man für sich selbst definieren muss, was man für eine Führungskraft sein möchte.

Was waren für Dich die zentralen Learnings aus dieser Führungskräfteentwicklung?

„Ich gehe mit Mitarbeitern heute ganz anders um. Wenn sie mit Problemen auf mich zukommen, dann bin ich nicht mehr irritiert und frage mich, was sie von mir möchten, sondern ich versuche, mit ihnen gemeinsam eine Lösung zu entwickeln. Das ist meine Dienstleistung als Führungskraft. Das war für mich das größte Take-away im Be6! Führungskräfte-Entwicklungs-Programm."

Was ich mitgenommen habe, wurde stark durch das Konzept des Be6! Programms mit seinem Manifest und mit seiner Philosophie beeinflusst. Ich meine die Philosophie, auf Augenhöhe zu führen, Führung als Funktion und nicht als Position zu sehen und Führung als Dienstleistung zu begreifen. Als Mitarbeiter habe ich immer gedacht, wenn ich mal Führungskraft wäre, möchte ich natürlich auf Augenhöhe mit meinen Mitarbeitern sein. Und als ich dann Führungskraft war, habe ich gemerkt, dass das gar nicht so einfach umzusetzen ist. Da hat mich der Satz »Führen als Dienstleistung« im Be6! Manifest einfach angesprochen. Denn die Auseinandersetzung mit diesem Anspruch verändert die eigene Haltung und das Verhalten. Ich gehe mit Mitarbeitern heute ganz anders um. Wenn sie mit Problemen auf mich zukommen, dann bin ich nicht mehr irritiert und frage mich, was sie von mir möchten, sondern ich versuche, mit ihnen gemeinsam eine Lösung zu entwickeln. Das ist mein Job, das ist meine Dienstleistung als Führungskraft. Das war für mich das größte Take-away im Programm.

Was zudem sehr spannend war, war zu lernen, welche Verantwortung wir als Führungskräfte im Unternehmen haben. Wir können nicht alles weitergeben, was von höheren Ebenen an Informationen kommt, sondern müssen überlegen, wie wir es dem eigenen Team kommunizieren möchten. Das war ein wichtiges Learning für mich, dass ich als Führungskraft ein Vermittler zwischen den Welten bin und die Verantwortung habe, Botschaften von »oben« in die Worte meines Teams zu übersetzen und eine Brücke zu bauen.

Was waren für Dich zentrale Herausforderungen als Führungskraft und wie hast Du sie gemeistert?

Es hat sich im letzten Jahr gezeigt, dass ich mich immer mehr aus dem Fachlichen zurückziehen muss, um mich um Führungsaufgaben und strategische Themen zu kümmern. Das erfordert eine persönliche Entwicklung und war eine der zentralen Herausforderungen, der ich mich im Be6! Programms gewidmet habe. Wenn Führung eine Dienstleistung ist, gehen mit ihr auch Pflichten und Aufgaben einher. Wenn man den Dienstleistungsgedanken also ernst nimmt, hat man einfach nicht mehr so viel Zeit für das Fachliche. Jeder, der mal ein Führungsthema hatte, weiß, wie zeitintensiv das ist und wie gut man sich vorbereiten muss.

In meinem Fall waren für diesen Prozess auch Spezifika meines Bereichs relevant: Brandmanagement hat viel mit Kreationen, Leidenschaft und starker Meinung zu tun. Und sich da rauszuziehen, heißt auch, nicht zu sagen, was ich als gut, cool oder lustig empfinde. Als fachlicher Lead-Mitarbeiter habe ich darauf sehr viel Energie verwendet. Als Führungskraft verschieben sich dann die Prioritäten und ich musste mir eingestehen: Wenn ich erfahrene Performer in meinem Team habe und der Meinung bin, dass sie das gut machen, dann muss ich akzeptieren, dass ich auch bei Geschmacksthemen raus bin.

In diesem Zuge verändert sich auch die eigene Definition von Erfolg: Im Fachlichen war es mein Erfolg, Sachen durchzubringen. Heute als Führungskraft ist mein Erfolg nicht mehr das, was ich mache, sondern das, was mein Team gut macht. Das war ein superwichtiger Schalter, der sich bei mir umgelegt hat und der wieder mit der Haltung »Führung als Dienstleistung« zu tun hat: Wenn ich Dienstleister an meinen Mitarbeitern bin, dann ist es doch klar, dass ihre Erfolge auch meine Erfolge sind.

Gibt es noch andere Aspekte, die Du aus dem Be6! Entwicklungsprogramm für Deinen täglichen Führungsalltag mitgenommen hast?

Ja, der Trainingsteil zu Gesprächstechniken hat mir bezüglich der Konfliktthemen in meinem Team super geholfen. Dort hatten wir das Konfliktgespräch als Thema und haben die Umsetzung geübt. Das hat mir wahnsinnig viel genutzt, weil ich tatsächlich bestimmte Gespräche in meinem Führungsalltag nach diesem Schema vorbereitet habe.

Zudem haben wir selbstorganisiert eine monatliche kollegiale Beratung aus dem Programm heraus etabliert. Wir waren eine super harmonische Gruppe, mit einem sehr ähnlichen Stand – relativ neu in der Führung – und hatten ein sehr vertrauensvolles Verhältnis. Heute bin ich mit allen Kollegen noch in gutem Kontakt. Wenn ich also ein Problem in meinem Führungsalltag habe, spreche ich sie an und tausche mich mit ihnen aus, wie ich es lösen kann.

Welche Elemente des Be6! Programms konnten Dich bei deiner Entwicklung unterstützen?

Da könnte ich über fast alle Programmteile sprechen. Zu Beginn waren es Basics von Führung, dann die hilfreichen Visualisierungen im Workbook, das Be6! Manifest, über das ich schon gesprochen habe, und der Austausch mit den Kolleginnen und Kollegen. Hier habe ich schnell gemerkt, dass wir alle in einer ähnlichen Situation sind und lernen müssen. Denn Führen ist ein neuer Job, den man erlernen muss.

Toll war auch, dass wir alles immer gleich erprobt haben. Es war viel Raum da, zu üben. Ich persönlich fand es super, kurzen Input zu haben und mich dann über eigenverantwortliche Projekte auszuprobieren und gegenseitig Feedback zu geben.

Ein weiterer entscheidender Faktor war das sehr eigenverantwortlich gestaltete Programm. Es ist nicht gewünscht, dass die Trainer drei Tage am Stück Frontalunterricht geben. Stattdessen entscheiden die Teilnehmer bottom-up mit, welche Themen wichtig sind und wann sie behandelt werden sollen. So war zum Beispiel am Präsenztermin eine Struktur vorgegeben, am zweiten digitalen Termin haben wir Teilnehmer etwas vorbereitet.

Am Anfang konnte dieser Ansatz tatsächlich auch manchmal irritieren. Wir saßen nach der Mittagspause da, waren satt und faul, und dachten: »Jetzt erzählt uns doch mal, wie Führung geht«. Und die Trainer saßen da und haben erstmal fünf Minuten nichts gesagt bzw. uns vermittelt, dass etwas von uns kommen muss. Man wurde praktisch genötigt, das Programm immer wieder mitzugestalten. Aber ich habe schnell gemerkt, dass es Teil des Konzeptes ist und zum Lernen beiträgt, weil es sehr auf Augenhöhe war. So hat mir dieses Konzept sehr geholfen, eigene Themen einzubringen und hat uns ermöglicht, das Programm agil auf unsere Gruppe anzupassen. Ganz ähnliche Effekte merke ich jetzt bei mir im Team. Eigenverantwortung bedeutet eben auch, mehr zu tun. Man kann nicht beides haben, kann nicht sagen, ich will das gestalten, aber dann zu faul sein, zu gestalten.

Woran hast Du gemerkt, dass Du Dich während des Trainings verändert hast?

Das konnte ich super an den Drivern sehen. Da gab es nämlich eine Übung, bei der wir uns in der Gruppe zu dem Driver stellen sollten, zu dem es uns hinzieht. Anschließend haben wir das dann in der Gruppe besprochen. Am Anfang des Programms waren es bei mir die beiden Driver »Be Reflective & Learn« oder »Be yourself & Grow«. Ich kam ins Programm und wusste wenig. Da habe ich mir gesagt, ich will lernen, will Input und wachsen. Beim dritten Modul hatte ich das Gefühl, jetzt zieht es mich schon eher zu »Be Active & Deliver«. Ich habe vieles gelernt und will das in die Umsetzung bringen. Da finde ich das Modell sehr gut, um zu verbildlichen, was sich gerade verändert. Das Kreismodell macht auch deutlich, dass wir nie auslernen. Es kommen laufend neue Themen, ich fokussiere mich wieder und leg von neuem los.

Wie geht es Dir und Deinem Team heute, nach Abschluss des Programms und nach einem Jahr in deiner neuen Rolle als Führungskraft?

Ich habe das Gefühl, dass wir im Team einen großen Schritt weiter sind und dass es aktuell super läuft. Über das Jahr hinweg sind Strukturen klarer geworden. Wir haben viel gemeinsam daran gearbeitet, auch in Offsides und Workshops. Ich habe am Be6! Programm teilgenommen und die Learnings mit ins Team gebracht. Ich glaube, dass wir als Team so enger zusammengewachsen sind, wir verstehen uns menschlich sehr gut und merken, dass wir uns fachlich unterstützen können.

Früher wollte ich tatsächlich keine Führungsverantwortung übernehmen. Es war meine größte Angst, dass Leute auf mich zukommen, Hilfe brauchen und ich kann nicht helfen. Und durch das Programm und die Entwicklung, die ich durchlaufen habe, hat sich das verändert. Ich habe gedacht »Hey, das macht ja doch Spaß und ich kann mit der Verantwortung umgehen«. Damals dachte ich, man muss zur Führungskraft geboren sein. Heute weiß ich, es ist vor allem ein Job und den kann man lernen.

Als Führungskraft muss man nach dem Programm natürlich stark weiterarbeiten. Aber Ich glaube, dass ich meinem Wunschbild, eine Führungskraft auf Augenhöhe zu sein, step by step immer näherkomme und dass mir Be6! dabei hilft.

Die Trainerin berichtet von ihren Erfahrungen im Be6! Entwicklungsprogramm »Leadership Foundation«.

Interview mit Katharina Bitter von Head Performance, selbstständige Trainerin aus Ronnenberg bei Hannover

Katharina Bitter, M.A., ist studierte Germanistin und Politikwissenschaftlerin. Sie arbeitet nach einer Karriere als Führungskraft heute als Trainerin, Coach und Beraterin im Bereich Führung und Management. Schwerpunkte sind die Ausbildung von jungen Führungskräften und Sparring mit erfahrenen Managerinnen und Managern. Für die Haufe Akademie ist sie für deren Muttergesellschaft, die Haufe Group und für weitere Inhouse-Kunden im Einsatz. Zusätzlich entwickelt sie Kurse im offenen Bereich der Haufe Akademie mit und führt diese auch durch.

Die **Haufe Gruppe** mit Hauptsitz in Freiburg im Breisgau ist ganzheitlicher Partner von Unternehmen und befähigt Menschen in dynamischen Marktumfeldern ihr volles Potenzial zu entfalten. Die Produktmarken der Haufe Group bieten integrierte Unternehmens- und Arbeitsplatzlösungen, die Organisationen und Menschen durch eine individuelle Kombination aus Beratung, Software und Weiterbildung bei der nachhaltigen Unternehmensentwicklung sowie der Gestaltung von Transformationsprozessen unterstützen.

Du bist seit 2021 Be6! Trainerin. Was ist dein beruflicher Hintergrund und warum hast Du Dich dafür entschieden, mit dem Be6! Framework zu arbeiten?

Ich arbeite schon seit über 26 Jahren als Trainerin. Meine Schwerpunkte sind Training, Coaching und Beratung von Führungskräften. Nach meinem Studium in Germanistik und Politikwissenschaften habe ich als Abteilungsleiterin im Vertrieb gearbeitet und dort auch nach kurzer Zeit begonnen, die Menschen intern auszubilden. Daraufhin habe ich mich selbstständig gemacht und viele Jahre Vertriebstrainings gegeben. Dabei habe ich festgestellt, dass sich die meisten Vertriebsthemen mit Führung zusammenhängen, und so bin ich immer mehr in den Führungsbereich übergegangen.

Während Corona habe ich zwei Jahre lang als Personalvorständin ein Unternehmen in einer großen Transformation unterstützt, und bin danach wie geplant zurück in meinen Trainerbereich. Mich sprach schließlich eine Kollegin an, ob ich mir den Be6! Circle mal anschauen will. Den hat sie mir geschickt, und als ich das gesehen habe, habe ich gedacht, das hätte ich gut für die zwei Jahre Vorstandstätigkeit gebrauchen können.

Durch Be6! wurde es für mich viel deutlicher, wo unsere Themen damals lagen: Als Vorständin habe ich unter anderem Führungskräfte geführt und das ist recht komplex, weil man auf vielen Ebenen gleichzeitig agiert. Da hätte uns das Be6! Framework gut unterstützen können. Auch deshalb bin ich jetzt mit Leib und Seele als Be6! Trainerin dabei, weil ich aus eigener Erfahrung weiß, wie hilfreich eine solche Leadership Map als Orientierung sein kann.

Was ist für Dich gute Führung im Unternehmen? Was zeichnet eine gute Führungskraft aus?

Das hat sich für mich in den letzten zwanzig Jahren komplett verändert. Früher fand ich es gut, wenn Führungskräfte klar waren und wussten, wo es langgeht, das den Leuten gesagt haben und dann die Instrumente hatten, damit sie folgen. Heute ist man anders unterwegs, wobei es die alte Arbeitswelt immer noch gibt.

Heute ist eine gute Führungskraft für mich jemand, der auf Augenhöhe unterwegs ist und schaut, wo man ansetzen muss, um die Menschen zur Selbstorganisation zu befähigen. Denn die Themen sind zunehmend komplexer. Heute besteht gute Führung

„Heute besteht gute Führung für mich darin, andere machen zu lassen, die Leitplanken für Freiheitsgrade sinnvoll zu setzen, sich im richtigen Moment zurückzunehmen, aber dabei immer einen Rahmen zu geben und zu organisieren."

für mich darin, andere machen zu lassen, die Leitplanken für Freiheitsgrade sinnvoll zu setzen, sich im richtigen Moment zurückzunehmen, aber dabei immer einen Rahmen zu geben und zu organisieren. Führungskräfte sollten heute Menschen eher in die Selbstverantwortung führen. Sie schaffen den Rahmen, die Strukturen und das Arbeitsklima für Mitarbeitende, sprechen zusammen über Ziele und arbeiten gemeinsam im Sinne des Unternehmens.

Das heißt, es geht heutzutage bei guter Führung weniger um das Wissen oder das reine Beherrschen von Führungsinstrumenten, sondern auch viel um die Haltung in der Führung?

Ja. Das ist ein wichtiges Thema. Man muss erstmal an sich selbst arbeiten. Und das hat natürlich mit der Haltung zu tun: Es ist die Haltung, sich selbst zuzugestehen, dass Andere, die vielleicht nicht die gleiche Position haben, bestimmte Themen besser können. Das ist eine Sache der Haltung, da man dafür eine gewissen Bescheidenheit braucht.

Würdest Du sagen, dass Haltung etwas ist, das man trainieren kann? Und wie schafft man es, Haltungen und Einstellungen nachhaltig (im Führungsbereich) zu verändern?

Ich glaube, trainieren ist schwierig, es sei denn, man trainiert sehr praktisch. Die Praxis sollte immer im Vordergrund sein. Nur das konkrete Verhalten ändert die Haltung. Ich kann das eine nicht ohne das andere. Ich kann mir kein Lehrbuch über Haltung kaufen, es lesen und bin ein besserer Mensch, sondern ich muss die Dinge wirklich ausprobieren, schauen und reflektieren: »Was bringt das jetzt Mitarbeitenden oder auch den Kollegen, wenn ich mich so und so verhalte?«. Und wenn ich merke, dass mein Verhalten wirksam ist, dann kommt über das konkrete Ausprobieren auch eine Haltungsänderung zustande.

Was sind die größten Herausforderungen, vor denen Führungskräfte heute stehen? Sind sie fit für die Zukunft?

Die Führungskräfte, die ich aktuell erlebe, erlebe ich als sehr fleißig im operativen Tagesgeschäft. Dort sind sie sehr eingebunden und beschäftigt mit dem, was sie tun. Die größte Herausforderung ist für sie tatsächlich, sich aus dem Tagesgeschäft rauszunehmen und die Flughöhe zu verändern. Sich diese Freiräume für Führung zu schaffen, ist eine wichtige Aufgabe. Es ist auch ein großes Thema bei fast allen Unternehmen, bei denen ich im Einsatz bin. Führungskräfte sind fachlich meist sehr fit. Die zwei Knackpunkte liegen aber erstens im Strategiemanagement, also darin, die Unternehmensstrategie auf den eigenen Bereich zu adaptieren, und zweitens im Organisationsdesign, also darin, das operative Tagesgeschäft auch strategisch aufzusetzen.

Warum bist Du überzeugt davon, dass das Be6! Leadership Framework in der Führungskräfteentwicklung einen Unterschied machen kann? Woran machst Du das fest?

Was ich an Be6! positiv finde, ist, dass es als Framework eine hohe Anschlussfähigkeit an alles bietet, was in den Unternehmen schon vorhanden ist. So kann man schauen, in welcher Intensität und Tiefe man was machen will. Einem Kunden geht es aktuell zum Beispiel gerade um das Thema Leistungsorientierung. Wir konkretisieren den Begriff über Be6! und schauen, welche Bereiche genau gemeint sind. Geht es da zum Beispiel um People Empowerment oder eher um Operation Management?

Diese Anschlussfähigkeit ist für mich echt eine große Stärke. Außerdem bringt es Haltung und Verhalten in Einklang. Durch die Be6! Treiber ist das Haltungsthema schon mit eingespielt. Die Haltung ist das, was das ganze Rad im Schwung hält, und nicht außen vor gelassen wird. Das finde ich sehr wichtig. Außerdem sind die sechs wichtigen und großen Bereiche, die Führung ausmachen, abgebildet. Ich kann immer schauen, wenn ich an der einen Seite etwas mache, welche Auswirkungen das auf der anderen Seite hat. Dieses vernetzte Denken, das kann man mit dem Be6! Framework gut lernen und trainieren.

Kannst Du ein Beispiel dafür geben?

Ja. Was ich damals als Vorstand bei uns in der Führungskräfteentwicklung gesehen habe, war Folgendes: Wir haben Seminare eingekauft, zum Beispiel zum Thema Controlling. Dann ist man zwei Tage in so ein Seminar gegangen und hat zu dem Thema sehr viel Wissen gehabt. Aber wenn ich das Thema bespiele, hat das Auswirkungen auf andere Bereiche. Unter Umständen direkt auf die Zusammenarbeit, auf das Thema People Empowerment. Und das wurde nicht mitgedacht. Also bin ich rausgegangen, war super im Controlling, aber hatte plötzlich Stress bzw. Konflikte mit Kollegen oder Mitarbeitern, die ich nicht mitgenommen hatte. Und dann konnte ich direkt das nächste Seminar, diesmal zum Konfliktmanagement buchen. Im Be6! denken wir die andere Seite gleich mit. Diese Ganzheitlichkeit ist für die Personalentwicklung Gold wert.

Wenn Du im Training mit Be6! arbeitest, welche interessante Beobachtungen hast Du gemacht? Was sind überraschende Einsichten und Erlebnisse?

In meiner Rolle als Trainerin war meine überraschendste Einsicht, dass es sich lohnt, sich zurückzunehmen und die Teilnehmenden machen zu lassen. Um Selbstorganisation zu lernen, muss man die Menschen ins Tun bringen und das gelingt, indem ich mich selbst als Trainerin zurücknehme. Und mit den Teilnehmenden hat das eben auch was gemacht. Die Überraschung war, dass die viel mehr wussten, als ich früher geglaubt habe.

Den Teilnehmenden ist diese Ganzheitlichkeit von Führung oft nicht bewusst. Es wir ihnen im Training klar, dass die Themen immer miteinander zusammenhängen und vernetzt sind. Auch überraschend war für mich die Art und Weise, wie die Menschen miteinander arbeiten, wie weit sie im Grunde sind, was agiles Arbeiten angeht. Ich finde das super, wie sie sich gegenseitig inspirieren und anfangen, aktiv und kreativ zu werden. Das macht mir so viel Spaß, so zu arbeiten. Wenn man nicht immer selbst den Ton angibt, sondern andere kommen lässt und dann bei den Fragen unterstützt. Das ist eine neue Rolle für mich als Trainerin, aber auch für die Teilnehmenden.

Im Führungstraining arbeitet ihr auch mit Bodenankern, auf denen die Be6! Driver abgebildet sind. Wie genau geht ihr bei dieser Methode vor und warum ist die für die Teilnehmenden wertvoll?

Am besten gebe ich dazu ein Beispiel. Erst kürzlich haben in einem Seminar die Teilnehmenden alle am gleichen Thema gearbeitet und irgendwann habe ich gesagt, jetzt gehen wir mal zu den Bodenankern und schauen, bei welchem Driver ihr euch verorten würdet. Wir hatten sechs Teilnehmende, sechs Bodenanker und alle Teilnehmende standen bei einem anderen Anker. Sie waren aber mit exakt der gleichen Aufgabe beschäftigt. Sie haben also gesehen, selbst wenn man vordergründig am gleichen arbeitet, ist das Programm, was innerlich abläuft, komplett unterschiedlich. Das war ihnen zuvor so nicht bewusst.

Im Training setzt ihr noch weitere Formate ein, wie z. B. kollegiale Beratung oder Peercoaching. Haben diese und andere Tools auch einen konkreten Bezug zum Arbeitsalltag?

Ja. Wir reden nicht so viel, sondern wir wollen den Alltag in das Be6! Seminar reinholen. Wir arbeiten sehr viel fallorientiert an konkreten Situationen der Menschen vor uns. Und wenn dann ein Need ist, dann liefern wir die Tools. Wir fragen immer, ob Teilnehmende ein Tool haben wollen. Manche wollen eins, dass wir ihnen dann auch geben. Andere möchten lieber erstmal selbst ausprobieren oder schauen. Deshalb ist auch jede Veranstaltung anders. Wir können einen groben Plan geben, was wir machen, aber es ist immer unterschiedlich, weil die Gruppe eben stark in den Ablauf involviert ist.

In den anderen Interviews wurde berichtet, dass sich die Be6! Trainings durch ein sehr hohes Maß an Selbstreflexion auszeichnen und gleichzeitig diese Selbstreflexion auch Basis dafür ist, das erfolgreiche Veränderungen stattfinden können. Wie siehst Du das?

Aus meiner Sicht hat Self Development heute einen ganz anderen Stellenwert als noch vor zehn Jahren. Alles fängt bei den Menschen an. In welchem Mindset ist die Führungskraft unterwegs? Kann sie Mitarbeitende empowern? Viele Führungskräfte sind anders »sozialisiert« – nämlich selbst die Nummer 1 zu sein. Lasse ich dann Mitarbeitende an mir vorbeiziehen und mache sie stark? Passt das in mein Bild von Führung? Für manche Führungskräfte war das ein kleiner Schock, zu sehen, mit welchen Einstellungen und Glaubenssätzen sie unterwegs sind, da ihnen das selbst nicht bewusst war. Und da reden wir drüber.

Ich glaube, es hat eine so hohe Relevanz, weil wir dabei immer auf den Be6! Bezug nehmen und sagen: Schau mal, wenn Du dieses Mindset hast, wie willst Du denn deine Leute empowern? Wie willst Du Fehler- und Mutkultur implementieren, wenn dein Glaubenssatz seit frühester Kindheit ist: »Erst wenn ich mir hundertprozentig sicher bin, dass ich alles richtig kann, gehe ich in die Öffentlichkeit.« Fehler- und Mutkultur finden die meisten Führungskräfte total wichtig, verhalten sich aber genau entgegengesetzt, ohne es zu wissen.

Warum hat Eigenverantwortung für Dich einen so hohen Stellenwert und wie ist das im Be6! Training zu beobachten?

Ich glaube, das ist eine der Schlüsselkompetenzen, die wir für die Zukunft brauchen. Führungskräfte müssen Menschen so anleiten können, dass diese in die Eigenverantwortung gehen. Die Voraussetzung dafür ist aber, dass die Führungskräfte selbst in die Eigenverantwortung kommen. Da sind sie zum Teil eben noch nicht, weil sie zu oft das Gefühl haben, sie sind doch eher gelenkt und gesteuert und kennen auch ihre Spielräume nicht. Genau deshalb nehmen wir uns so zurück als Trainer, um ihnen zu zeigen, wie viel sie im Training lenken und steuern können.

Wir fragen, welche Alltagssituationen ihnen begegnen, in denen sie mehr tun könnten und was sie davon abhält. Und was sie abhält, ist immer die innerliche Ausstattung, die sie so mitbringen, die Ängste, die Sorgen, die negativen Glaubenssätze. Das sind die Themen, die dann auf dem Tisch liegen. Und das wiederum funktioniert nur, indem wir sie in diese konkrete Situation bringen, dass sie Verantwortung für die Veranstaltung übernehmen.

Was ist für Dich der entscheidende Punkt, damit Führungskräfteentwicklung für den Einzelnen und für die Organisation erfolgreich sein kann?

Ich glaube, man muss die Programme wirklich auf die Zukunftskompetenzen hin aufstellen: Was brauchen die Menschen, um erfolgreich zu arbeiten? Eine zentrale Zukunftskompetenz ist tatsächlich die Selbstorganisation und die zweite ist mit Sicherheit das Thema der Anpassungsfähigkeit. Die Menschen müssen in der Lage sein, bei sich selbst zu sein und sich trotzdem sehr schnell immer wieder an neue Rahmenbedingungen anzupassen.

Das Gleiche gilt für die Personal- und Organisationsentwicklung. Die PE und OE muss sich schnell an das anpassen, was passiert, und nicht Riesenprogramme aufsetzen. Durch diese Programme ist man im Grunde nicht der Lage, schnell zu reagieren und iterativ zu sagen: Das, was wir machen, hat sich nicht bewährt, wir müssen es anders machen. Stattdessen sagen wir, es steht ja jetzt so im Programm. Auch da müssen wir schneller und agiler werden, um Dinge zu verändern, die nicht gut sind.

Warum und wie kann mit Unterstützung von Be6! eine wirksame Führungskräfteentwicklung stattfinden?

Dieses Framework dient als Kompass, damit mir die wichtigen Themen wie z.B. die Haltungen nicht durchrutschen. Aus meiner Sicht passiert es im Moment zu oft, dass an den wichtigen Themen nicht gut und nicht ausgiebig genug gearbeitet wird. Außerdem ist die Anschlussfähigkeit des Frameworks sehr hilfreich. Die Unternehmen müssen sich nicht alles neu ausdenken, sondern das, was da ist, kriegen wir mit dem Be6! gut verankert, damit in einer vertretbaren Zeit etwas Gutes dabei herauskommt.

Gibt es noch etwas, dass für Dich eine besondere Bedeutung hat und das noch nicht angesprochen wurde?

Ja, eine Sache ist mir tatsächlich noch besonders wichtig. Und zwar stellt sich uns immer die Frage, wie man Be6! am besten ins Unternehmen einführt. Macht man es als Graswurzelbewegung von unten nach oben oder steuert man es von oben her, also top-down ein?

Wir haben in beiden Bereichen Erfahrungen gesammelt und beide Herangehensweisen können auch funktionieren. Wenn man von oben einsteuert, hat man es im Hinblick auf die Akzeptanz vielleicht etwas einfacher. Aber dann gibt es ein bisschen die Angst bei den Teilnehmenden, dass da Trainer kommen, die sie umpolen wollen, weil die Geschäftsführung das so will. Wenn man es von unten nach oben macht, hat man die Gefahr, dass die Führungskräfte sagen, wir hatten das alle schon und kennen das. Unser Fazit: Ob bottom-up oder top-down, beides geht bei guter Vorbereitung und wirkungsvoller Kommunikation.

Man muss die Leute im Grunde sehr früh abholen, weil sie das Gefühl haben, dass es so ganzheitlich ist, dass es ein bisschen unheimlich wirkt, im Sinne von: Wie kann das alles zusammen bespielt werden, ohne davon ein Jahresprogramm zu machen. Wir bedienen durch Be6! die »harten« Führungsthemen wie Controlling, Prozesse, Ziele etc. und schauen gleichzeitig auf die soften Faktoren wie Self Development und People Empowerment. Einfacher ausgedrückt: Wir bringen Management und Leadership zusammen und verbinden das mit Haltung.

5 Fazit und Ausblick

In den vorangegangenen Kapiteln haben wir die Herausforderungen kennengelernt, vor denen die Arbeitswelt insgesamt und besonders auch die Führung aktuell steht. Wir haben gesehen, wie die Bedingungen und Anforderungen immer komplexer werden, sich in den großen Veränderungen aber auch große Chancen und Entwicklungspotenziale bieten. Führungskräfte und deren Teams müssen sich wie das gesamte Unternehmen an die veränderten Bedingungen anpassen und sollten gleichzeitig die großen Chancen wahrnehmen und nutzen, welche sich in der umfassenden Transformation von Wirtschaft und Gesellschaft bieten.

Um die Führungskräfte zu unterstützen und deren Aufgaben und Handlungsoptionen zu strukturieren, haben wir **ein neues und umfassendes Ordnungsmodell im Kontext von New Work und New Leadership entwickelt, das Haufe Be6! Leadership Framework**. Dieses ist gleichzeitig Modell und Landkarte und dient zur Orientierung und Strukturierung aller wesentlichen Fragen und Herausforderungen in den Bereichen Leadership, Führung und Management.

Aktuelle und individuelle **Herausforderungen in definierten Führungsfeldern** lassen sich mit dem Be6! Framework identifizieren, analysieren, in individuelle und organisatorische **Chancen und Potenziale** umwandeln und anschließend mit Hilfe von bewährten **Lösungsbausteinen und Entwicklungsformaten** konkret angehen. Dies geschieht auf einem in dem Be6! Manifest festgehaltenen modernen und agilen **Führungsverständnis**. Wer als Führungskraft diesen inneren Kompass des Be6! Leadership Frameworks aktiviert hat, fährt nicht auf Sicht, sondern handelt mutig, visionär und agil. Das Framework vermittelt der Führungskraft damit **ein inneres Fundament** an Haltungen, Klarheit und Verlässlichkeit, die diese nutzen kann, um sich und ihr Team in dieser hochkomplexen Welt nicht zu verlieren, sondern es zu einer hoch performanten Einheit zu formen. Gleichzeitig kann es von **allen Professionellen in der Personal- und Organisationsentwicklung** von Unternehmen genutzt werden, um die Führung der Zukunft zu gestalten.

Das Be6! Leadership Framework ist ein flexibles, sich den Anforderungen von Organisationen und dynamischen Umweltveränderungen anpassendes Modell, welches **laufend weiterentwickelt** und verbessert wird. Dies geschieht in Co-Creation mit Kundinnen und in »Leadership Labs« mit Expertinnen. Zudem sind auf der Grundlage der explorativen Vorstudie und der Ergebnisse aus der Trainingspraxis empirische Studien projektiert, um die im Haufe Be6! Leadership Framework enthaltenen Thesen zu ergänzen und das Framework insgesamt weiterzuentwickeln.

Wir können insgesamt zuversichtlich und optimistisch bleiben. Gleichzeitig mit den Herausforderungen der Polykrisen unserer Zeit entwickeln sich immer auch Chancen, **Anpassungsstrategien und Lösungsmöglichkeiten** – auf der individuellen und auf der unternehmerisch-organisatorischen Ebene. Zukunft lässt sich mitgestalten, wenn visionär gedacht wird und Zukunftsmut statt Zukunftsangst entsteht durch aktive Mitgestaltung und Nutzen der offenen Chancen. Von Mahatma Ghandi stammt der Satz: »**Sei Du selbst die Veränderung, die Du dir wünschst für diese Welt.**«. Dies ist wohl die schwierigste und anstrengendste aller Führungsaufgaben, sich selbst zu verändern, zu wachsen und sich beständig zu entwickeln. Das ist eine Lebensaufgabe und sie betrifft uns alle, denn schließlich führen wir uns alle zuerst einmal selbst durch dieses Leben. Dafür und für alle weiteren Führungsaufgaben und -herausforderungen wünsche ich Ihnen viel Erfolg!

Be brave – Be6!

6 Epilog

For A Leader
by John O'Donohue[209]

May you have the grace and wisdom
To act kindly, learning
To distinguish between what is
Personal and what is not.

May you be hospitable to criticism.

May you never put yourself at the center of things.

May you act not from arrogance but out of service.

May you work on yourself,
Building up and refining the ways of your mind.

May those who work for you know
You see and respect them.

May you learn to cultivate the art of presence
In order to engage with those who meet you.

When someone fails or disappoints you,
May the graciousness with which you engage
Be their stairway to renewal and refinement.

May you treasure the gifts of the mind
Through reading and creative thinking
So that you continue as a servant of the frontier
Where the new will draw its enrichment from the old,
And may you never become a functionary.

209   O'Donohue, John (2007): Benedictus. A Book of Blessings. London. S. 165–166.

May you know the wisdom of deep listening,
The healing of wholesome words,
The encouragement of the appreciative gaze,
The decorum of held dignity,
The springtime edge of the bleak question.

May you have a mind that loves frontiers
So that you can evoke the bright fields
That lie beyond the view of the regular eye.

May you have good friends
To mirror your blind spots.

May leadership be for you
A true adventure of growth.

Literaturverzeichnis

Abicht, Lothar (2021): Wie lernen wir 2030? In: managerSeminare-Heft 282.

AI:MAG (2023): Führen und geführt werden – von künstlicher Intelligenz. https://aimag.one/fuehren-und-gefuehrt-werden-von-kuenstlicher-intelligenz/. Abrufdatum: 08.10.203.

Anderson, David J. (2011): Kanban: Evolutionäres Change Management für IT-Organisationen. Heidelberg.

Appelo, Jurgen (2010): Management 3.0. Leading Agile Developers, Developing Agile Leaders. New York.

Baecker, Dirk (1994): Postheroisches Management. Ein Vademecum. Berlin.

Bandura, Albert (1997): Self-efficacy. The exercise of control. New York.

Beck, Kent/Beedle, Mike/van Bennekum, Arie et al. (2001): Manifesto for Agile Software Development. https://agilemanifesto.org/. Abrufdatum: 07.11.2023.

Beck, Simon (2005): Skill-Management. Konzeption für die betriebliche Personalentwicklung. Wiesbaden.

Beck, Simon (2021): Leadership Lost. https://newmanagement.haufe.de/leadership/die-zukunft-von-fuehrung. Abrufdatum: 22.08.2023.

Becker, Florian (2015): Psychologie der Mitarbeiterführung. Wiesbaden.

Benevity Impact Labs (2022): Talent Retention Study (Studie zur Bindung von Talenten).

Bennet, Nigel/AXELOS (2017): Managing successful projects with PRINCE2. London.

Berndtson, Odgers (2021): Sustainability & Leadership 2020–2021. Exklusive Studie und Befragung von Top-Managern zum Thema Nachhaltigkeit und Führung in deutschen Unternehmen. Frankfurt am Main.

Biermann, Torsten/Weckmüller, Heiko (2013): Generation Y: Viel Lärm um fast nichts, in: Weckmüller, Heiko (Hrsg.): Exzellenz im Personalmanagement. Neue Ergebnisse der Personalforschung für Unternehmen nutzbar machen. Freiburg.

Blancke, Susanne et al. (2000): Employability als Herausforderung für Politik, Wirtschaft und Individuum: Konzept und Literaturstudie. Tübingen.

Blessing, Bernd/Wick, Alexander (2021): Der Führungsbegriff, in: Blessing, Bernd/Wick, Alexander: Führen und führen lassen. Ergebnisse, Kritik und Anwendungen der Führungsforschung. München, S. 25–50.

Brill, Tanja (2022): New Leadership in New Work. Modul 2 im Fernkurs New Leadership der Haufe Akademie.

Bruch, Heike/Fischer, Josef A./Färbe, Jessica (2015): Arbeitgeberattraktivität von innen betrachtet – eine Geschlechter- und Generationenfrage. Konstanz.

Buhse, Willms (2014): Management by Internet. Neue Führungsmodelle für Unternehmen in Zeiten der digitalen Transformation. Kulmbach.

Bundesanstalt für Arbeitsschutz und Arbeitsmedizin (2020): Sicherheit und Gesundheit bei der Arbeit – Berichtjahr 2018. Unfallverhütungsbericht Arbeit. 2. Aufl., Dortmund.

Busch, Christian (2023): Serendipität im Unternehmen fördern. Zielsicher zum glücklichen Zufall, in: managerSeminare (2023), H. 304, Bonn.

Cascio, Jamais: Facing the age of chaos. in https://medium.com/@cascio/facing-the-age-of-chaos-b00687b1f51d Abrufdatum: 08.11.2023.

Christensen, Clayton (1997): The Innovator's Dilemma. Harvard Business School Press. Boston.

Daft, Richard L./Marcic, Dorothy (2023): Understanding Management.

David, Fred R./David, Forest R./David, Meredith E. (2020): Strategic management. Concepts and cases. A competitive advantage approach. 17. Aufl., Boston.

Deloitte Touche Tomatsu Limited (2018): The 2018 Deloitte Millennial Survey. https://www2.deloitte.com/content/dam/Deloitte/de/Documents/Innovation/Millennial-Survey-2018_Report_Deutschland.pdf. Abrufdatum: 08.11.2023.

Diehl, Andreas (2021): Delegation Poker – Spielerisch zu mehr Selbstorganisation und schnelleren Entscheidungen. https://digitaleneuordnung.de/blog/delegation-poker/. Abrufdatum: 22.10.2023.

Diehm, Curt (2021): Das 60-plus-Syndrom: Was ältere Manager in die Sinnkrise stürzt. https://www.handelsblatt.com/meinung/gastbeitraege/gastkommentar-expertenrat-das-60-plus-syndrom-was-aeltere-manager-in-die-sinnkrise-stuerzt/27440288.html. Abrufdatum: 08.11.2023.

Dondi, M. et al. (2021): Defining the skills citizens will need in the future world of work. https://www.mckinsey.com/industries/public-sector/our-insights/defining-the-skills-citizens-will-need-in-the-future-world-of-work. Abrufdatum: 23.10.2023.

Döring, Nicola/Bortz, Jürgen (2015): Forschungsmethoden und Evaluation in den Sozial- und Humanwissenschaften. Berlin/Heidelberg.

Dweck, C. (2017): Mindset. Changing The Way You think To Fulfil Your Potential. Rev. Edition. London.

Edelkraut, Frank/Sauter, Werner (2023): Future-Skills-Training. Zukunftsfähigkeit professionell erfassen und gezielt entwickeln. Stuttgart.

Edmondson, Amy (2018): The Fearless Organization. Creating Psychological Safety in the Workplace for Learning, Innovation, and Growth. New York.

Eigenland® siehe unter https://www.eigenland.de/. Abrufdatum: 08.11.2023

Einkaufsplattform Semigator. https://semigator.haufe.de/. Abrufdatum: 07.11.2023.

E-Learning »Reflexionsreise für Führungskräfte. Innehalten, reflektieren, wachsen.« © Haufe Akademie 2023, Infos und Buchung unter https://www.haufe-akademie.de/35531. Abrufdatum: 07.11.2023.

Endres, Sigrid/Weibler, Jürgen (2019): Plural Leadership: Eine zukunftsweisende Alternative zur One-Man-Show. Springer.

Eppler, Martin/Hoffmann, Friederike/Pfister, Roland (2017): Creability. 2. Aufl., Schäffer-Pöschel.

F.A.Z. Business Media (2022): Mitarbeiterbindung 2030. Eine befragungsbasierte Trendstudie. Frankfurt am Main. F.A.Z.-Institut für Management-, Markt-, und Medieninformationen/Techniker Krankenkasse (2009): Kundenkompass Stress. Aktuelle Bevölkerungsbefragung: Ausmaß, Ursachen und Auswirkungen von Stress in Deutschland. Frankfurt am Main.

Fernkurs New Leadership. Leadership & Collaboration – mit einem neuen Mindset in die Arbeitswelt der Zukunft! Infos und Buchung unter https://www.haufe-akademie. de/34034. Abrufdatum: 07.11.2023.

findem: What is diversity, equity, inclusion and belonging? https://www.findem.ai/ knowledge-center/what-is-diversity-equity-inclusion-and-belonging. Abrufdatum: 07.11.2023.

Fink, Franziska/Moeller, Michael (2018): Purpose Driven Organizations. Sinn – Selbstorgani-sation – Agilität. Stuttgart.

Franke, Sven (2023): New Pay – alternative Vergütungsmodelle der Zukunft. 06.09.2023 im Workpath Magazin, https://www.workpath.com/magazin/new-pay. Abrufdatum: 23.10.2023.

Franke, Sven: New Pay. In: New Pay for Performance 2.0. Whitepaper von Workpath https:// www.workpath.com/magazin/new-pay, Abrufdatum: 23.10.2023.

Franke, Sven; Hornung, Stefanie; Nobile, Nadine (2021): New Pay. Freiburg.

Hölderlin, Friedrich (1803): Pathmos, in: Sattlers, Friedrich D. E. (Hrsg.): Friedrich Hölderlin, Sämtliche Werke, Frankfurter Ausgabe (FHA). Bd. 7, Frankfurt am Main, S. 402.

Gabler Wirtschaftslexikon (2018): Makroumfeld. https://wirtschaftslexikon.gabler.de/ definition/makroumfeld-52407/version-275545. Abrufdatum: 07.11.2023.

Gallup Inc. (2023): Engagement Index 2022. Deutschland. O. O.

Götz, Werner (2013): Sinnstiftung als Führungsaufgabe, in: Götz, W./Dellbrügger, P. (Hrsg.): Wozu Führung? Dimensionen einer Kunst. Karlsruhe.

Graf, Nele/Gramß, Denise/Edelkraut, Frank (2017): Agiles Lernen. Freiburg.

Grannemann, Ulrich (2017): Organisationsdesigns: Von top-down bis agil. https://www. haufe-akademie.de/blog/themen/fuehrung-und-leadership/organisationsdesigns/. Ab-rufdatum: 23.08.2023.

Gray, Dave/Vander Wal, Thomas (2012): The Connected Company. Beijing.

Grimm, Julian/Tokarski, Kim (2022): Führen in agilen Organisationsstrukturen, in: Schel-linger/Tokarski/Kissling-Näf (Hrsg.): Resilienz durch Organisationsentwicklung. Wies-baden.

Groscurth, Chris R. (2018): Future Ready Leadership. Strategies for the Fourth Industrial Revolution. Santa Barbara.

Grün, Anselm (2010): Menschen führen – Leben wecken. München.

Hasso Plattner Institut: Was ist Design Thinking?. https://hpi.de/school-of-design-thinking/ design-thinking/was-ist-design-thinking.html. Abrufdatum: 21.10.2023.

Haufe Online Redaktion (2022): Sechs Stellhebel gegen Quiet Quitting. https://www.haufe. de/personal/hr-management/sechs-stellhebel-gegen-quiet-quitting_80_579368.html. Abrufdatum: 22.08.2023.

Haufe Online-Redaktion (2023): Studie räumt mit Mythen zur Generation Z auf. https://www.haufe.de/personal/hr-management/genz-studie-widerlegt-mythen_80_602302.html. Abrufdatum: 22.08.2023.

Häusling, André/Römer, Esther et al. (2018): Praxisbuch Agilität. Freiburg.

Hernstein Institut für Leadership und Management (2020): Hernstein Management Report 2020. Agilität und Hierarchie: Können Führungskräfte beidhändig führen. Wien.

Hölderlin, Friedrich (1803): Pathmos, in: Sattlers, Friedrich D. E. (Hrsg.) (1991): Friedrich Hölderlin. Sämtliche Werke. Frankfurter Ausgabe (FHA). Bd. 7, Frankfurt am Main.

Hölzl, Franz/Raslan, Nadja (2012): Mut. Wagen und gewinnen. Freiburg.

Horx, Matthias/Huber, Jeanette/Steinle, Andreas/Wenzel, Eike (2007): Zukunft machen. Wie Sie von Trends zu Business-Innovationen kommen. Ein Praxis-Guide. Frankfurt am Main.

IDRlabs (2023): Growth Mindset Test. https://www.idrlabs.com/growth-mindset-fixed-mindset/test.php. Abrufdatum: 22.10.2023.

Illner, Karlheinz (2021): Purpose, Sinn und Werte. Das »Warum« als Leuchtturm in der digitalen Transformation. Freiburg.

Jessl, Randolf/Wilhelm, Thomas (2023): Shared Leadership. Zu mehr Engagement und besseren Ergebnissen dank geteilter Führung, Freiburg im Breisgau.

Kanning, Uwe (2023): Quiet Qutting ist keine innere Kündigung. https://www.haufe.de/personal/hr-management/das-wahre-definition-von-quiet-quitting_80_574924.html. Abrufdatum: 22.08.2023.

Kerguenne, Annie u. a. (2022): Design Thinking. Die agile Innovationsstrategie. 2. Aufl., Freiburg. S. 19–20; https://www.iwmedien.de/blog/die-5-phasen-des-design-thinking-prozesses. Abrufdatum: 22.10.2023.

Kersten, Ole (2021). Strukturierte Freiheit. https://www.haufe-akademie.de/ressourcen/evolve/wp-strukturierte-freiheit. Abrufdatum: 07.11.2023.

Klau, Rick (2012): How Google sets goals: OKRs. medium.com, https://library.gv.com/how-google-sets-goals-okrs-a1f69b0b72c7. Abrufdatum: 06.10.2023.

Korzybski, Alfred (1933): Science and Sanity. An introduction to non-Aristotelian systems and general semantics. New York City.

Kraus & Partner: Business Development. https://www.kraus-und-partner.de/wissen-und-co/wiki/business-development-prozess-berater-beratung-prozesse. Abrufdatum: 21.10.2023.

Kühl, Stefan (2017): Laterales Führen. Eine kurze organisationstheoretisch informierte Handreichung. Wiesbaden.

Kühl, Stefan (2023): Schattenorganisationen. Agiles Management und ungewollte Bürokratisierung. Frankfurt am Main.

Laloux, Frederic (2016): Reinventing Organizations. Ein illustrierter Leitfaden zur Gestaltung

Lave, Jean/Wenger, Etienne (1991): Situated learning: Legitimate peripheral participation. Cambridge.

Lippmann, Eric/Pfister, Andres/Jörg, Urs (2019): Handbuch Angewandte Psychologie für Führungskräfte. Führungskompetenz und Führungswissen, 5. Auflage, Berlin.

Lucca, Vesna (2023): The Future of Human Intelligence. https://www.linkedin.com/pulse/future-human-intelligence-vesna-lucca/. Abrufdatum: 23.08.2023.

Lunau, Stephan (2014) (Hg.): Six Sigma+Lean Toolset: Mindset zur erfolgreichen Umsetzung von Verbesserungsprojekten. Berlin/Heidelberg.

Mack, Oliver/Khare, Anshuman/Krämer, Andreas/Burgartz, Thomas (Hrsg., 2016): Managing in a VUCA World. Heidelberg.

Malik, Fredmund (2006): Führen, Leisten, Leben. Wirksames Management für eine neue Zeit. Frankfurt am Main.

Maslow, Abraham (1954): Motivation and Personality. New York.

McKinsey & Company (2018): The five trademarks of agile organizations. https://www.mckinsey.com/capabilities/people-and-organizational-performance/our-insights/the-five-trademarks-of-agile-organizations. Abrufdatum: 16.10.2023.

Meier, Christoph: New Work, New Skills – und auch New Learning? https://www.scil.ch/new-work-new-skills-und-auch-new-learning/. Abrufdatum: 23.10.2023.

New Leadership Programm für neue Führungskräfte. Leading yourself – leading others – leading business. Infos und Buchung unter https://www.haufe-akademie.de/35357. Abrufdatum: 07.11.2023.

O'Reilly III, C. A./Tushmann, M. L. (2004): The Ambidextrous Organization, in: Harvard Business Review, 82 (4), S. 74–81.

O'Donohue, John (2007): Benedictus. A Book of Blessings. London.

Odgers, Berndtson (2021): Sustainability & Leadership 2020–2021. Exklusive Studie und Befragung von Top-Managern zum Thema Nachhaltigkeit und Führung in deutschen Unternehmen. Frankfurt am Main.

Oechsler, Walter A. (1994): Personal und Arbeit. Einführung in die Personalwirtschaft unter Einbeziehung des Arbeitsrechts. 4. Aufl., Oldenbourg, München/Wien.

Osterwalder, Alex (2015): The Culture Map. A systematic & intentional tool for designing great company culture. https://www.strategyzer.com/library/the-culture-map-a-systematic-intentional-tool-for-designing-great-company-culture. Abrufdatum: 22.10.2023.

Osterwalder, Alexander/Pigneur, Yves (2011): Business Model Generation. Ein Handbuch für Visionäre, Spielveränderer und Herausforderer. New York.

Pereira, Daniel (2023): Tesla Mission and Vision Statement. https://businessmodelanalyst.com/tesla-mission-and-vision-statement/. Abrufdatum: 01.09.2023.

Petry, Thorsten (2019): Digital Leadership. Erfolgreiches Führen in Zeiten der Digital Economy. 2.

Porter, Michael E. (2004): Competitive strategy. Techniques for analyzing industries and competitors. New York.

R./David, Forest R./David, Meredith E. (2020): Strategic management. Concepts and cases. A competitive advantage approach. 17. Aufl., Boston.

Raitner, Marcus (2019): Manifest für menschliche Führung. Sechs Thesen für neue Führung im Zeitalter der Digitalisierung. München.

Raitner, Marcus (2020): https://raitner.de/2020/04/fuehrung-auf-distanz-gaertner-schlaegt-schachmeister/. Abrufdatum: 07.11.2023.

Razetti, Gustavo: Team Purpose Canvas. https://www.sessionlab.com/methods/team-purpose-canvas. Abrufdatum: 21.10.2023.

Reflexionsreise für Führungskräfte. Innehalten, reflektieren, wachsen. Autorin: Christa-Marie Münchow © Haufe Akademie 2023, Infos und Buchung unter https://www.haufe-akademie.de/35531. Abrufdatum: 08.11.2023.

Reinke, Marcus (2022): Die neue Rolle als Führungskraft. Modul 1 Fernlehrgang New Leadership der Haufe Akademie.

Rybnikova, Irma/Lang, Rainhart (2021): Aktuelle Führungstheorien und Führungskonzepte. Alter Wein in neuen Schläuchen?, in: dens. (Hrsg.): Aktuelle Führungstheorien und -konzepte. 2. Aufl., Wiesbaden, S. 1–10.

Rybnikova, Irma/Lang, Rainhart: Partizipative und geteilte Führung: Alle machen mit?, in: dens. (Hrsg., 2021): Aktuelle Führungstheorien und -konzepte. 2. Aufl., Wiesbaden, S. 151–180.

Sattelberger, Thomas/Welpe, Isabell/Boes, Andres (Hrsg., 2015): Das demokratische Unternehmen. Freiburg/München.

Schein, Edgar H. (1985): Organizational Culture and Leadership. A Dynamic View. San Francisco.

Schilling, Roman (2022): Leading Change. Modul 4 im Fernkurs Leadership der Haufe Akademie.

Schmid-Gundram, Ralf (2014): Konzeption. Controlling-Praxis im Mittelstand. Springer Fachmedien Wiesbaden, S. 81–143.

Schreyögg, Georg/Koch, Jochen (2020): Management. Grundlagen der Unternehmensführung. 8. Aufl., Springer Gabler, S. 9–11.

Schröer, Anja (2022): Coaching Basics im Leadership. Modul 8. Fernkurs Leadership der Haufe Akademie.

Schüller, Steffen (2009): Die Orbit-Organisation. Gabal. Wiesbaden.

Schumpeter, Joseph A. J. (1942): Capitalism, Socialism and Democracy. New York.

Sinek, Simon (2009): Start with why. How great leaders inspire everyone to take action. London.

Sohrab Salimi: Das Daily Standup: Definition, Ablauf & 1 Pro-Tipp. https://www.agile-academy.com/de/scrum-master/daily-standup-definition-ablauf-tipps/. Abrufdatum: 23.10.2023.

Spilker, Martin (2020): Jede dritte Führungskraft in Deutschland steckt in einer Identitätskrise. https://www.bertelsmann-stiftung.de/de/themen/aktuelle-meldungen/2020/februar/jede-dritte-fuehrungskraft-in-deutschland-steckt-in-einer-identitaetskrise. Abrufdatum: 22.08.2023.

Statista, 2023: Umfrage zu sozialer und ökologischer Verantwortung als Kaufkriterium bis 2021. https://de.statista.com/statistik/daten/studie/182042/umfrage/kaufkriterium-soziale-verantwortung-oekologische-verantwortung/. Abrufdatum: 07.11.2023.

Stepper, John (2020): Working Out Loud: Wie Sie Ihre Selbstwirksamkeit stärken und Ihre Karriere und Ihr Leben nach eigenen Vorstellungen gestalten. München.

Stifterverband & McKinsey & Company (2021): Future Skills 2021. 21 Kompetenzen für eine Welt im Wandel. https://www.stifterverband.org/medien/future-skills-2021. Abrufdatum: 08.11.2023.

Stifterverband (2018): Das Future-Skills-Framework. https://www.stifterverband.org/future-skills/framework. Abrufdatum: 07.11.2023.

Stöger, Roman (2017): Strategieentwicklung für die Praxis. Navigieren, verändern und umsetzen. Stuttgart.

Straub, Jürgen (2010): Handlungstheorie, in: Mey, Günter/Mruck, Katja. (Hrsg.): Handbuch Qualitative Forschung in der Psychologie. VS Verlag für Sozialwissenschaften. Wiesbaden. S. 107–122.

Sustainability Management Monitor, 2021, Bertelsmann Stiftung, Universität Mannheim und Peer School for Sustainable Development

Sutherland, Jeff (2015): Die Scrum-Revolution: Management mit der bahnbrechenden Methode der erfolgreichsten Unternehmen. New York.

swiss competence centre for innovations in learning (SCIL) https://www.scil.ch/. Abrufdatum: 23.10.2023.

Swoboda, Martina (2021): Neue Technologien im Überblick. https://martinaswoboda.com/2021/05/08/neue-technologien-im-ueberblick/. Abrufdatum: 07.11.2023.

Techniker Krankenkasse (2021): Entspann dich, Deutschland! TK Stressstudie 2021. Hamburg.

The Grove Consultants International: The Bold Steps Vision Canvas. http://www.designabetterbusiness.tools/tools/5-bold-steps-canvas. Abrufdatum: 28.08.2023.

The Grove Consultants International: The Cover Story Vision Canvas, kostenfreier Download unter https://www.designabetterbusiness.tools/tools/cover-story-canvas. Abrufdatum: 21.10.2023.

The Inner Development Goals: The 5 dimensions with the 23 skills and qualities. https://www.innerdevelopmentgoals.org/framework. Abrufdatum: 08.11.2023.

Ubernickel, Frank et al. (2015): Design Thinking – Das Handbuch. Frankfurt am Main, S. 24–35.

United Nations, Department of Economic and Social Affairs, Sustainable Development, www.sdgs.un.org/goals. Abrufdatum: 08.11.2023.

Wagner, Günther (2017): Digital Leadership. Die Führungskraft im Zeitalter von Industrie 4.0, in: Andelfinger, V./Hänisch, T. (Hrsg.): Industrie 4.0. Wiesbaden.

Welch, Jack/Welch, Suzy (2005): Winning. London.

Wenger, Etienne/McDermott, Richard/Snyder, William M. (2002): Cultivating communities of practice. A guide to managing knowledge. Boston.

Whitmore, John (2014): Coaching for Performance: Potenziale erkennen und Ziele erreichen. Paderborn.

Über den Autor

Dr. Simon Beck ist promovierter Leadership-Experte, erfahrener Coach und leidenschaftlicher, systemisch ausgebildeter Unternehmensberater. Er hat Betriebswirtschaftslehre und Wirtschaftspädagogik in Deutschland, Irland und den USA studiert, war Personalentwickler und Inhousetrainer bei einem Hidden Champion im Maschinenbau und danach als Berater in verschiedenen Unternehmen und Managing Director einer Führungsakademie tätig.

Heute ist er Senior Leadership Consultant bei der Haufe Akademie. In dieser Rolle entwickelt er neue Führungskonzepte wie z. B. das Haufe Be6! Leadership Framework, testet diese in Co-Creation mit Kunden, hält Vorträge und Key-Notes, schreibt Artikel und Bücher und berät interne Stakeholder sowie Kundinnen und Kunden zum Thema Führung und Leadership.

Kontakt:

Dr. Simon Beck
#gerneperdu

Haufe Akademie – Alles wird leicht.
Haufe Akademie GmbH & Co. KG
Munzinger Str. 9, 79111 Freiburg
Simon.beck@haufe-akademie.de
https://www.haufe-akademie.de

Weitere Informationen zum Be6! Leadership Framework
be6@haufe-akademie.de
www.haufe-akademie.de/be6

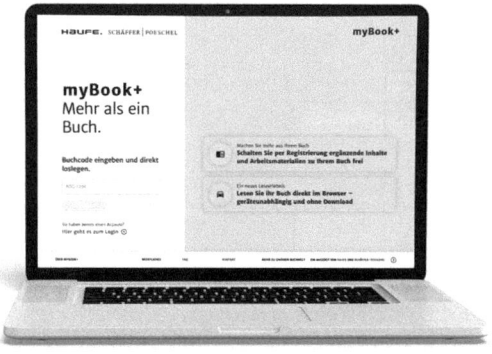

Ihre Online-Inhalte zum Buch: Exklusiv für Buchkäuferinnen und Buchkäufer!

▶ https://mybookplus.de

▶ Buchcode: XYC-55706